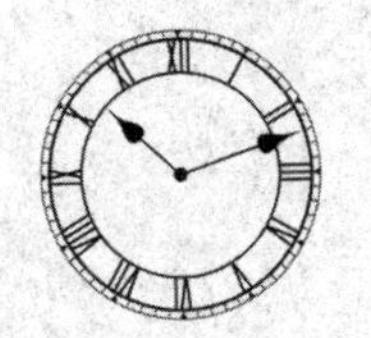

时钟简史

李流范　胡宏权／编著

中国文史出版社

目　录

前　言

人类的一个伟大发现是时间，钟表则是时间的印记。人类早就学会观察并掌握时间的运行规律。当我们能够标记出日月年和时分秒，才得以从自然界单调的往复循环中解放出来。人类最早发现时间并测量时间大约是在6000年以前，使用的是立表。它根据阳光照射标杆的投影测量时间的脚步，即古书记载的“立木投影”。

据说公元前2679年，中国就有了类似于印度人和阿兹特克人所拥有的日晷。公元前2000年，中国有了漏壶、水钟、沙漏等计时器具，还通过燃烧刻有时间标记的熏烛来计算时间，使时间长河里的日出日落、寒暑交替、草木枯荣都置于可以比较的度量之中。

埃及是第一个漏壶钟出口国，罗马人是埃及漏壶钟的主要买主。清晨，报时人大声地报出钟点，然后每家每户便往漏壶钟里装满水。

柏拉图是第一个借助埃及的漏壶制成类似闹钟的人。他把圆筒挂起来使之旋转，过一定的时间圆筒便翻倒把水倒出，水流冲击造成气流，使哨管吱吱作响，催促哲学家的学生去上课。

古埃及法老王朝的钟表巧匠曾制作出装有指针和鸣击装置的钟表，每隔一小时，一定数量的圆球便滚落到金属盖上，发出大声的鸣响。罗马诗人普拉图斯曾幽默地写道：“我的肚子便是我的报时钟，在所有的钟表中，它是最好和最准确的。”

君士坦丁大帝有一只奇妙的钟，它是一棵树的形状，在枝丫上坐满所有可能的动物，下面蹲着许多狮子，时钟一敲，狮子便张开大口，发出吼声。

国际钟表界都把擒纵器视为钟表的心脏。古代的日晷、水钟、火钟、铜壶滴漏等，没有嘀嗒嘀嗒的钟表声，都不能称作钟表，只能是古代计时器。到了 1088 年，北宋宰相苏颂主持建造了一台“水运仪象台”，每天仅有一秒的误差，而且它有擒纵器，能发出嘀嗒嘀嗒的声音。到 12 世纪，一名僧侣发明了沙时钟。后来，德国人彼得·亨兰发明了平衡轮，荷兰人克里斯蒂安·海根斯发明了摆锤。在此基础上，才制成了类似于今天的钟表。

英国著名科学技术史专家李约瑟认为，现代机械钟表中使用的擒纵器源自中国宋代苏颂的发明。苏颂把钟表机械和天文观察仪器结合起来，在原理上已经完全成功。因此是中国人开创了人类钟表史，并影响了后来西方钟表的发展。

《时钟简史》是一本献给喜欢钟表和为钟表科研献身的人们的书。钟表怎样产生，又将如何发展？中国和世界钟表业在钟表发展史上占何等地位？钟表在天文观测、宇宙航行、气象预报等领域如何被广泛应用？这些问题将在本书中找到答案。

编著者从科学文化的视野出发，以人类计时和钟表的发展为主线，以历史真实故事为基础，精心编纂数百个国内外有关钟表科学和文化的故事，内容丰富，图文兼备，生动有趣。尤其以众多与钟表相关的趣事，形象地向公众传播计时仪器的发展进步和钟表与人们生活休戚相关的科学知识，使人耳目一新。因此，这本书是编著者在钟表科学文化方面所做的科学普及和研究的新探索。希望这本钟表文化通俗读物能对人们增长知识、丰富生活有所帮助。

李流范　胡宏权

2021 年 8 月

第一章　概　　述

一、生活需要时间

人们为了协调日常工作、学习和生活，需要知道时间。古时没有钟表，但是知道用太阳和月亮计时，日出而作，日落而息，立竿见影。“初二三，月儿尖，初七初八月半边”，是自然时钟。现代工农业生产、科学试验以及国防战备等各条战线，无不需要准确地计算时间——家庭有座钟，单位有挂钟，个人有手表，几点钟、几分钟看起来十分方便。

古人在报时方面也很聪明，从晨钟暮鼓到午炮报时，再发展成为落球报时，都是古代人计算时间的手段，各个朝代都有高招。中国各个地方都有的钟鼓楼，就是古人用来报时的。北京德胜门东侧的城墙上有一座炮台，报时的“午炮”就架在这里。北京观象台发指令，炮台上的人点燃炮药，午炮发出的轰鸣声响彻大街小巷，人们就知道到了中午 12 点。英国格林尼治天文台，每天下午 1 点整，钟楼顶端的圆球准时落下，附近海域停泊的船只据此调节船上的钟表，升帆出海。对海员来说，“13 点落下的圆球”是无比亲切的生命线。

二、什么是钟表

钟表是人类智慧的结晶，也是生产技术发展水平的标志。钟表（watch）的英文直译是“看守”或“唤醒”。打更人带着一个钟，从一条街巷走到另一条街巷，一边报着时间一边喊着重要新闻，或简单地叫着：“九点钟啰！平安无事！”

古往今来，许多有重大成就的科学家都研究过钟表，在中国有张衡、郭守敬等，在国外有牛顿、伽利略等。钟表也可这样解释：钟，在古代指看守和更夫提醒人们时辰的工具；表，指观看、警戒、监视的面板。随着时代发展，钟表泛指一切计时工具，是计量和指示时间的精密仪器。表一般是戴在手腕上或揣在怀里的，属于私物；钟是摆在台面或悬挂在大街上的，其公共性更加明显。

三、钟表分类

古时有日晷、沙漏等简易计时工具。现代钟表的原动力有机械力和电力两种。

机械钟是用重锤或弹簧的释放能量为动力，推动一系列齿轮运转，借擒纵调速器调节轮系转速，以指针指示时刻和计量时间的计时器。电子钟是以电能为动力，用液晶屏幕显示数字式和石英指针式的计时器。

钟和表通常以内机大小区别，按国际惯例，机芯直径超过 80 毫米、厚度超过 30 毫米的为钟；直径 37~50 毫米、厚度 4~6 毫米者称为怀表；直径 37 毫米以下为手表。手表是人类发明的最小、最坚固、最精密的机械之一。

四、钟表发展

公元1300年以前，人类主要是利用天文现象和流动物质的连续运动来计时。古巴比伦人曾发明日晷计时，后来人们发现水流动需要的时间是固定的，因此发明了漏壶。后来又发明了沙漏，利用沙的流量计时。古代人亦会用烧香计时。

公元前140—前100年，古希腊人制造了用30~70个齿轮系统组成的奥林匹克运动会的计时器，这台仪器被称为“安提凯希拉仪”。公元78—139年，东汉张衡制造漏水转浑天仪，用齿轮系统把浑象和计时漏壶联结起来，漏壶滴水推动浑象均匀地旋转一周正好是一天。这些都是最早出现的机械钟。

1350年，意大利的丹蒂制造出第一台结构简单的机械打点——塔钟，日差为15~30分钟，指示机构只有时针。第一座真正意义上的机械钟是意大利乔文尼·康迪于1364年创造的，留有图纸和手稿。而真正的实物钟是1386年英国沙利士堡大教堂制造的，利用重力靠绳索牵引来转动齿轮。

1500—1510年，德国的亨莱思首先用发条代替重锤，创造了用冕状轮擒纵机构的小型机械钟；1582年前后，意大利的伽利略发明了重力摆；1657年，荷兰的惠更斯把重力摆引入机械钟，创造了摆钟。

1660年，英国人胡克发明了游丝，并用后退式擒纵机构代替了冕状轮擒纵机构；1673年，惠更斯又将摆轮游丝组成的调速器应用在可携带的钟表上；1675年，克莱门特用叉瓦装置制成最简单的锚式擒纵机构，这种机构一直应用在简便摆锤式挂钟中。

1695年，英国人汤姆平发明工字轮擒纵机构；1715年，格雷厄姆又发明了静止式擒纵机构，弥补了后退式擒纵机构的不足，为发展精密机械钟表打下了基础；1728—1759年，哈里森制造出高精度的标准航海钟；1765 年，马奇发明自由锚式擒纵机构，即现代叉瓦式擒纵机构的前身；1775—1780 年，阿诺德创造出精密表用擒纵机构。

18—19 世纪，钟表制造业已逐步实现工业化生产，并达到相当高的水平。20 世纪，随着电子工业的迅速发展，电池驱动钟、交流电钟、电机械表、指针式石英钟表、数字式石英钟表等相继问世，钟表的日差已小于 0.5 秒，钟表进入了微电子技术与精密机械相结合的石英化新时期。

五、中国钟表的发展

在钟表等计时器的发展史上，中国走在了世界的前列。用土和石片刻制成的“土圭”与“日晷”两种计时工具，使中国成为世界上最早发明计时工具的国家之一。到了铜器时代，计时器又有了新的发展，用青铜制的“漏壶”取代了“土圭”和“日晷”。东汉元初四年，张衡发明了世界第一架“水运浑象”，此后唐代高僧一行等人又在此基础上加以借鉴、改进，发明了“水运浑天仪”“水运仪象台”。至元明之时，计时器摆脱了天文仪器的结构形式，得到了突破性的新发展。元初郭守敬、明初詹希元创制的“大明灯漏”与“五轮沙漏”，采用机械结构，并增添盘、针来指示时间，其机械的先进性明显地显示出来，时间日益精准。

1875 年，由上海“美利华”作坊制造的南京钟，钟面镀金镌刻花纹，以造型古朴典雅、走时准确而闻名海内外，曾于 1903 年在巴拿马国际博览会上获得特别奖。

我国近代机械制钟工业始于 1915 年。民族实业家李东山出资在烟台开办了中国时钟制造业的第一家钟厂——烟台宝时造钟厂，并在 1918 年成功自制第一批座挂钟投放市场。到 1937 年，烟台钟表工业已拥有 6 家企业和相当的生产规模，年生产座挂钟 10.88 万只，产品不仅销往华北、华东、东北、华南各大商埠，还销往新加坡、菲律宾、马来西亚、印度尼西亚以及美国的夏威夷等十多个国家和地区。

中华人民共和国成立后，我国钟表工业得到迅速发展。自从1955年天津、上海试制出第一批国产手表，到1988年，手表产量达6700多万只，居世界第四位。在质量上，中国手表的走时精度已达到国际同类产品水平，较为著名的有东风、上海、宝石花、海鸥等品牌。

2011年，我国钟和表的产量分别达到1.59亿只和1.3亿只，已成为世界钟表生产大国，钟表产量稳居世界第一，也是世界上最大的钟表市场，每年消费近1亿只手表和4000万只时钟，总额达1000多亿元，其中国产钟表消费数量约占76%。

六、钟表收藏

钟表在收藏市场上一直占有一定比例。尤其随着收藏热的持续，古董钟表收藏大有升值之势，令人关注。

古董钟表收藏种类很多，时间越久远越有收藏价值，越能吸引人们的收藏热情。稀有的古老钟表、怀表、手表升值较快，都值得收藏。现代制作的稀少的、定量定款的纪念表也具有收藏价值。

第二章　钟表的起源

一、古代计时工具圭表和日晷

时间时时刻刻就在我们身边，伴随着时间的，是人类对钟表的发明和利用。因而，钟表的历史就是一部时间简史。

在远古时代，人们最先利用天文现象和流动物质来计算时间。比如，7000 年前和 5000 年前人类就先后发明了日晷和沙漏，利用日影的方位和沙子的流动来计时。随着古典时代和中古时代人类对于数学和机械学的研究，机械钟表应运而生。随着启蒙时代的到来，人类的工业水平突飞猛进，钟表也进入精准时代。

（一）世界最早的计时工具——圭表

圭表是我国古代度量日影长度的一种天文仪器，由“圭”和“表”两个部件组成。直立于平地上测日影的标杆和石柱叫作表；正南正北方向平放的测定表影长度的刻板叫作圭。很早以前，人们发现房屋、树木等物在太阳光照射下的影子变化有一定规律，于是便在平地上直立一根竿子或石柱观察影子的变化，用一把尺子测量表影的长度和方向则可知道时辰。经过长期观测，古人不仅了解到一天中表影在正午最短，而且得出一年内夏至日的正午，烈日高照时表影最短，冬至日的正午，煦阳斜射时表影则最长的结论。于是，古人就以正午时的表影长度来确定节气和一年的长度。譬如，连续两次测得表影的最长值，这两次最长值相隔的天数，就是一年的时间长度。难怪我国古人早就知道一年等于365天多。

圭　表

在现存的河南登封观星台上，40尺高的高台和128尺长的量天尺也是一个巨大的圭表。圭表测时的精度是与表的长度成正比的。元代杰出的天文学家郭守敬在周公测时的地方设计并建造了一座测景台。它由一座高9.46米的高台和从台体北壁凹槽里向北平铺的长长的建筑组成，这个高台相当于坚固的表，平铺台北地面的是“量天尺”，即石圭。这个硕大的圭表使测量精度大大提高。

殷商时代（前1520—前1230）测时已达到相当高的精度，其干支记日法一直沿用到今天。至迟在公元前7世纪，掌管天地四时的官吏已使用土圭分出二分二至，确定一年为366天。以圭表测时，一直延至明清。现在南京紫金山天文台的一座圭表，是明代正统年间（1437—1442）所造的。

（二）日晷和晷仪

日晷和晷仪也是观测日影计时的仪器，它与圭表的区别是：圭表是根据日影的长短判断方向，测定季节，测定全年的日影推算历法；日晷主要是根据日影的位置以指定当时的时辰或刻数。这就是“太阳钟”，竿子是时针，太阳在天空中由东向西移动时，也在无形中“拨动”了时针。

日晷的历史很古老。人们从朝南排列的卡尔奈克石行可看到，古代测量时间的尝试和人们对太阳的崇拜是联系在一起的。在中国，远在公元前2000年的时候，人们就根据竿影的位置变化来安排一天的活动。古代埃及人在庙宇、宫殿广场和庭院里设置许多方尖碑，以便根据太阳投射的影子来安排劳动。罗马人制作了从甲虫到圭表的多种形式的日晷。

现存河南登封观星台的日晷

1826年，法国城乡的墙壁上到处可以看到日晷。在巴黎一条觅南街胡同里曾出现日晷行业，各大城市都有日晷制造者。17、18世纪钟表工业的发展并没有影响富有艺术性和科学性的日晷手工业的发展；相反，人们认识到日晷不需任何维护，不用上发条，不怕冷不怕热，任凭风吹雨打，令大型机械表望尘莫及。为了与越来越灵巧的钟表竞争，日晷也力求成为高精度的科学仪器，它能提供比机械表更多的信息。根据欧洲和世界各大城市的时间表，日晷能够指示十二星座、夏至、冬至以及日出日落的时间。

古罗马发生过一件有意思的事。公元前263年，执政官瓦莱里奥·迈萨拉从卡塔尼亚拿回了一尊日晷仪，放在罗马市政广场。但这日晷的指针稍微有些倾斜，结果长达一世纪之久，古罗马人都生活在一个不准确的时间里。

现在日晷依然能引起业余爱好者、艺术爱好者和宇宙观察家的极大兴趣。1944 年，延安地方政府按照当地习俗在院子里安日晷，以太阳的移动来判定时间。如今，日晷成了一种装饰，它是“时间过得不那么快的时代”的见证。日晷是儿童的一个教材，在家庭里也是艺术摆设，它是接近自然永恒生命的象征。

位于上海市浦东新区世纪大道上的“东方之光”日晷，以古代日晷为原型，用不锈钢钢管构成错综精致的网架结构，垂直高度达20 米的金属雕塑显得雄伟大气，令人联想到遥远的历史，旨在突出其跨世纪的重大时间主题。

（三）古代的计时器也称为量天尺

古人常用“一寸光阴一寸金”来形容光阴的可贵，就是由于古代常用尺度来测量时间，如铜壶滴漏、定时蜡等，都分别在“浮舟”和蜡面上刻着相应的长度，表示时间的间隔。此外，日晷、圭表仪上也都标示着不同的尺度，用来观察日影的长短和方位，以便计算时间和划分季节，尤其是圭表仪上的刻度，常常与历史上许多时代的尺度采用同一个标准。因为日晷和圭表上刻的尺度是用来测量日影的，所以称它为“影表尺”“天文尺”，元代以后又称为“量天尺”。

制定历法、调试音律都采用统一的度量衡标准。天文用尺长度可从圭表仪上得到确证。1965 年，江苏仪征小龟山一座东汉墓中出土了一只袖珍铜圭表仪。据推测，墓主生前可能从事与天文测量有关的工作。此次发现的铜圭表仪是目前所能见到的最早的圭表仪，堪称重大发现。

二、古代漏钟、火钟及其他计时工具

（一）漏刻、水漏和沙漏

如果遇到阴天下雨或者到了晚上，日晷就不管用了，所以，人们

国家博物馆藏的铜壶滴漏

又想到了另一种办法——漏刻。古代的人们在用陶器取水、储水的时候，因陶器质地疏松，难免出现漏水现象，通过长期观察，人们注意到漏水容器水面下降的高低和时间有一定的对应关系，从而制成了专门用于计时的漏水壶，到夏商时已普遍使用。

漏壶有沉箭式和浮箭式两种。最初使用的沉箭壶，即用一只铜壶盛水，接近壶底有一个小洞，壶中竖插一根刻有刻度的木尺，木尺下端固定在一块船形木块上，使其浮在水面上，当水从小洞滴出后，人们根据水位降低后标杆上的刻度来判断时间。由于漏壶中水多时和水少时的滴水速度不同，影响到漏壶计时的准确性，所以，为了提高计时的精确度，由单只逐渐发展成多只一套的漏壶，同时还由沉箭式漏壶改为浮箭式漏壶。漏壶的级数越多，计时就越准确。

壶数最多的是四壶一套，而且这种四壶一套的漏壶仅有两套存世。一套是清代制造的，现陈设在故宫博物院的保和殿；另一套制于元延祐三年，现藏于国家博物馆。这两套均用铜铸造而成，故称为“铜壶滴漏”。

元代铸造的铜壶滴漏放置在阶梯式架子上，四只铜壶大小不等，自上而下依次递减。最大的一只高 75.5 厘米，口径 68.2 厘米，底径 60 厘米。由于自上而下的三只铜壶外壁分别铸有太阳、月亮和北斗七星图，所以被分别命名为日壶、月壶和星壶，最下面的铜壶叫

“受水壶”。日壶、月壶、星壶近底部都有一个龙头形滴水口，壶盖上开有一个进水孔，小水滴从日壶滴进月壶，再从月壶滴进星壶，最后进入受水壶。受水壶竖立在壶盖正中的铜尺，高66.5厘米，上刻12条横线，标有十二时辰。还有一个浮箭，在一个小木块上连接一把木尺，随着受水壶里水量增加，水面上升，浮箭同步上升。人们观看浮箭顶端指示的铜尺刻度，就可以知晓当时、当地的准确时间了。如果把铜尺比喻为今天钟表的表盘，这浮箭就犹如表针。

秤漏是一种特殊类型的漏刻，是称量流入受水壶中水的重量计时的仪器。它是北魏道士李兰于5世纪发明的。它有一只供水壶，通过一根虹吸管（即古代的渴乌）将水引到一只受水壶（称为权器）中。权器悬挂在秤杆的一端，秤杆的另一端则挂有平衡锤。当流入权器中的水为一升时，重量为一斤，时间为一刻。其基本思路是以供水壶流出的水的重量作为计时标准，以秤杆作为显时系统。秤漏的巧妙之处在于它的稳流系统可以基本保证“虹吸管”在供水壶中的浸入深度恒定，从而使流量恒定。

因刻漏冬天水易结冰，故有改用流沙驱动的。公元1世纪左右的沙漏又称沙钟。古代沙钟主要在国外流行。元至元十三年，天文学家郭守敬创制了大明殿灯漏。

明初詹希元创造的“五轮沙漏”，又称“轮钟”。五轮沙漏在测景盘的两旁刻有黄衣童子二人，一人击鼓，一人鸣钲。测景盘实质上就是表盘。从所有齿轮系的结构看，这个时钟已和后来的西洋时钟的齿轮系相似了。这台独立时钟结构的发明比欧洲同类计时器早了200多年。英国科学家李约瑟博士在1956年《中国的天文钟》一文中指出：“中国天文钟的传统，是后来欧洲中世纪天文钟的直接祖先。”

后来周述学加大了流沙孔以防堵塞，改用六个轮子。沙漏用细管连接两只容器，上面的一只装上干燥的黄沙，黄沙会在一定的时间内全部漏入下面的容器，漏完再翻转过来。黄沙每次漏完的时间大体相等，可计时十二时辰。

（二）失传六百年的古代计时器碑漏重现北京

“碑漏”是我国古代计时仪器之一，曾用于唐、宋、金、元时期，后来失传。它与铜壶滴漏、圭表、香篆同时被纳入中国传统计时仪器行列。2005 年 12 月，北京钟鼓楼文物保管所仿制的古代计时器——碑漏亮相。随着龙眼大小的钢球投入木制形似石碑的计时器，元代失传的碑漏重新开始记录时间。石碑高 2.2 米，宽 1.4 米，内部设 13 根自上而下呈“之”字形排列的铜管，碑首上端设投球孔。球沿曲筒滚动而下，撞击铜铙发出清脆悦耳的响声，以此报送时刻。

古人为掌握计时的精确度，设若干个铜球，第一个铜球需人工控制投球开关，其余则自动滚行。第一个金属球与第二个金属球的间隔时间为 24 秒，36 个金属球滚完需用 14.4 分钟即一古刻，依此类推，3600 个金属球滚动完毕正好为 24 小时。

（三）火钟灯漏和香漏

外出旅行的人用水钟和沙钟极为不便，于是出现了火钟。中国很早发明了以刻度计时的蜡烛，“一寸光阴一寸金”指的就是蜡烛上的刻度。古时用蜡烛、更香和油灯计时相当普遍。灯钟和香钟就是两种火钟，又称灯漏和香漏，用香篆盘香和油灯等计时。中国自古有焚香的习惯，若香制得均匀，燃烧时空气相对稳定，则焚香可以作为计量时间的一种方法。时辰香是非常有特色和符合华夏民族审美的一种计时的系统方法。郭守敬晚年制造成的“柜香漏”“屏风香漏”“行漏”等都是著名的火钟。

龙舟香漏是一种利用燃点香来计量时间的仪器，同时还兼备了定时响闹的功能。仪器为一艘龙舟形的盛器，上面放着一至两根燃着的香，香上横着数条两端系上金属球的线。每隔一段时间，香便会烧断一条线，使金属球跌进下面的盛器并发出响声，报告时间。

南宋香篆又称印香、百刻香，它将一昼夜划分为一百个刻度，寺院常用其作为计时器来使用。因把香制成曲折盘蛇形，有如篆字，故称香篆。更香是用于计时的特制的一种香，在香上标出刻度，根据点燃后香的长短来计算时间的长短与迟早。一般将香做得很长，然后将其盘起来，有的甚至可以燃烧几天至几十天。

（四）用脚步、手杖、里程碑及牛奶和牛测量时间

2300年前，希腊作家亚里斯多芬写的一个喜剧中有这么一场：一个雅典女人普拉克萨哥拉对她的丈夫勃列庇洛斯说："等到影子十步长的时候，你涂了香油来吃饭吧。""影子十步长"说的是在普拉克萨哥拉和勃列庇洛斯住的房子附近有一座纪念碑，出太阳的日子纪念碑投下影子，过路人只要用脚步去量一下影子，就可以知道是什么时辰。

印度的化斋和尚托钵僧把寻常走路用的手杖变成了时钟。托钵僧到圣地贝拿勒斯去的时候，在长途旅行中就带着一根构造特别的手杖。这种手杖不像我们的手杖，不是圆的，而是八角形的，上端每一面都穿了一个孔眼，孔里可以插进一根小木钉。托钵僧要知道白天的时辰，就拿着手杖上的绳子，把他的手杖提起来。那根木钉在跟它垂直的一面杖边上投射的影子就能指示时刻。因随太阳转移的影子在冬天和夏天不一样，那根手杖就做成很多个面，每一面只适用于一个季节。

在从彼得格勒到莫斯科的旧道上，今天仍矗立着许多叶卡捷琳娜二世时代建立的里程碑。其中一个里程碑的一面写着：自圣彼得堡至此几俄里。旅行的人经过这个里程碑时可知道他还要走多少俄里，在路上已经花了多少时间。

在古埃及尼罗河的一个岛上有一座供奉奥西里斯神的庙宇。庙宇中央一圈排列着360只底上有孔的大桶，那是乳钟。每一只桶派有一个祭司看管，所以有360个祭司。每天有一个祭司拿牛奶来装

满他的桶，牛奶流完是24小时。接着另外一个祭司又拿牛奶来装满下一只桶，这样依次排下去，每个祭司都轮到了就是一整年。

布隆迪用牛测时。东非布隆迪的生活方式全靠季节变化来引导，80%的布隆迪人都以务农为生，当地人依赖大自然的天象。比如说，旱季开始时，就是到了收获的季节；当雨季再临时，就是到了该回到田里耕耘播种的时候。在下午3点左右，到了把小牛赶出牛棚去吃草的时候。如果要定个时间较晚的约会，就说“等小牛出来的时候见面”。布隆迪人也用生动的形象来表示夜晚的时间，他们把漆黑的夜晚说成“你是谁”，因为天很黑，什么也看不见，只能凭声音来辨认人。

三、“华夏第一龙”与上古断代年月日时

1987年盛夏，在河南濮阳西水坡发现了一座年代久远的墓葬，其时代距今大约6500年，墓中发现了“华夏第一龙、第一虎”。但专家经过研究得出结论，这并不是用龙、虎、蚌陪葬的一般墓葬，原来整个墓葬是一幅完整的“天圆地方”的天象图。龙、虎不过是天象中的苍龙和白虎，在白虎的腹下和苍龙的一侧立面星图上，塑有两个相似的火形符号，这是朱雀的雏形；墓主人下方

河南濮阳“华夏第一龙”

即北（当时的绘图是上南下北，左东右西）堆塑着北斗星，用两根人胫骨作斗柄，这是北方玄武的雏形。根据专家研究，此墓和曾侯乙墓出土的星象图对比，能够分析出与记时有关的20多种天象。

（一）将夏朝天象精确到年月日

除天象堆塑外，墓葬还在东、西、北、南部各殉葬1人。按照《尧典》记载，当时管理天象和星占的人称为“羲和”，他有4个助手，称为“羲仲”“羲叔”“和仲”“和叔”，分掌东南西北四象的天时。看来这个古老的墓葬不但将当时所能认识到的天象和计时方式反映了出来，而且将当时对天象的观察管理机构也形象地表达了出来。

1996年，夏商周断代工程开始了。从夏朝开始，天象记录未曾间断，而且有些天象的记载可以精确到年月日。当时，国内外对断代工程翘首以待，希望在上古天象记录中成功编制出三代年表。

果然，对夏朝两次关于天象记载的模拟结果显示：从公元前1953年2月中旬开始，在黎明的东方地平线上，土星、木星、水星、火星、金星排列成了一排，这种天象一直延续到3月初。这次关于夏代“仲康日食”的记载，被科学家确认为公元前2019年的秋季，也就是说，对夏代的天象研究观测解决到了“年”这样的水平。对商朝甲骨文六次关于天象的记载，排除了释读错误一处外，其他的都用现代仪器和手段得到了验证，最精确的解决到了月和日。

（二）将“武王克商”断代精确到时

夏商周的重大历史事件无疑是“武王克商”。史料中含有若干历日和天象的记录，这就为古今中外的学者利用文献和天文历法知识推定“武王克商”之年提供了理论上的依据。

关于“武王克商”之年的问题，从战国时代开始，经汉代、唐代一直到近现代的诸多学者都进行了研究，得出的结论是：“武王克商”这一重大历史事件就发生在公元前1050—前1020年这30年之间。依据天象记载并结合现代手段，能否将时间确定下来，这是一项大工程。

1976年3月，在陕西临潼发现了记载“武王克商”的“利簋”，上面的铭文用白话来解释是：“武王向商都发起最后攻击，是在甲子日黎明时分，当时岁星（木星）挂在中天。战斗进行了一天，直到天黑才占领了商都。”铭文前半部分记录了武王伐纣取得胜利的全过程。它的价值是不仅印证了文献中关于武王伐纣在甲子朝的记载，更重要的是它记录了克纣开始的时候是黎明，为推求武王伐纣那天的准确时间提供了可靠的信息。

（三）有了日和时辰，能否和年月相符

中国科学院上海天文台的江晓原开始进行研究时，他首先把历代学者各种说法中的年代分布，也就是公元前1100—前1001年的百年范围确定下来，然后把已知的16种天象放在这100年的时间内进行演算，如果有某种天象在这个时间段内不可能发生，就将这种天象排除；如果计算表明在这100年的时间内有些天象虽然可能发生，但却不能用来定年的，也要排除。结果，对“武王克商”的16种天象记载中，最终确认可以用来定年的天象共7种，专家们最后认为公元前1046年为最佳选择，武王在这一年克商的甲子日期是1月20日。推算结果表明，这一天子夜，木星正上中天，地平高度达79度，肉眼可见，格外明亮。

“武王克商”的年、月、日、时的问题，在后来的天象观测中得到印证，问题终于得到全面解决。

四、古代援时司天监、更夫鸡人和时间单位

（一）古代的官方援时机构——司天监

自“三皇五帝”到西周、东周，从秦汉至唐、宋、元、明、清，

管理时间的机构日渐完善，既有刻漏房太监飞掇时辰，又有朱雀门卫士报时高唱；官方有钦天监挈壶氏，民间有钟鼓楼打更人。虽然不像今天中央人民广播电台按时报点和处处有钟表方便，却也尽到了他们的历史职责。

司天监或称钦天监，都是管理天文观测、授时和制作、规定计时仪器的御用天文台，自宋代以后，一般称为“钦天监”。中国古代计时器和天文是密不可分的，所以，计时工作是钦天监的重要工作。清代的钦天监专设有漏刻科，分管计时、报时事务。规定五官吏负责报时投时工作，其中以五官挈壶正为正职。官员分派也照顾到主要民族，其中满族、蒙古族享有特权，可以在这里做官；而人口众多的汉族中，仅有两名官员在钦天监工作。在五官之下还设置两名博士，他们专管漏壶和更香计时器。这两名博士还领导着10名阴阳生，叫他们轮流值日，在钟鼓楼上报时、打更。这两名博士每天值班，在钟鼓楼神武门上指示更点。负责报时的司辰者分工明确、各尽其责，使京城报时准确无误、有秩序。为搞好司辰报时工作，各朝各代对报时机构都有详细规定。

（二）司辰的报时官挈壶氏

《尚书·尧典》上记载：命令羲氏、和氏两兄弟虔诚地按照上天的情况，观察日、月和星辰的变化，掌握和教授人民遵守季节使用时间。又命羲仲住在肠谷地方的嵎夷人之中，每天迎接冉冉升起的太阳，以便规定春天的劳作。他们管理的还是一年四季以及各个节气。

距今3000年的战国时代有了掌握每天时间的司辰挈壶氏。壶指古代的计时器漏壶，挈壶氏就是掌管漏壶、专门负责报时的人，有军事任务时就悬挂起漏壶，以便使哨兵知道在夜间各时辰打更的时间。到了冬天，因天气寒冷，漏壶中的水易冻成冰，要用大锅烧水来注满漏壶，这样不至于因冰冻而影响漏壶的计时工作。挈壶氏一直延至清代，成为一种官称，后来还分为正职、副职，下设博士、阴阳生等职。

（三）司辰者也称“更夫”“鸡人”

漏壶计时夜间不易判断，必须采取打更的方法使居民知道时间。世界上许多国家都有类似更夫的夜间报时者。这一个情形在影片《巴黎圣母院》中有所表现，不过他们所用的是另一种时刻表示法。

古代还把司辰者称为“鸡人”，顾名思义，因鸡是能报晓的一种动物，俗谓“五更鸡叫”。南北朝时期，陈世祖为了在夜间也能提高警惕，命令观察壶报时的司辰者（鸡人）在每更时把更签传送到他的殿中，投在石阶上发出响声。

（四）我国古代计时单位——时、刻、更、点

时：是指时辰，采用地支作为时辰名称，并有古代的习惯称法。时辰的起点是午夜。我国古代一天分 12 个时辰：

子时，又名子夜。丑时，又名荒鸡。寅时，又称黎明。卯时，又名日始。辰时，又名早食。巳时，又名日禺。午时，又名日正、中午。未时，又名日跌、日央。申时，又名日晡、夕食。酉时，又名日落。戌时，又名日暮、黄昏。亥时，又名定昏。它们分别对应现在的 24 小时。

刻：大约西周之前，古人就把一昼夜均分为 100 刻，在漏壶箭杆上刻 100 格。折合成现代计时单位，1 刻等于 14 分 24 秒。

更：汉代皇宫中值班人员把一夜分为五更，每更为一个时辰，相当于现代的晚上 7 点到凌晨 5 点。

点：一更分为五点，一点的长度合现在的 24 分钟。

除此之外，在我国古代还有不少用作计算时间的方法和单位：

一年十二月，一月五周，一周六日，一时辰（2 小时）八刻，一刻十五分。

一盏茶（10 分钟），一炷香（5 分钟），一分（60 秒）六弹指，一弹指（10 秒）十刹那，一刹那即一秒钟。

五、中国古代天文钟——浑天仪和水运仪象台

（一）东汉张衡等制作的水力浑天仪

公元 2 世纪初，东汉科学家张衡制作的水力浑天仪上，有机械转动的计时部分每天规律地回转一周。之后汉末陆绩，吴国的王蕃，南北朝葛衡、钱乐之，隋初的耿询都先后制造过带有计时装置的浑天仪。唐代开元十三年张遂、梁令瓒等制造的水力浑天仪，宋人张思训于太平兴国四年创制的水力浑天仪上，计时部分都有所发展。

唐朝张遂（僧一行，673—727），青年时代到长安拜师求学，研究天文和数学，成为著名的学者。梁令瓒于玄宗开元年间，曾任率府兵曹参军，是天文业余爱好者。张遂与梁令瓒共同制造的“浑天铜仪”是在汉代张衡“浑天仪”的基础上发展而来的，上面画着星宿，仪器用水力运转，每昼夜运转一周，与天象相符。“浑天铜仪”装有两个木人，用齿轮带动，一人每刻（古代把一昼夜分成 100 刻）自动击鼓，一人每辰（合现在两小时）自动撞钟。可以说它是现代钟表的祖先，比 1370 年西方出现的威克钟要早 6 个世纪。

梁令瓒仔细研究了前人所制天文仪器，用木料制成模型“黄道游仪”。皇帝派僧一行和梁令瓒主持，铸成金属黄道游仪，用它测量 28 宿距天球极北的度数，在世界上第一次发现了恒星位置变动的现象，比欧洲要早约 1000 年。他在制造浑天仪的同时发明了自动报时装置，是世界上最早的机械钟。

（二）世界上第一座天文钟——水运仪象台

一提到钟表，大家都会想到是欧洲人发明的，可事实是，1088

年，北宋苏颂和韩公廉就发明了水运仪象台，是世界上第一座时钟，足足比罗伯特·胡克先行了6个世纪。

北宋苏颂等发明的水运仪象台

苏颂（1020—1101），北宋中期宰相，中国历史上杰出的天文学家、天文机械制造家、药物学家。元丰八年（1085）奉宋哲宗的诏命，苏颂组织了一批科学家，开始设计制作水运仪象台，历时数年终于告成。仪象台共有150多种机械零件，使浑仪浑象和计时仪器构成统一体系，以水力运转，集天象观察、演示和报时三种功能于一体，是世界上最早的天文钟。

（三）水运仪象台工作原理

水运仪象台的结构近似于现代钟表的结构，可称为钟表的鼻祖，每天仅有一秒的误差，而且它有擒纵器，擒纵器工作时能发出嘀嗒嘀嗒的声音，这就是钟表与计时器的区别。整个水运仪象台高12米，宽7米，共分3层，相当于一幢四层楼的建筑物。水钟放在一座高达四五层楼的建筑内，最上层的板屋内放置着一台浑仪，屋的顶板可以自由开启，平时关闭屋顶以防雨淋，这已经具有现代天文观测室的雏形了；中层放置着一架浑象；下层又可分成五小层木阁。

每小层木阁内均安排了若干个木人，5层共有162个木人，它们各司其职：每到一定的时刻，就会有木人自行出来打钟、击鼓或敲打乐器，报告时刻、指示时辰等。在木阁的后面放置着精度很高的两级漏刻和一套机械传动装置，在机械方面是一个极为精巧的擒纵装置，以水流量来调节钟的快慢。水流下时，灌到水车转轮边上装的容器。容器装满水后，重力把水车的转轮推动，把管擒纵的棘齿推过，使齿轮走一格，走过后，容器倾斜，把装的水倒掉，齿轮就停下，要再等到下一次把水车的下一个容器装满后再走一格。可以说这里是整个水运仪象台的“心脏”部分，用漏壶的水冲动机轮，驱动传动装置，浑仪、浑象和报时装置便会按部就班地运动起来。

宋朝曾砸170亿造世界第一天文钟，然而却被愚昧者诬蔑为不祥之物。宋哲宗元祐三年（1088），苏颂的水运仪象台研制成功。但关于水运仪象台的命名却出现了一场风波，差点要了苏颂的命。按照惯例，得请皇帝亲自命名，于是苏颂上了《进仪象状》请皇帝为其命名。当时有个太史局直长赵齐良，他上书哲宗皇帝说，我们大宋王朝是以“火德”而兴，而苏颂称这天文仪象为“水运”，与大宋“火德”是水火不容，很不吉祥啊，而且水能灭火，此更是大忌！若这项“罪名”成立，苏颂的脑袋就得搬家。还好，哲宗皇帝蛮信任苏颂，没有深加追究，而且最后还赐名为“元祐浑天仪象”。

（四）中国发明第一个擒纵器

张遂与梁令瓒所制浑天铜仪比东汉张衡的浑天仪更为进步，其中的计时部分可以说是一座用水力发动的机械时钟。近代钟表关键部件“天关”（即擒纵器）也是在那时发明的。在计时器部分已有擒纵机构，相当于近代机械钟表上的擒纵器或卡子，因此，它在钟表发展史上有极为重要的意义。英国科学家李约瑟博士称赞道：“这一切都是公元723年左右一行和梁令瓒发明第一个擒纵器之前的情况，从8世纪初起，这种仪器正是以巨型天文钟的形式走在欧洲14世纪第一具机械时钟的前面。”可见，在发明机械时钟的时间上，中国人比欧洲人早走了6个世纪，这一点我们应该为古代科学家自豪。

李约瑟还提出了关于机械钟表的擒纵器这一关键部件的发明权属于中国的问题。他研究了苏颂的水运仪象台之后，在《中国科学技术史》中说，以前关于“钟表装置……完全是14世纪早期欧洲的发明”的说法是错误的。

1987年，国际著名钟表大师矫大羽指出：北宋苏颂创制的“水运仪象台”是世界上第一个装置有擒纵机构的计时系统天文钟，并且在世界范围内首次提出了钟表是可以与中国古代四大发明相提并论的伟大发明之一，是中国人开创了钟表史。

(五) 中国早期的时钟机械是“下凡的天使”

我国的时钟机械是和天文仪器一起发展起来的，是天文仪器不可分割的一部分，到14世纪完全脱离了天文仪器，成为一种独立的时钟。英国科学家普赖斯称这种独立的时钟机构为“从天文学世界下凡的天使”。自张衡创制浑天仪以来，作为时钟的各种组成部分逐渐完备，动力系统由“以水激轮”组成，漏水冲动一个轮子，这个轮子再转动着，于是原动力就具备了，传动系统则由一定数量的齿轮系构成，这一点在计时鼓车中就应用了。1360年詹希元创制的一种机械时钟“五轮沙漏”已经完全成为独立的时钟机械，比欧洲同类计时器早200多年。它以沙为动力带动齿轮系工作，古人称其为“轮钟”。

六、古希腊安提凯希拉等天文时钟

(一) 古希腊奥林匹克计时器安提凯希拉

奥林匹克计时器，据传是公元前1世纪古希腊的科学装置。它不仅能计算数理、天文中的复杂周期，而且还可以记录古希腊运动会四年一次的周期。这个装置是：一个木盒子，里面不仅有刻度盘，而且有齿轮、嵌齿和传动装置。这台“超级装置”最初是为了观天象，用于绘制有关行星移动和岁月变迁的图表。没想到在它的帮助下，古希腊人可以提前几十年预测到一旬（10 天）内将有日食和月食，而且可以记录古希腊发生的有规律的重大事件，像四年一周期的奥林匹克运动会。

大概是公元前 100 年左右，一艘装有这种“特殊的先进装置”的罗马货船，在希腊安提凯希拉岛海岸沉没。到了公元 1900 年，喜欢潜水的人无意间发现了这艘沉船。接着考古学家蜂拥而至，他们很快发现一个与 16 开纸一般大的，虽然已经腐蚀钙化，但仍然清晰可见的神秘的块状刻度盘。随着“超级装置”的曝光，当时的人们已经意识到，它是 20 世纪最伟大的考古发现之一。这些考古学家就把这个“超级装置”叫作“安提凯希拉装置”。它比此后 1000 年间所有已知的其他装置都要复杂而且精确。

这个装置最初被放置在一个矩形木框中，木框上有两扇门，上面写有使用说明。位于安提凯希拉装置前端的是一个单独的刻度盘，上面是古希腊人绘制的黄道十二宫图和一个古埃及日历，后面则是两个刻度盘，显示的是有关月球运动周期和月食的信息。整个装置靠一个手动曲柄驱动。装置后面跨度 19 年的日历上刻有月份名字，月份名字是科林斯式，说明安提凯希拉装置可能是在位于希腊西北部科林斯数学家阿基米德的家乡制造的。

古希腊“安提凯希拉仪”

安提凯希拉仪原有 30～70 个齿轮，可以安装在长 31.5 厘米、宽19厘米、厚10余厘米的木箱中。它先进的计算能力和技术含量在制成后千余年内没有其他仪器可以媲美，被研究人员称为“古代计算机”。

（二）宇舶安提凯希拉装置与安提凯希拉腕表

安提凯希拉装置具备高精准度，可显示多种天文周期，包括默冬周期（19年一个周期，等于235个农历月）或卡利巴斯周期（76年一个周期，等于940个农历月或4个默冬周期），并可修正不准确的地方。安提凯希拉装置亦可显示沙罗周期（223个农历月刚好为18年）和转轮周期（等于3个沙罗周期或54年），后者特别用来预测日食及月食。编译大量天文数据所创造之数学模型，能够利用机械轮系简要地表现前述周期，与完全不同规格制造的第一座天文钟相比，整整超前千年之久。

从考古发现获得灵感的第一只腕表在2008年由宇舶表厂仿制出来。此作品在宇舶表重新创作的机芯中央，以传统方式显示小时与分钟。该制表机芯系由传统陀飞轮调校，其框架位于6点钟位置，每旋转一周费时一分钟。此现代复制品的前后两面，忠实地复制了安提凯希拉装置之各种已知标识。在机芯的表面显示出泛希腊比赛的日历（指定主办比赛的城市）、埃及历、太阳在黄道带星座的位置、月相以及恒星年。制表机芯的后面则显示出卡利巴斯周期、默冬周期、沙罗周期和转轮周期。该款表已于2012年春季的巴赛尔钟表珠宝展中展出。

（三）默冬太阳钟和“默冬周期”

位于雅典卫城之西的普尼克斯山，登高望远，朝向卫城方向的那面山坡上是集会的广场，广场西侧背靠山体的是公众集会演讲台，讲台后面最高处是一个方形基址，这是公元前5世纪默冬太阳钟的遗迹。基址大约4米见方，墙体厚约50厘米。方形对角线一为东西指向，一为南北指向。夏至日从这里看过去，太阳正好从卫城与雅典最高山峰——利卡托斯山之间的山谷升起。

默冬通过观测，确定了公元前 432 年 6 月 27 日的夏至，并将这一天定为希腊天文历法推算的起点。基于对太阳的长期观测，他还将一年划分为四季，以夏季为始，每季天数不等，分别是 90、90、92 和 93 天。现在的基址有可能是当年默冬进行观测的位置。

所谓“默冬周期”，就是 19 年周期，即 19 个回归年中的日数恰好等于 235 个朔望月中的日数。有了这个周期，就可以较好地安排阳历中回归年和阴历中朔望月的关系。默冬用下面的算式表达了这一关系：

19 回归年 = 235 朔望月 = 110 小月 + 125 大月 = 6940 天。其中小月为 29 天，大月为 30 天。

“默冬周期”与中国古代的阴阳历年同步，每过几年就要在一年中增加一个月，叫作“闰月”。在 19 年中置 7 个闰月，正好可以达到阴阳历同步的目的。所以，中国的“闰月”本质上就是“默冬周期”。

（四）八风塔日晷和水钟

雅典古罗马广场东侧耸立着一座八角形的塔形建筑，高约 14 米，直径约 4 米，外观保存良好，这就是著名的八风塔。实际上它是集风向标、水钟和日晷为一体的建筑，因其顶部八边有八个风神的大理石浮雕像，所以被称为八风塔。该塔建造的时间大约是公元前 100 年至公元前 37 年之间，当时是雅典城的公共报时工具。

塔顶有一个风向标，可以随风转动，指向八面中的一面，由此人们可以确定风向。在每幅八风浮雕之下均有日晷晷线，晷表早已遗失。从依稀可辨的晷线形状及分布来看，当时对日晷原理的认识已经非常清晰，天文学和几何学都已达到了相当发达的程度，而且已经采用 24 小时制。

日晷在白天测时，在夜晚或阴天就用水钟计时，水钟也叫漏刻。雅典城邦讲究民主，演讲者的演讲时间必须公平分配，所以他们采用水钟来计量演讲时间。八风塔的水钟设计比较复杂，其基本原理是利用注入容器的水的浮力转动带有时钟表面的转轴。这样的设计需要更多的机械学和水力学方面的知识。塔体南侧矗立着高约 6 米的圆柱形水塔，水从位于卫城北麓的水钟山泉通过高架引水渠引入，然后沿管道进入水钟上端的一个储水池。下端有一个水箱，用以盛放匀速注入的水，水箱注满的时间为 24 小时。时间通过水面的浮标来显示，浮标的浮力转动钟面。

在古雅典，这样的水钟早在公元前 4 世纪就已出现。在古广场的西南角，位于通向普尼克斯山的路上，是公元前 4 世纪建造的水钟遗迹。这个水钟起初只是一个简单的石制漏壶，壶底有一小铜嘴，当水漏下时，浮标指示时间。到了公元前 3 世纪，增加了两个辅助水箱，其中之一接受来自主水箱的水并保持水面恒定，此水箱里的水就会以稳定的流速向第二个辅助水箱注水，这样就可以根据注入第二个辅助水箱的水来计时，而不是根据流出主水箱的水计时，因此比较准确。

七、从伽利略摆动的灯到等时性时钟

（一）伽利略发现摆的等时性原理

一天，物理学家伽利略在比萨大教堂惊奇地发现，房顶上挂着的吊灯因为风吹不停而有节奏地摆动。他想起医科老师讲过，脉搏的跳动是有规律的，他一面按着脉，一面注视着灯的摆动。一点也不错，灯每往返摆动一次的时间完全相同。这使他又产生一个疑问，假如吊灯受到强风吹动摆得高一些，它每次摆动的时间还一样吗？回到宿舍，他把铁块固定在绳的一端挂起来，再把铁块拉到不同高度让它开始摆动，仍用脉搏细心地测定摆动所花的时间，结果表明，每次摆动的时间仍然相同。这个实验结果证明他的想法是正确的，即“不论摆动的幅度大小，完成一次摆动的时间是一样的。”伽利略还发现，只要绳子的长度一样，摆动一次的时间并不受摆锤重量的影响。随后伽利略又想，如果将绳子缩短，会不会摆动快些？于是调节绳子的长度做实验，结果证明他的推测是对的：“摆绳越长，往复摆动一次的时间（称为周期）就越长。”人们对摆动的研究是逐步深入的，多年以后，荷兰物理学家惠更斯进一步找到了摆的周期与摆长间准确的数学关系。又过了100多年，牛顿揭晓了万有引力的作用，又发明了微积分，伽利略发现的摆动规律才得到圆满的解释，这在物理学中叫作“摆的等时性原理”。后来的各种挂钟都是根据这个原理制作的。

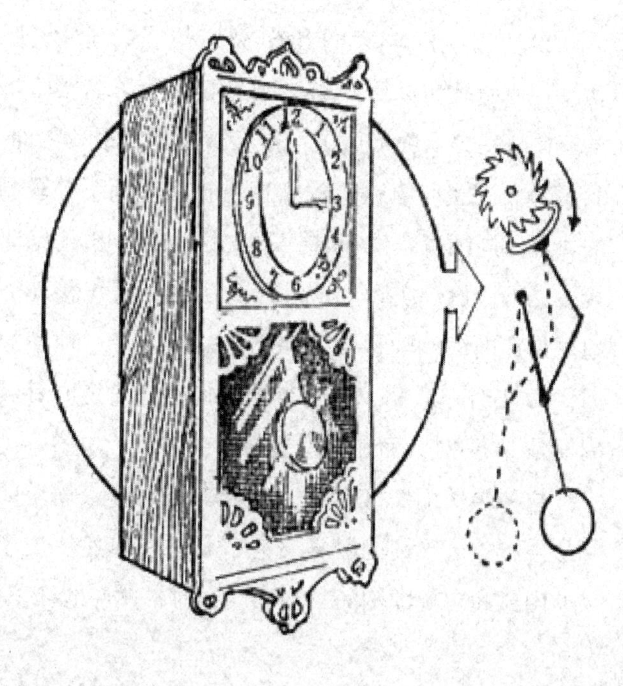
钟摆示意图

（二）米歇尔钟摆实验——最美丽的十大物理实验之一

2015年5月出版的《物理学世界》刊登了排名前10位的“最美丽”实验，大多数都是我们耳熟能详的经典之作，其中就有米歇尔·傅科钟摆实验。

2014年，科学家们在南极安置了一个摆钟，并观察它的摆动——他们是在重复1851年巴黎的一个著名实验。1851年，法国科学家傅科在公众面前做了一个实验，用一根长约66米的钢丝将一个62磅重的头上带有铁笔的铁球悬挂在屋顶下，观测记录它前后摆动的轨迹。周围观众发现钟摆每次摆动都会稍稍偏离原轨迹并发生旋转，无不惊讶。实际上这是因为房屋在缓缓移动。傅科的演示说明地球是在围绕地轴自转。在巴黎的纬度上，钟摆的轨迹是顺时针方向，30小时一周期。在南半球，钟摆应是逆时针转动，在南极转动周期是24小时，而在赤道上将不会转动。

这种“美丽”实验是一种经典概念：最简单的仪器和设备发现了最根本、最单纯的科学概念，就像是一座历史丰碑一样，人们长久的困惑和含糊顷刻间一扫而空，对自然界的认识更加清晰。

八、地日钟及周期计时

（一）太阳和月球是守时钟

正如我们所见到的，地球自转和绕太阳公转组成了一个钟，而且必然是我们永远也离不开的一个精良钟，它在今日科学界制定了一个公认的标准。许多严格的历法，就是在太阳、月球和季节的周期运动基础上创造出来的。

最简单、最清楚的计算单位是“日”，从一个日出到另一个日出；或者，从一个中午到另一个中午。因为从实用的角度来看，从中午到中午的时间总是相同的，而日出的时刻是随季节变化的。人们可以用非常简单的工具来计算从正午到正午的时间。例如，在沙土上插上一根棍棒，或者利用某根柱子或某一棵树，也可以利用你自己的身影。如果你站在北半球，当你的身影指向正北而身影也是最短时，那么这时的太阳就在天顶，正是中午的时候。利用一些永久性的或半永久性的自然物做标记，你就能计算时间和天数。使用稍微复杂些的装置，就能计一个月或几个月，甚至计算地球绕太阳的公转数，即年数。

太阳和月亮是可靠的，不会停止或“损失”时间，而所有的人造钟都存在着这种可能性。太阳和月亮的稳定度很高，科学家依据它们的时标能预见到地球上任何地方日出或日落的时、分、秒等，还能早几百年或几千年预见到日食或月食以及别的与时间有关的事件。此外，在国际上不存在争论“谁的太阳最权威”的可能性，人们不必对它们的运转或调节负任何责任。

如果每个周期都整齐划一，那倒非常方便，但事实并非如此。地球绕太阳一周需 365 天 5 时 48 分 46 秒，在 364 天中，月球约绕地球 13 圈。这样就给早期的天文学家、数学家或历法家提出了一些需要解决的理论问题。

地日钟与更精密的标准钟相比，并不是一个很稳定的钟。地球绕太阳的轨道不是一个规则的圆形，而是一个椭圆形，因此，地球在接近太阳时的运转速度比它在远离太阳时的速度要快。地球的轴与它绕太阳公转的轨道平面成倾斜状态，地球的自转是不规则的，地球也在绕自己的轴摆动。所有这些事实说明了地日钟不是一个准确的钟。我们今天计算出的日与用日晷测量出的日之间，在 2 月份和 11 月份相差约 15 分钟。虽然这些影响能预测到，因而不会引起严重的后果，但是它亦带有既明显而又无法预测的变化。

（二）最早的守时日钟石碑建筑

考古发现的守时日钟石碑建筑，显然是为了庆祝某个特定的日子而设立的，例如庆祝夏至（仲夏节）。夏至这一天白昼最长，出现在 6 月 21 或 22 日，到底是哪一天，取决于是闰年还是平年。几千年来，地球和太阳所组成的“钟”有效地调节着每天的活动，古人是在日出起床并开始工作，日落时结束一天的劳动，中午休息和吃饭，他们不需要比这更准确的时间，比如许多节日和有趣的纪念日。

（三）地球椭圆轨道变化周期10万年

2002年4月，日本产业技术综合研究所对230万年的海洋沉积物进行测定后认为，地磁以10万年为一个周期发生变化。这些海洋沉积物是从新几内亚岛附近的海底取出来的，长度达42米。该所使用高灵敏度的磁强计对其中的微粒进行测定，发现地磁强度和磁倾角以10万年一个周期变化，与地球公转的椭圆形轨道的变化周期及冰河期的变化周期相一致。这是沉积物中所含有的磁铁矿等的微粒受到了地球公转轨道变化及冰河期变化影响的结果。地磁的发生是由于地球内部大约2900～5100公里深处的主要成分铁呈熔化状态，在流动时发生的电磁现象，其强度和磁倾角在以不到2万年的周期发生变化。

九、天文台及世界最大的日晷

（一）琅琊台

2008年4月10日，中国天文学会专家研究认为，琅琊台是一个兼具观象授时与宗教祭祀功能的古观象台，具有观日出、定时节、望云气、祭祀四时主等天文历法、星占以及宗教、政治方面的功能，是我国迄今已知的地面上遗迹尚存的我国最早的观象台遗址。其起源可能上推至西周初年，甚至是尧舜时代。

（二）德国发现距今3600年人类最古老的天文台

2002年9月，德国考古学家发现一个青铜圆盘文物，据称它上面镶贴的金片表示的是大约3600年前的星象图。考古学家经考证还认为，发现该圆盘的地点很可能是人类历史上最古老的一座天文台。

该圆盘约 2 公斤重，直径 32 厘米，近似圆形。文物上镶贴的金片可能代表的是月亮、星星等天体的位置。尤其是盘上聚在一起的 7 个金点，它们被认为是金牛座昴宿星团的几颗星，是一幅非常独特的星象图。

（三）印度古天文台里世界上最大的日晷

印度斋浦尔古天文台在斋浦尔皇宫对面，全名叫简塔·曼塔天文台，建于 1728 年，是斋浦尔城建造者萨瓦伊·杰伊·辛格二世的杰作，是当年的星象家用来观测天象、预测事务的场所。碧绿的草坪上散布着众多奇形怪状的石雕和砖砌建筑，以及世界上最大的日晷，每个都有特别的用途。

小日晷通过阳光照在梯子的影子来读时间。印度的太阳冬季和夏季分别在北和南两个方向，不同的季节看其中的一个。世界上最大的日晷道理相同，只是读时间更精确。灿烂阳光下这些东西格外明朗，时间就被物化放大到了眼前。

古印度是四大文明古国之一，这座近 300 年的古观象台，2010 年作为世界文化遗产列入《世界遗产名录》。我们能感觉到四大文明古国绝对不是徒有虚名的，印度人的智慧对世界文明的发展有着巨大的贡献。

天才王公萨瓦伊·杰伊·辛格二世，他对天文学和数学有着浓厚的兴趣，并修建了天文学图书馆。他一生共建有 5 座天文台，简塔·曼塔天文台是这 5 座中保存最完好的。如今，这里的各种观测仪器仍能为天文学家所用，堪称人类瑰宝。

这座天文台像一个星盘的仪器，用来测量时间与天体位置。它是由 12 块直立的平板和 12 块水平的石板组成，外表看上去就像是小型体育馆。这 12 块平板指针拨盘用来测量 12 个星座系统的黄道坐标。它的一对金属轮子可以与地轴平行转动，也可以和一个铜管组合在一起来计算天体的倾斜度。

大日晷看起来就像一个大碗，高 27 米，有一个 27 度的倾角。怎么会那么巧合？因为“27”正是斋浦尔的纬度。令人叹为观止的是，通过它的阴影测量时间，误差只有 2 秒。其顶部的印度教小圆屋顶用来告知日食、月食和季风的到来。小日晷是用红沙石和白色大理石建成的，同样也成 27 度角，它也可以计算出天体的经纬，而且它的指针投下的阴影可以测出当地时间，与印度当地时间差 10 分钟到 40 分钟，也可以说它是一个天体坐标仪，可测量天空中某个天体的纬度和经度。

简塔·曼塔天文台内建有 20 多个观测设备，每一个仪器都是一座独特的建筑，有日晷、经纬仪、子午线仪，利用日照和投影，推算时间和宇宙星体的位置。每个仪器的倾斜度也会根据各自代表的星座以及此星座与黄道的位置关系而变化。简塔·曼塔天文台为用肉眼进行天文观测而设计，其建筑和装置都采用了不少创新设计。它是印度最重要、最全面、保存最完好的古天文台，展现了印度莫卧儿时代末期对宇宙的认知以及探究天文学的能力。

十、从“纽伦堡蛋”到手表发展

有记录显示，大概到 15 世纪初期，欧洲几个国家在相差不远的年份里，同时竞相研制可携带的小钟。世界上最古老的便携式钟表大概诞生在 1530 年左右。德国钟表工匠彼得·亨兰参照当时已有的钟机结构，将原来的重锤换上了弹性极好的金属薄长片，使钟的体积极度缩小，同我们现在用的闹钟差不多。人们使用时不必考虑安放位置，甚至可以方便携带，用一条带子挂在身上，或者直接放在衣衫口袋里。小钟外观呈球形，当时还没有发明玻璃，所以是金属盖罩，这就是世界上第一只机械表，即挂表或袋表。由于它产于纽伦堡，装在一只圆形盒子里，当时的人们便亲切地称它为“纽伦堡蛋”。

早期护士为了掌握时间，就把小袋表挂在胸前，挂表和袋表一直风行到18世纪。到1886年，德国海军部开始同瑞士一些钟表匠谈判制造手表，这样便出现了手表的批量生产。尤其是第一次世界大战的爆发，袋表已经不能适应作战军人的需要了，腕表的生产成为大势所趋。1926年，劳力士表厂制成了完全防水的手表表壳，一位勇敢的英国女性佩戴着它完成了横渡英伦海峡的壮举。这一事件也成为钟表历史上的重要转折点。

最早的钟表“纽伦堡蛋”

（一）制造世界上第一只手表的争论

第一只手表是谁制作的？历史记载是比较模糊的，但普遍公认世界第一块表诞生于1587年的瑞士。在手表最初发明的岁月里，它只是一种小型化的钟。还有如下说法：

宝玑。拿破仑最小的妹妹卡洛琳·缪拉1810年6月8日邀请亚伯拉罕·路易·宝玑设计一款可以佩戴在手腕上的首饰类腕表。在耗费大量的时间与精力后，于1812年生产出一只编号为No. 2639的鹅蛋形报时手镯腕表，这是目前生产手表的最早记录。

百达翡丽。1868年怀表正在盛行，当时瑞士制表商百达翡丽为匈牙利女公爵制造了一只可以佩戴在手腕上的表，就是在金手镯上打造的。

芝柏。一名军官抱怨说战争期间怀表放置困难，因此他把怀表绑在手腕上并推广给其他军官。其后应军方要求，芝柏在 1880 年为德国海军制造了世界上第一批真正的手表。

卡地亚。著名飞行员阿尔拔图 · 山度士 · 度门告诉好友路易 · 卡地亚，他在飞行中由于双手不能离开操控器，无法将怀表从口袋拿出来确认时间。卡地亚于 1904 年以全新设计解决了这位飞行冒险家的难题。

1905 年，劳力士生产了以怀表为基础的手表雏形。劳力士制作了一批皮带款手表，根据图片判断，是在怀表基础上增加了可穿过皮带的表耳，成为真正意义上的手表。

（二）手表是人类需求发展的产物

第一次世界大战时，炮兵和飞行员感到手表使用方便，于是制造手表的订货单日益增多。美国参战后，也开始向欧洲订货。从钟表工业的发展历史来看，尽管钟产生在先，手表出现于后，但是人们对手表的兴趣和需求远远在钟之上，特别是战争中军队的需要再加上以后民间的普及，促使手表制造工业独立成体、自成一家。在生产技术方面，从每一个零件都手工精制，逐步发展到配置工具装备，适应规模生产。随着社会物质文明和精神需求的发展，人们不只要求手表具有计时功能和方便耐用，而且还追求时尚和款式，这就推动了手表生产量的增加，同时还创制出不同类型的手表。比如，不仅有多种规格尺寸的圆形男女手表，还有方形、八角形、腰鼓形的款式。女表的装饰成分明显多于实际用途，表壳有的是用贵重金属制成，再用钻石点缀，表现出佩戴者的个性风采。

十一、中国水钟与圆明园十二生肖喷泉钟

《红楼梦》里《红豆曲》有“挨不明的更漏”句，漏就是水钟。

中国后汉时代的张衡发明了“浑天地动仪”，它是世界上第一台

地震仪，还可以报时，也是中国最早的水钟。到宋代，苏颂发明了有擒纵装置的水钟，其外形及机械构造上有水力推动用来报时的木偶。最上面是用水力转动的浑仪，下面有按时间转动的木偶人像并以锣鼓报时。

元朝的最后一位皇帝顺帝就是一位水钟工程师。中国的计时科学和天文学对人类有很大贡献。研究中国古代科学的李约瑟发现一本叙述中国南宋时水钟的书，更先进的地方是擒纵装置，不用擒纵装置的水钟是类比式的，装上了擒纵装置以后就变成“数字型”。

（一）古代水钟漏停表

无论是百米赛跑还是游泳、赛马，都是以时间来定输赢的，跑表（又称秒表）就是裁判的依据。古代也有这种用于时间段计时的水钟——停表式漏壶。这种停表式漏壶可以用水，也可以用水银。用水银来代替水的“马上奔驰”——行漏，也是一种停表式漏壶。用水银冬天不致结冰，可保证漏壶测时的准确性，不会因为大气温度变化影响液体的流速。

（二）著名的水钟大明殿灯漏

大明殿灯漏是中国钟表史上最为著名的计时器之一，它利用水力带动机械装置报时，因形似宫灯并陈列于皇宫大明殿上，故称“大明殿灯漏”。它是一种独立的机械性计时仪器，已经具备了显示小时和分钟、报时、调节走时快慢等功能，是世界上最早脱离了天文仪器的独立自鸣钟。灯漏高一丈七尺（合今5.6米），上部有弯曲的梁，曲梁的两端各装有龙头，龙的嘴能张合，龙的眼珠能转动，用这样的动作显示灯漏内的水流是快了还是慢了。在灯漏下部四个角的位置各有一个木人手执钟、鼓、钲、铙响器，一刻鸣钟，二刻击鼓，三刻击钲，四刻击铙。

（三）英法军摧毁圆明园十二生肖喷泉钟

圆明园十二生肖水力钟喷泉在海晏堂“观水法”，喷泉钟由十二个兽首人身的雕像组成，各个生肖动物每隔两个小时依次轮流喷水。中国传统的十二生肖被安放在人形的底座上，或羽扇纶巾，或舞刀弄棒，有的手执刀枪，有的怀抱玉笏。100多年后的人们，至今无法完全破解它们各自代表着什么，诠释着什么。

十二生肖铜像由意大利传教士、宫廷画师郎世宁主持设计，清宫廷匠师制作，设计者考虑到中国传统的民俗文化，以十二生肖的坐像取代了西方喷泉设计中常用的人体雕塑。生肖铜像身躯为石雕，穿着袍服，头部为写实风格造型，铸工精细，兽首上的褶皱和绒毛细微之处都清晰逼真。材料为当时清廷精炼的青铜，外表色泽深沉，内蕴厚重，历经百年不锈蚀，堪称一绝。当年十二生肖铜像呈八字形排列水池两边，被时人称为“水力钟”。这些肖像中空连接喷水管。南边分别为子鼠、寅虎、辰龙、午马、申猴、戌狗，北边分别为丑牛、卯兔、巳蛇、未羊、酉鸡、亥猪。每天十二生肖铜像依次轮流喷水，分别代表全日不同时分。正午时分，十二铜像同时涌射喷泉，像洪水一样，声音传到几公里之外。十二生肖水力钟又被敬为圆明园的守护神，是中西合璧的艺术结晶。

复原的圆明园生肖水力钟

1860年英法联军火烧圆明园时，十二生肖喷泉钟连同圆明园古典建筑被破坏，大量文物流失海外。后来江苏美人鱼公司组织20多位专家学者，历时4年研究考证，利用现代技术与圆明园传统工艺相结合，成功完成兽首人身坐像的复原工作，再现了当年圆明园海晏堂十二生肖喷水钟的壮观景象。

十二、早期机械钟表由罗明坚最先传入中国

（一）什么是机械钟表

机械钟表是用重锤或弹簧的释放能量为动力，推动一系列齿轮运转，借擒纵调速器调节轮系转速，以指针指示时刻和计量时间的计时器。公元前140年到公元前100年，古希腊人制造了用30~70个齿轮系统和多个刻度盘构成的奥林匹克运动计时器，被称为“安提凯希拉仪”。北宋元祐三年（1088），苏颂和韩公廉等创制水运仪象台，计时装置已运用了擒纵机构。这些都是早期的机械钟表。

1283年，英格兰修道院出现首座以砝码带动的机械钟。13世纪，意大利北部的僧侣开始建立钟楼安放大钟。欧洲第一台能报时的钟，是1335年于米兰制成的。14世纪出现了钟摆和发条，精度得到很大提高。乔万尼·德·丹第被誉为欧洲钟表之父，他用16年时间制造了一台功能齐全的钟，被称为“宇宙浑天仪”。它能表示行星的运行轨迹，还可以对宗教节日和时间有所反映。

16世纪，德国开始有桌上的钟。那些钟只有一支指针，钟面分成四部分，时间准确至最近的15分钟。1657年，惠更斯发现摆的频率可以计算时间，造出了第一个摆钟。1670年，英国人威廉·克莱门特发明锚形擒纵器。1695年，英国人汤姆平发明了工字轮擒纵机构。后来，同为英国人的格雷厄姆发明了静止式擒纵机构。

（二）罗明坚最早将钟表传入中国

15世纪时，西方机械钟表已经非常发达。钟表作为传教士礼品

逐步走进中国人的视野。早期传教士利用钟表打通关节的活动堪称“钟表外交”。

1580年，罗明坚作为耶稣教徒，希望教皇赐赠那种音响洪亮、摆放在宫廷中的精美的大报时钟和可套在环里、放在掌中，也可报时打刻的小钟。这些钟表很显然是用来送礼的。就是在这一年，罗明坚跟随葡萄牙商人到广州进行贸易。在为期三个月的交易中，罗明坚与中国官员和文人广泛接触，通过赠送西洋物品赢得了他们的好感。

1582年12月27日，根据罗明坚的请求，意大利人利玛窦奉命携带着从印度教区主教神父那里得到的自鸣钟来到澳门，第一座欧洲机械钟正式传入中国。1583年9月，罗明坚和利玛窦在肇庆城外建造一处教堂，正面墙上挂上钟表，这只钟表就像一个活物自走自鸣，自然而然受到了人们的珍视。传教士送给中国教团的物品中，钟表是主要礼物。

后来，罗明坚把一座精钢制作的机械钟送给陈瑞。当拧紧发条时，钟开始走动，听着时钟的声音，陈瑞非常喜欢，遂安排他们在天宁寺住下，并对罗明坚等人的肇庆之行非常关照。经过罗明坚和利玛窦的倾力周旋，肇庆知府王泮为传教士提供了一块土地。这位知府对钟表也同样感兴趣，听说澳门能制造钟表，就要求传教士给他定做一个，并答应给以善价。为了投人所好，罗明坚还亲自调试自鸣钟，按中国人的习惯把欧洲的一日24小时改为中国式的一日12个时辰，同时把阿拉伯数字改成中文，取得了意想不到的效果。

（三）钟表打开中国大门

正是通过钟表等西洋奇物的赠送和演示，西洋传教士在中国人心目中赢得了一席之地。有了这样一个有利条件，传教士便非常容易与中国人进行更深一层的精神交流，为传教之路开启一扇方便之门。

广东总督认为机械钟既神奇又有趣，倘若能适应当地需求就更好不过。孟兰德送予广东总督的机械钟满足了他的好奇心，最终成为维持葡萄牙人在澳门地位的关键。多年后，时钟也被当作礼物送给官员和太监，为觐见北京朝廷打通关节。1601 年 1 月 24 日，由罗明坚、利玛窦和孟三德（葡萄牙人）等人组成的使团首次抵京。

（四）耶稣会传教士以钟表匠的身份进入皇宫

此时的万历皇帝已经听闻过带有音乐功能的大中型时钟，于是将这些传教士唤至宫廷，让他们摆弄时钟并教授宫中太监操作。他还下令在皇家园林修建高塔，用来安置最大的时钟。因此，耶稣会传教士以钟表匠的身份进入宫廷，凭借奇妙的机械钟逐渐讨得皇帝欢心，并在北京安顿下来。

皇太后听闻这种奇妙的机械可以独自运作，想取来一见。于是，皇帝给他的母亲送去一座机械钟。由于疏忽，忘记关闭报时系统，皇太后被钟鸣扰得不胜其烦，很快派人送了回去。那时耶稣会传教士写了很多信件，描述时钟在中国宫廷引发的轰动。消息传到欧洲，“基督教领袖充满热忱地想要改变大帝国的信仰，对传教士大开方便之门，各种帮助也是不遗余力。于是，皇帝的宫廷中挤满了各种时钟，大多数都是卓越非凡且珍稀罕见的发明创造”。

明朝金火车头钟

十三、蒙古包也是太阳计时钟

蒙古族人的传统计时文化在蒙古包内体现得最为突出。蒙古包太阳计时是采用从蒙古包陶脑（天窗）射进的太阳光照到的不同位置，比较准确地判断时辰的传统方法。它又通常与传统的十二地支时辰表现法结合使用。

草原上的牧民至今仍然根据太阳时间安排畜牧业生产，因为自然时间更适合自然环境。

清晨，当第一抹晨曦洒在蒙古包的天窗上时，大体相当于寅时（约为3:00~5:00），或称黎明时分。蒙古族有句谚语："寅时不起误一天，少年不学误一生。"每到这个时候，妇女们便早早起床去挤牛奶，而男人们则出去收拢夜里放青的马群。

初升的太阳把金色光芒刚刚洒到蒙古包天窗外框和奥尼上端之间，这时是卯时（约为5:00~7:00），或叫出太阳时分。这时女人挤完了奶，也准备好了早茶，而男人则赶着马群从牧场回到家里。

太阳照到天窗的中段是辰时（约为7:00~9:00），或叫早茶时间。人们陆陆续续喝完早茶，开始把牛群、羊群赶往草场。

太阳照到天窗上端到下端之时是巳时，或叫小午时分（约为9:00~11:00）。此刻，男人已经把牛羊赶到离家较远的草场上，而妇女们正在家里忙着加工各种奶制品。

每当耀眼的强光照在蒙古包北侧的地毡（铺在蒙古包室内的毡子）上或者照到上首铺位上时是午时，或叫正午时分（约为11:00~13:00）。这时候，牧民会顶着烈日给牛羊饮水，然后赶着它们到阴凉处午休。蒙古人认为正午是一天里最吉利的时刻，所以每逢结婚，新郎都会选这个时辰将新娘接回家。

太阳从蒙古包东北角移到碗橱下摆处的时候是未时，或叫下午时分（约为13:00~15:00）。这时牲畜的午休结束，牧民再次把牛羊赶回草场。

太阳从碗柜处逐渐上移到东哈纳的上端，这段时间相当于申时，或叫傍晚时分（约为 15:00~17:00）。

太阳从哈纳头顺着奥尼上移，逐渐从天窗消失，这段时间相当于酉时，或叫日没时间（约为 17:00~19:00）。天黑时分相当于戌时（约为 19:00~21:00）。当天空中三星高升之时，这段时间相当于亥时（约为 21:00~23:00），草原上的万物生灵在大自然宁静的怀抱里进入甜蜜的梦乡。

最远古的充满智慧的计时方式沿用了千百年，也是最好的经验总结。蒙古人用这种方法计算时间、安排作息。即使到了今天，手表、手机之类的计时工具已经成了寻常物件，他们还是习惯使用这种最朴素、最自然的计时方法。

第三章　钟表的发展

一、人类对钟表的使用和发展

讲到钟表的历史，人类最早是利用太阳的射影长短和方向来判断时间的。7000多年前，古巴比伦人就发明了日晷。约5000年前，古希腊人发明了滴漏。公元前1500年，中国人改进了这个装置，使它变成了水漏的形状。中国古代的日晷、水钟、火钟、铜壶滴漏等都是古代计时器。北宋的苏颂在1088年制造的水运仪象台，不但计时准确，而且有擒纵器，是钟表与计时器的根本区别，他为人类做出了巨大贡献。

（一）标准时钟——自然晷（天文钟）

古时，孙云球制造的“自然晷”能“应时定刻，昼夜自旋，风雨晦明，不违分秒，奇亦至矣”，也就是说，不管日夜，无论阴晴，“自然晷”每天24小时都能走，而且走时很准，可以作为标准计时器。“自然晷”根据日晷原理发展而来。现在使用的钟表也依然是“平太阳时”，换算成“真太阳时”才能更准确，所以校准时间就需要日晷。目前真太阳时的计算和日晷的原理类似，更精确一些，因此才判定孙云球的“自然晷”就是日晷的改进版。

明末清初的时钟是用发条或重锤为动力源的。发条松了，重锤下降到底，自鸣钟就停了。这就需要真太阳时的“自然晷”（天文钟）标准时间了。

（二）“以水报时”与“水日晷”

古书曾有“水法农必借水而成，水之用大矣，而亦可为诸玩。作水器，以水报时”的记载，其中的“以水报时”是利用水力制作的报时钟表，是中国古代钟表中的“漏刻”“漏壶”类型。这个“水日晷”的名字说明了利用水的升降来指示时间，从外形上和原理上采用的都是中国早期“泄水型”漏壶。

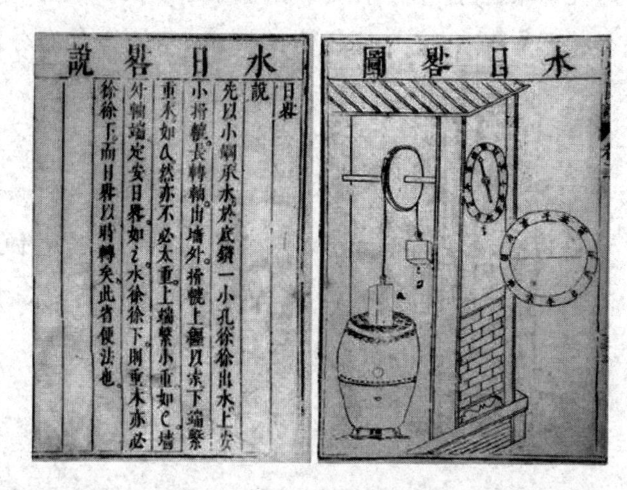
水日晷說
日晷
說
先以小罋承水於底鑽一小孔徐徐出水上安
小搭轆長轉軸出墻外搭轆上繩以索下端繫
重木如乙然亦不必太重上端繫小重如己墻
外軸端定安日晷如之水徐徐下則重木亦必
徐徐下而日晷以時轉矣此者便法也

水日晷图及注解

（三）世界钟表工业的发展

有关钟表的演变可以分为三个阶段：1. 从大型钟向小型钟演变；2. 从小型钟向袋表过渡；3. 从袋表向腕表发展。每一个阶段的发展都是和当时的技术发明分不开的。

1088 年，宋朝苏颂等人制造了水运仪象台，是钟表制造的开始。14 世纪，英法等国的高大建筑物上出现了报时钟，钟的动力来源于用绳索悬挂重锤。1511 年，德国一个年轻人彼得 · 希尔发明了不靠重力的钟表，用发条使钟表日夜不停地行走 40 小时。1560 年的一幅油画中，一位胡须老者右手端着一块表，这时应该是出现了铁制发条，为钟的小型化创造了条件。

1583 年，意大利人伽利略建立了著名的等时性理论，是钟摆的理论基础。1656 年，荷兰科学家惠更斯应用伽利略的理论设计了钟摆，第二年成功制造了第一个摆钟。1675 年，惠更斯发明了游丝，取代了原始的钟摆，这样就形成了以发条为动力、以游丝为调速机构的小型钟，使表的精确度提高了，表盘上加了分针，也为制造便于携带的袋表创造了条件。

1726 年，英国人完善了工字轮擒纵机构；1757 年，又发明了叉式擒纵机构。到 19 世纪，产生了一大批钟表生产厂家，为袋表的发展做出了贡献。直到人类历史进入 20 世纪，随着钟表制作工艺水平的提高以及科技和文明的巨大进步，才使得腕表地位的确立有了可能。

（四）中国钟表工业的发展

世界上最早的钟表是中国发明的，钟表产业经过多年发展，我国已成为世界钟表行业的生产大国，产品产量位居世界前列，产品品种也呈现多样化和系列化，达几百种。在钟表款式中，以时装款式表和经典款式表最受欢迎，后者以色彩和新颖的造型取胜。由于不同消费群的消费水平和观念不同，钟表消费已逐步演变成多层次的消费需求。钟表市场呈现五大特点：1. 多功能化；2. 时装化；3. 名牌化；4. 怀表回归；5. 销售渠道多元化。

（五）钟表是人类最重要的工具，它改变了人类的进程

2005 年 6 月，《福布斯》杂志评选出人类最重要的 20 种工具，其中之一就有钟表。2013 年，美国《大西洋》月刊 11 月号刊登题为《自车轮问世以来 50 项最伟大的技术突破》的文章，其中把钟表列为第 27 位，理由是机械钟表可以用来测量时间。

（六）手表发展见证社会发展和人生经历

年过八旬的乔启财老人和老伴李翠英的“上海”牌手表和“东风”牌手表成了他们家的宝贝。这是儿孙们送给老两口的礼物，而

且手表功能越来越多：记步、定位、呼叫……但表多了，反而觉得不知道该戴哪块好了。缝纫机、手表、自行车在20世纪六七十年代十分稀缺，很难买到。1964年他们结婚的时候，买的“东风”表花了120块钱，转眼间50多年过去了，这表也退休成了“古董”，但却记录了时光变迁，也见证了这个家庭的枝繁叶茂和越来越富裕舒心的生活。

二、各类钟表展助推钟表业

现代钟表业飞速发展，钟表成为人们生活中的重要工具。举办各种各样的钟表展览会成了钟表企业宣传品牌、了解市场和促销的重要手段之一。

（一）香港“名表荟萃”高级钟表展览会

香港钟表业总会联同香港旅游发展局及海港城，于2007年7月19日至22日在香港尖沙咀海港城举办“名表荟萃”高级腕表展览会。会上展出了15个2007年的最新作品，还有详细解释高级腕表制作过程和机械表不同复杂功能的图文展览，数据丰富。许多名贵腕表更是专程由瑞士和德国运来，价值连城，珍贵罕见。

展会上除了各品牌自己生产的腕表外，还可以了解他们如何制作一块腕表，机会难逢。1735年，宝珀先生跟侏罗山区大多数人一样，起初只制作钟表配件，由一个小小的家庭作坊开始，经历两个世纪的家族经营，到20世纪30年代才转到外人手里。瑞士制表业在20世纪70年代被日本的电子表打击得一蹶不振。1981年，高瞻远瞩的宝珀看到机械表将会绝地反击，立下只造机械表、只推出圆形表款式的誓言，经过十年的积淀，获得初步成功。

（二）巴塞尔钟表展

2015年3月19日至26日，由MCH瑞士展会（巴塞尔）股份有限公司主办的世界钟表珠宝博览会在瑞士巴塞尔拉开帷幕，展览大厅汇聚全球钟表珠宝行业的关注目光。巴塞尔世界钟表珠宝展奠定了世界奢侈品产业顶级盛会的领导地位。

展览会共展出天梭竞速系列限量版腕表，浪琴表康铂系列月相腕表，施华洛世奇休闲百搭的时尚造型，泰格豪雅卡莱拉系列腕表和天梭传奇系列金表等数十种。中国自制腕表也多次参加这样的国际展会。天津海鸥表厂推出的国产两问表（报时、报刻）也参加了展会，引起了国内外的极大关注。

（三）深圳表展看国产表格局

2017年举行的深圳国际钟表展，是能让大家最直观感受到中国表发展动向的展会。

以飞亚达集团为首的实力派展现国表的生命力。飞亚达有好几个重量级品牌——飞亚达、北京表、吉普、维路时等。其中飞亚达和北京表又是重头戏，是国产表走向国际市场的领军品牌，不仅具有国际化的设计理念，也有国内很好的分销渠道，品牌形象很年轻，又讲究品质，是国表中最具生命力的品牌之一。

这年参展的一匹黑马是孔雀表（PEACOCK）。孔雀是中国最早的手表厂之一，位于辽宁丹东。现在品牌启用的名字是Peacock，显然是想重新打造品牌。之所以说它是一匹黑马，首先，它在设计上追求原创；其次，它以陀飞轮为主打，走中高端路线；第三，科技性强。孔雀表用料和设计都很前卫，女表融合东方元素，非常唯美；男表采用现代科技材料，酷炫十足。

国表零配件产业群的9号馆，让我们看到了国表零配件生产商的庞大队伍，从手表的壳、盘、针、带、机芯，到手表装配生产的改锥、校表仪、寸镜、压盖器、取针器等应有尽有。同时，这里也展出了一些机芯厂商，比如西铁城、Ronda等，在9号馆直接就能组装出一只手表出来。

（四）亚洲高级钟表展

2015 年，第三届“钟表与奇迹”亚洲高级钟表展在香港会议中心举行 4 天的展览，于 10 月 3 日圆满谢幕。在展览期间，历峰集团旗下卡地亚、朗格、积家等 12 家钟表商参展。作为亚洲规格最高的钟表展，每家参展品牌的行政总裁及代表都莅临出席，亲自与亚洲众多的钟表收藏家和鉴赏家做互动交流。继前两届表展大获成功之后，各大腕表品牌继续发力，展出专为此展会研制的时计作品以及更为精湛和复杂的表款，为现场观众带来一场顶级腕表的饕餮盛宴。此外，现场观众还可以参与一连串有关制表历史等主题讲座，并有机会体验机械腕表机芯组装、拆卸过程，深入了解高级制表文化。

“表王”现身香港，新品更贴合市场。江诗丹顿借由 260 周年庆典，特别为亚洲消费者带来了重量级表款——江诗丹顿 57260。此款腕表堪称制表史上最精巧复杂的特别定制时计，花费 8 年时间全心设计与制作，共配备 57 项复杂功能，在业内堪称“表王”。此次展出，也是江诗丹顿 57260 自 9 月底发布以来首度向公众展示。

IWC 万国表展厅为了让参观者能够真切地感受、体验高级制表的精髓，日内瓦艺术与设计大学策划的“瑞士布谷鸟自鸣钟生命的 24 小时”展览特别在展会期间展出。

明星云集助力表展。无论是梁朝伟、刘嘉玲等明星大咖的到访，还是如伯爵、罗杰杜比等品牌独特创意的展台布置，各家的表现都让不少参观者叹为观止。表展期间推出的不少新品才刚刚揭开神秘面纱，无论是材质、创意还是工艺都有了新的突破。例如，W&W 男表新宠朗格 1815，卡地亚 9452MC 型手动上链机械机芯，搭载浮动式陀飞轮复杂功能，万宝龙传承典藏系列万年历蓝宝石腕表，万国表柏涛菲诺手动上链单按钮计时腕表等。

（五）“时光之芯——瑞士钟表文化之源”展览

2015 年，由首都博物馆和日内瓦艺术与历史博物馆主办、江诗丹顿协办的“日内瓦：时光之芯——瑞士钟表文化之源”展览在首都博物馆正式拉开帷幕，4 月 24 日至 8 月 12 日免费向公众开放。此次展览是当年中瑞建交 65 周年重要庆祝活动之一，同时也是首都博物馆自开馆以来首次举办瑞士钟表主题的展览。

此次展览从伟大历程、制表大师、艺术工艺三个主要部分讲述瑞士钟表的文化之源，共展出约 350 件精美展品。其中包括古董钟表、怀表、腕表及钟表制作工具和设备等，再现了人类测量时间的历史，并以日内瓦的高级制表技术成就和卓越的工艺为核心，以独特的视角展现了日内瓦三个多世纪以来高级制表业的发展历程。

三、天津大学计时专业为钟表业育才

（一）天津大学的精密仪器工程系

天津大学为中国现代第一所国立大学，前身为北洋大学，1951 年经国家院系调整，定名为天津大学。旧中国没有完整的仪器仪表工业。为实行 1953 年开始的第一个五年计划，在高等学校设立了新专业——仪器类专业，以培养国家急需的仪器制造方面的专业人才。1952 年院系调整后，中央教育部委托天津大学筹建“精密机械仪器专业”，隶属于当时的机械系，这是新中国成立后，在我国高等学校中最先设置的精密机械仪器专业。1958 年 3 月，学校将机械系一分为三，其中第二机械系包括精密机械仪器、焊接两个专业。1959 年，第二机械系更名为精密仪器工程系，专业设精密仪器、热工仪表。1960 年后，新添计时仪器、光学仪器、计算机、航行仪表等专业。

我国老一辈著名学者项任澜、王守融、蔡其恕、钱耀绪、许镇宇、吴又芝、刘豹、邱宣怀、苑文炳、吴继宗、孙祖宝、孙家鼐、祝毓琥、周昌震等曾在此天津大学长期执教。王明时曾荣任全国九届人大常委会常务委员。

（二）计时仪器专业成立和演变

1952年，在机械系精密机械仪器专业内，设有包含计时仪器等三个专门化建设组。计时仪器专门化由苑文炳教授负责筹划，并编写和讲授“计时仪器理论与设计”课程。1957年，招收首届计时专业化学生戴品忠等42名。1958年，聘请苏联计时专家巴甫洛夫到校协助筹办计时仪器专业及培养师资，主要讲授机械计时仪器、短时段测量仪器、钟表检验仪器和电子表等内容。1959年，第一届计时仪器专门化学生毕业，并培养了最早的史美琪、容光文计时专门化研究生。1959年，天津大学成立精密仪器工程系。1960年，在精密仪器工程系计时仪器专门化基础上建立计时仪器专业，是中国最早的计时仪器专业。同年建立了计时仪器教研室，任命孙家鼐为教研室副主任，成员有苑文炳等教师。计时仪器教研室早期研制了具有一定影响力的“标准时间系统”。1965年研制成功我国第一只音叉电子表。

1960年，计时仪器专业主要的专业课程有：仪器零件及机构、精密机械仪器、机械计时仪器、电子计时仪器、钟表工艺学、精密仪器概论等。当年就有了第一届计时仪器本科毕业生，并招收首届计时仪器研究生。1961年4月，国家对全国重点学校的专业设置调整，仅在天津大学和哈尔滨工业大学两个学校设置计时仪器专业。

（三）为全国培养大批钟表专业人才

1955年，中国第一只机械手表在天津研制成功，其后全国建立了众多手表厂和钟表厂，急需计时仪器专业技术人员。20世纪70年代中期，正是国家轻工业蓬勃发展的时期，也是全国钟表行业快速发展的年代。全国各地的钟表厂、手表厂如雨后春笋般崛起。据1985年成立的中国钟表协会不完全统计，仅参加钟表行业的会员单位就有近300家，另外还有大量的与钟表行业配套的相关企事业单位。当时市场上国产手表供不应求，需要票证和开后门托关系才能抢到手。由于钟表行业是精密仪器产业，工厂环境条件好，技术含量高，能够进入钟表行业当工人的也是凤毛麟角，能在钟表行业当工程技术人员的更是翘楚。当时全国数千家大学，计时仪器专业的学生每年仅在天津大学招生两个班，哈工大招生一个班。计时专业的毕业生成为稀有人才。

精仪计时专业是一门新生、稀有的专业，专业方向主要是机械和电子钟表的设计制造，包括各种机械和电子计时器、频率计、发射计时器等，备受全国瞩目，因此，计时专业的学生也是各地手表厂、钟表厂和精密仪器企业的抢手人才。尤其在天文、国防和航天领域里，精准时间控制不可或缺，每逢成功发射卫星，天津大学计时教研室都会收到国家的贺电。在国家关键经济部门和全国各地的钟表手表行业以及国防尖端领域，处处可见天津大学精仪计时仪器专业学子的身影。我国机械表行业和钟表行业在世界影响力非常大，世界的手表和钟表产量 90%都在中国。在钟表行业和相关的配套企业里，主要领导大多是天大精仪专业毕业的。

在钟表研制方面做出突出贡献的计时专业的同学，有被称为“百年钟表人物”的马广礼，有在军工计时器方面独辟蹊径取得良好效益的王卫东，有拥有多项钟表发明专利的宋传则，有直至退休仍然还在研制中国走时长、超薄型机芯的吴君连等。

（四）计时教研室教学科研成果丰富

以精仪系计时教研室的苑文炳、孙家鼐等为代表的老师们，都为天津大学计时仪器专业和教学科研做出了很大贡献。在繁忙的教学业务中，计时教研室的苑文炳和容光文老师编写出版了《机械计时仪器》教材。随着电子计时器的快速发展，计时教研室的何永江老师又编写了《电子计时仪器原理》等教材，都是计时专业学科的基础性教材。在 20 世纪七八十年代，计时教研室的老师们励精图治，先后有“音叉谐振”“钟表齿形”“扣式电池测试”和“电子钟表微电机测试”等多项科研成果获得国家级发明奖。

随着国家实行市场经济，钟表行业也由快速发展而转入提升淘汰洗牌的萧条期，计时专业招生也受市场需求影响逐渐式微。天津大学计时仪器专业最后一次招生是1984年。1985年起改名为“时间计控技术及仪器专业”。最后一次招生是1988年，毕业于1992年。到1996年，原计时仪器专业发展演变成了“测控技术与仪器专业”。从1992年起，计时专业作为一个教学名称最终消失，计时仪器教研室的老师大多转到了精仪学院的其他专业教研室。

尽管计时专业随着时代的发展融入到其他专业，一代代天大计时的校友们仍继续为国家为母校做着巨大贡献。随着全球一体化和社会生活节奏加快，时间和计时器与人类的生存发展变得越来越紧密，所以，计时专业的学子们始终以自己是“计时人”为荣，时间和计时器陪伴每个人的终生，证明“计时人”永在。

四、千奇百怪的多功能手表

随着科学技术的发展，手表的技术含量越来越高，功能也越来越多。人们更加在乎手表的功能、续航、电耗、佩戴的舒适度和重量，手表行业正在进入“智能手表”时代。

（一）各种户外运动手表

跑步手表。也称计步手表、GPS手表、心率手表等，是跑步者常用的辅助工具，可以显示跑步的速度、距离、消耗的卡路里，秒表配合无线心率带可显示心率等信息，帮助跑步者在运动中掌握速度和体力分配以达到最佳目的。专业智能跑步表需要输入个人体重、年龄、步长、性别等信息。

多功能电子运动手表。50米防水，电子荧光照明，每日定时闹

多功能户外表

铃，整点报时，12/24 小时制，日历星期显示，秒表行针加跳字显示，PU 料表带，长寿命电池等。手表内置计步器（运动感应加速计），以及应用先进心电图技术精确测量心率。

GPS 多功能户外运动手表。具有心跳+海拔+坐标+GPS 接收器+速度和蓝牙及卫星定位 GPS 等多功能，还具有显示温度秒表和闹钟功能，并有 GPS 时间校准和计步器功能。开启蓝牙传输功能，可将 GPS 信号通过蓝牙传输至你所配对的设备中进行导航。

报急和救生手表。一种专门为航海和登山运动员设计的“救命手表”，是瑞士的新产品，特点是有一面反光镜，运动员在航海或登山遇难时，手表如与自然光接触，就有极强的光束反射出来，救援人员可凭反射光束找到遇难者。有一种手表救生器，只有火柴盒大，一旦落水，只要一拉上面的黄色小环，手表里的充气囊就膨胀成枕头形气袋。表内装有一个可伸缩的微型天线和无线电发报器。当人遇到危险需要救援时，只要拉出超微型天线，按动呼救旋钮，手表便能发出求救信号，安装在急救中心的报警接收器便会发出红色闪光和呼救报警声，并显示出遇险者所处的方位，便于立即组织营救。当雪崩或海难发生时，这种表可以发出高频信号报急，信号能够持续 20 天，国际救援机构可根据信号找到遇难者。

潜水多功能手表。芬兰颂拓生产的潜水表除显示潜水表功能外，还有指针式和数字式双重显示，提供两个不同时区的时间；可测量实耗时间（氧气量、水深度等），有乐声闹钟功能以及内置光源。军用24制式表盘，时尚四频带蓝牙多媒体功能防水，适合各种户外活动和潜水运动。

观潮手表。美国研制，能计算并显示当时潮汐的高度及方向，以替代潮汐图，并且还能预测未来潮汐情况。

测距和预报天气手表。日本卡西欧生产，按触地图，就能测量出地图上两个地点间的实际距离，准确率达80%。测量前需按地图的比例尺调整。该表对驾驶员、登山运动员等常用地图的人很有用处。卡西欧还研制出一种天气预报手表，通过内装式半导体压力传感器，每隔3小时测量大气压一次，将测得的数值进行比较，当读数上升时，表示天气良好；也可显示气温等数据。

多功能北斗授时手表。集定位、授时和报文通信为一体，其功能有授时、数字与指针双显示、温度计、气压计、高度计、计时器、背光显示、闹钟、全自动日历、世界城市时间等功能。手表自动接收北斗卫星导航系统信号，自动校准时间，其定位精度优于10米，测速精度优于每秒0.2米，授时精度优于50纳秒。

卡西欧电子方位表。要确认自己所处的方位，仅需按动按钮，内置磁传感器即可显示出你所在的方位。表上部显示屏可指示16个方位点。单触测位部磁传感器，无论在高山、海洋或城市，都能使你朝着正确方向前进。异常磁场检测器防止误读数发生，耐50米至100米水深。

（二）各种语音影视类手表

中文智能语音交互手表。frog设计公司打造，采用360度无死角纯圆屏幕及表冠设计，可以实现智能语音交互、触控交互、全新交互—Tickle挠挠、创新交互—摇摇手势。全中文操作界面，能实现定制表盘、信息推送、来电提醒、运动检测、心率监测、音乐控制、时间管理等强大功能。

会说话的手表。该产品能拍照，会说话，各类功能齐全，可定位，一键报警。支持语音变调玩法，支持跑步步数、运动强度等记录模式。200 万像素摄像头，一键美白效果，五款不同风格的萌拍效果。结合语音识别技术和 360 搜索引擎，整合了儿童百科、十万个为什么、故事等内容，和孩子通过语音进行交流，任何奇怪的问题和想法都能得到答案。美国一家公司制造出一种会说话的手表，表里装有一个能发出声音的薄片，含有模仿英语、德语、法语和西班牙语的代号，只要事先嘱咐它用什么语言把你叫醒，按下按钮，发音薄片就会把这些不同声响汇集成你所需要的语言并报告钟点。

手表式信息接收机。可接收中英文、数字、特殊字符，独有的水银开关时间和信息撤换功能。改变手的倾斜度，短信和时间状态可自动切换。每收到一条信息，30 秒后会自动显示下一条信息。遇到紧急情况，可一键锁死在时间界面。一个发射机可以带 999 个不同接收机，并且可以向 999 个或者单个接收机发射不同的信息。

备忘录手表。日本服务部钟表商店制造，除具有时、分、秒、日、周时、鸣笛报时、内部照明等多功能外，还有英文字母、阿拉伯数字等 40 个符号，可用来记录电话号码和其他信息。手表可记忆，能录下 8 秒钟的谈话。如有事要做，但又担心到时想不起来，你可以“告诉”手表，并设定好时间，到时手表会自动提醒你该做什么事。

翻译手表。这种手表使用时只需通过按键输入需翻译的词句，译文即能在手表上显示出来。

识别主人声音手表。这种手表装有接收器和麦克风，具有闹表、计算器、日历、秒表和国际时间等多功能，还能对 15 个不同的口令做出反应。它习惯于主人的声音，准确率达 95%。

遥控电视手表。由美国创新钟表公司制造的这种手表可以把红外线信号输送给遥控器，并通过遥控器对电视开关进行控制。它的红外线信号可传 20 米远，还具有计秒、防水等多种功能。

手表电视。日本推出的 18 毫米手表电视，屏幕尺寸和袖珍数码相机的显示屏差不多。机身内置锂离子充电电池，充电 1.5 小时后可以欣赏约 1 小时的电视节目。方形机身，尺寸为 48mm×48mm×18mm，重量 50g，内置电子表。这款“电视”非常轻，戴在手腕上很舒服。

电子计算机手表。日本“服部精工”研制，有时间显示，还有 80 个图像面做情报资料显示，其中每个图像面可容纳 24 个字。有三种备忘文件、两种时间管理备忘录，可以分别进行存入输出、情报输入的调整，不使用特别键盘等附件，而使用手表计时部分的按钮。

“偷拍”手表。尺寸仅为 52mm×40mm×l6mm，除具备计时等功能外，还有内置镜头用于数码照相，间距在 30 厘米以上即可拍摄。可储存 100 张以上照片，所摄影像可传输到电脑。为了增强拍摄效果，还可外加两倍变焦镜头。

能投影的手表。美国研制，集成了激光投影仪和传感器，可将信息投影在用户皮肤上，然后像传统触摸屏一样在皮肤上进行轻敲和滑动操作。向左滑动解锁手表，应用程序会沿着手臂显示出来。该手表可以投射 40 平方厘米大小的界面，大约比标准智能手表的界面大 5 倍。它没有屏幕，包含了一个 15 流明亮度的微型激光投影仪，一组微型传感器阵列。

（三）各种保健养生手表

癌症预警手表。美国科学家根据健康者与癌症患者的生物电能所显示的电波信号不同的机理制成。手表的微电高，乳酸含量也越大。脑所显示的电信号为 O 型波表示健康，显示 X 型波时表明患有癌症危险。

预防噩梦手表。瑞士心理学家与钟表厂商合作的新产品。戴这种手表睡觉，一旦发生噩梦，就会惊醒。入睡后一般每分钟呼吸大约是十六七次，如果做了梦，心跳加快惊动信号，就会把人惊醒，这样就可免除受噩梦骚扰之苦。

测体温定位预防晕倒手表。美国推出一系列可以测量佩戴人心跳、体温甚至确定其所在位置的“数字天使”手表。其中一款专门为老年用户设计的手表还装有“突然晕倒传感器”，这种传感器可以借助某些数据来监测佩戴人是否突然晕倒。

防晕车晕船药磁手表。还有人发明了一种小巧、无毒副作用、效期长久、使用简便、造价低廉的防晕车晕船药磁手表。

按摩减肥与心电图手表。法国摩金公司生产的一款生物动能型手表，内含 6 块深海脉冲电石，不间断地发射电子仿针脉冲，对手腕上内关、神门、太渊、通里、大陵、阴郄六大穴位进行脉冲针灸，刺激胃经和肠经，使胃传导信号减弱，控制食欲。戴一天减肥手表，释放的热量相当于做仰卧起坐 500 个和转呼啦圈 1000 转。减肥手表锗钛合金能量波能分解体内毒素，抗疲劳，抗衰老，提高免疫力。同时，能量波可以减少电脑和手机对人体的辐射，避免因辐射产生的色斑、皱纹和暗淡肤色。还有一种减肥与心电图手表，可通过单位时间减肥者每天的走路步数距离计算速度，并通过佩戴者的体重和运动时间来计算消耗的卡路里。

酒精含量测量手表。美国一家医药设备公司 BAC track 发明了一款可通过皮肤表面的汗液来检测血液酒精度含量的手表。该手表可以通过蓝牙连接手机，在手机上看到导入的酒精摄入量，当酒精摄入过多时，它还会发出警报来提醒用户。全球威士忌卖得最好的人还发明了带酒杯的手表，可随时随地喝威士忌，不怕找不到杯子。

测病手表。瑞士研制出的石英电子测病手表能准确地显示心肌梗死和脑溢血患者的病情。人体功能正常时，表面信号指示微灯呈绿色。如人体出现劳累过度，它由绿转红，提醒主人注意休息、服用相应药剂或看医生；倘若再由红变黑，请主人立刻去医院急救。该型手表亦可在 10 秒钟内测出人体温度和血压。

避孕手表。由瑞士某公司开发。妇女在排卵期间，手指、手腕、脚趾等处体温会下降，通过这种表显示出来。这样，妇女便能及时了解自已的受孕及危险期。另外有种“夫人密友”手表，能为妇女准确地计算出月经周期之间的受孕日期，并显示出“安全”或“危险”的字样。

监测血压、血氧、疲劳度和心率的手表。手表的心率监测功能搭配动态心率技术，能够精确监测人体运动时心脏的跳动频率，还有翻腕亮屏、提醒设置、勿扰模式、智能防丢、固态升级等功能。可以查看当天的运动数据、每周总运动记录数据和每个月的运动数据。在主界面，向左滑动，可以查看睡眠记录；向下滑动，可以查看日、周、月的历史记录。除了单调的心率监测功能，还增加了血氧健康、血压健康和疲劳度功能，只需一键体验，就能了解自己的血压、血氧、疲劳度、心率健康状态。

驱蚊手表。能模仿蜻蜓振翅的声音驱蚊，有效范围 1 平方米之内。这种驱蚊手表是通过超声波驱蚊模式从而达到驱蚊效果的。它内配电池，无须电源，没有插座电压的限制，室内户外都可以使用，安全无毒，持久有效。

视障人控温感应手表。专为视障人士设计的这款手表，不仅能用手触摸凹凸状的指针读取时间，还能通过不同的温度感知再次对时间进行确认。内壁的大凹点代表小时，所在区域的温度始终保持在 37 摄氏度，而外圈小凸起代表分钟，其所在区域的温度会维持在 12 摄氏度。热冷的对比使得通过触摸来感知时间变得更为直观和准确。

（四）各种外观装饰手表

乐器形趣味手表。以乐器为设计概念的手表系列。吉他表光滑的表面以莱茵石及手绘瓷釉做装饰，在表带上镶以手工精细的弦线，犹如一个微型的吉他。系列中有其他乐器款式，包括电吉他、鼓及钢琴，每种乐器型手表均有精致表盒陪衬。

激光手表。看见的“指针”实际上并不存在，没有发条，全自动表表盘刻度采用罗马数字，金色表壳，优质表带。“指针”走动运用电子脉冲显示。这种轻微的脉冲显示速度极快，肉眼几乎不能分辨，因而，“指针”看起来像在永久性地走动的时针，分针和秒针均在液晶显示器闪现。

艺术家跳时表。豪利时文化系列艺术家跳时表采用了跳转盘数字窗口显示小时数，每60分钟跳动一次，使钟点一目了然。传统银色扭索状的大表盘上带有两个交叉的小表盘，分别显示分钟和秒钟，搭配镍质指针和刻度。

岩石手表。这种手表不使用任何金属材料，而用花岗石、蛇纹石等石头做材料制成。这种表经久耐用、走时准确。

手铐手表。手铐式手表由于小时和分钟分别显示在两个环上，因此需要将两个环并在一起戴在同一只手上。当朋友看到的时候，一定很惊讶：哇！怎么很像手铐呢！

悬空陀飞轮手表。卡地亚推出，在蓝宝石水晶圆盘上挖开一个跟陀飞轮大小一样的孔洞，将陀飞轮框架安装在腕表的中心位置，而支撑框架的水晶圆盘四周设置一组齿轨，将圆盘传动到每5分钟运行一周的大齿轮上。

香港手表石雕。香港九龙尖沙咀新世界中心大楼外安置一座2米多高的手表石雕，由瑞士雕刻家用花岗岩雕刻而成。内装钟表机械可以报时。

香味手表。这种香味型手表可以根据戴表人的爱好而散发出各种不同的香味。

开玫瑰花手表。瑞士欧米茄的这款手表可显示世界各大城市当地时间及太阳、月亮和各行星在一瞬间的位置。每当整点时，手表上的玫瑰花便绽苞吐蕊、立时怒放，然后慢慢凋谢消失。

（五）其他类多功能手表

24 种功能手表。它是 1933 年为美国一位银行家定制的百达翡丽手表，设计花了 3 年，又用 5 年时间才制成。该厂保密车间百余年间每年只手工制造一只产品，其价格在人民币 3000 万元左右。

激光工具手表。该表拥有金属外壳和一块小屏幕来显示时间，其机身内置微型激光发射器，能发出 1500 毫瓦的激光束，杀伤力可射穿气球、切割胶带、点燃火柴甚至穿透 CD 盒。台湾一家制造商推出电子手表打火机，既是手表又是电子气体打火机，只要轻推电子键，火即喷出。

测量电子秒表。激光脉冲技术已经达到阿秒（1 阿秒等于 10^{-18} 秒）的量级，可以测量电子的运动。阿秒激光脉冲不仅能被动地探测电子的运动，还可主动操纵和控制电子的运动。

彗星位置手表。日本制造出可自动检测、显示彗星位置的手表。手表表盘装有 13 个发光二极管，分别代表彗星、彗星轨道、太阳、地球、火星、木星、金星的位置。如将此表调整为年份显示时，代表彗星位置的发光二极管即会自动闪光，标示出彗星和太阳、地球之间的位置。

电子纸手表。此表由日本精工公司研制，能够像普通纸张一样自由卷曲。电子纸膜层上有数百万带有电荷的微胶囊，微胶囊中的白色和黑色粒子在电子纸膜层上移动显示数字。它的视角比液晶屏更加宽广，可以从平面任何角度辨别数字。电子纸手表厚度仅为 4 毫米，重约 134 克，可以像手镯一样戴在手上。

万年日历表。该万年日历石英表可显示时、分、秒、日期和月相。表盘上的小窗口显示月份、季节和黄道十二宫。所有功能都是同步的，用表柄控制，透过蓝宝石表后盖可以看到机芯。

自卫手表。表呈长方形，使用者将其戴在手腕上，当遇到歹徒时，它可伸出一根金属针并产生高压刺激歹徒，趁歹徒退缩之机，受害者可争取时间呼救或逃脱。

前后 12 时手表。该表是劳力士制造的四根指针手表，为极地探险队员专门设计。除秒、分、时三根指针外，还有一根红细长指针，其顶端是一个三角形符号，在黑、白对比的底色上，这根指针显得异常夺目。一天 24 小时走完一圈，主要用于区别时间究竟是前 12 个小时还是后 12 个小时。以表盘上的 6 和 12 点标的连接为界，第 4 根指针在右边，为前一个 12 小时（AM），否则为后一个 12 小时（PM）。

方形轨道 24 时区手表。卡西欧一款手表的时针以方形轨迹旋转。它以经典中央时、分、秒指针形式闪现第一地时间，在 12 点位置视窗显示第二地时间，并以 AM/PM 标明白天、黑夜时间，6 点钟视窗则显露 24 个不一样标准时区的城市名字。机芯备有一组逆向齿轮传动系统和行星式齿轮结构，让其小时显示能顺着方形轨迹公转。

日升月落昼夜手表。该表由烟台手表厂推出。早晨，在表盘显示孔里，一轮红日冉冉升起；到了夜晚，月亮又升起。日升月落，周而复始。同时指示出相应的时间。

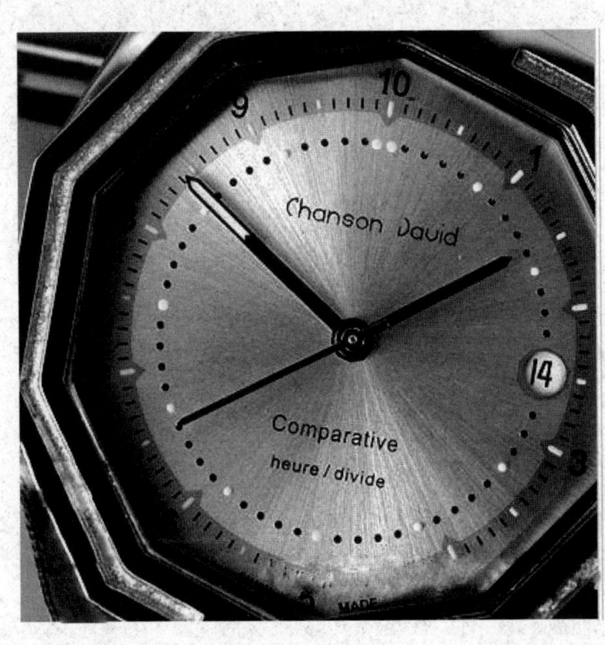

10 个时区手表

两地时间手表由积家推出。日期指示在每月底 31 日转换至次月 1 日时，完成长距离转跳。手工细腻的镂空表盘能将镀钌夹桥和主夹板以及中桥处采用黑色阳极灭活铝合金打造的 AM/PM（昼/夜）指示尽收眼底。中国台湾吴东治设计的一款登机证和手表结合的轻便腕表，能显示当地时间，可从机票上撕下，使你与当地时间保持一致。返回时，把手表归还航空公司，可循环使用。

10 个时区手表是瑞士钟表设计师大卫·尚松设计的一款手表。其时间刻度被分为 10 等份，更合乎逻辑和习惯。

五、多功能钟表异彩纷呈

钟的功能和形状也是五花八门、色彩纷呈，以起床闹钟最为奇葩。

（一）各种各样的起床闹钟

早上起床对于某些“起床困难户”来说，绝对是一天之中最痛苦的事情。目前市面上出现了千奇百怪的闹钟来叫醒大家。“起床困难户”面对繁多的闹钟得了“选择恐惧症”，而多种多样的闹钟对付的就是懒惰又挑剔的使用者。

逃跑闹钟。在你偷懒睡觉时，它可以玩命地跟你赛跑，直到你追到按停它。它不仅会在准确的时间把你吵醒，而且如果你继续赖着不起，它凭借两个超级无敌“风火轮”从床头逃走，藏到一个角落，直到把你的瞌睡虫彻底赶走为止。可以设置 0~9 分钟的赖床时间，只给你一次赖床机会，之后它就在房间四处游走，甚至能跳 1 米高度的落差，边“哔哔”叫边跑，直到逮住它为止。

卸车卧床闹钟。由日本研制，像一辆自动载货车，一到起床时间，它就慢慢上举，将沉睡不醒的人、枕头、被褥一起卸到床尾，催人快起床。

带刺闹钟。由日本珍道具学会发明。特点是在貌似解决一种问题的同时，又带来一大箩筐更多的麻烦，让人窘迫不堪，赶紧起床。

灯光音乐闹钟。能模拟日出过程，让身体自然醒来，在设定闹钟时间前 30 分钟开始逐渐变亮。共有 10 种设置，一旦用户醒来，不会觉得心烦意乱。它有两种闹钟铃声，还可选择调频广播铃声，当闹钟时间到了，就自动播放音乐叫用户起床。

闹带套。所谓“闹带套”，其实就是一个放闹钟的盒子，不过盒子上的锁非常难开，不花上三五分钟，很难打开“闹带套”。

火箭闹钟。最具特色的是它的“凶残”唤醒机制。它内置了加速计、重力计、摄像头以及麦克风设备，将关闭闹钟设计成不同难度的宇宙任务，既增加了交互的趣味性，又能有效唤醒用户。用户关闭闹钟需要疯狂摇晃手机，解答极其复杂可怕的数学题，或是对着手机微笑和吹气才能关闭铃声。

喷水闹钟。美国研制的喷水闹钟，其外形与一般闹钟一样，但有特殊的可调节方向的喷水口。每到规定时间，这台闹钟就喷出一股水柱，直接喷到深睡未醒的主人脸上，这时，贪睡的主人就只能起身了。

白噪声智能闹钟。有一个放在床垫下面的传感器监测用户的睡眠状态。在每晚睡觉时，也会用自带的呼吸灯让你更加容易适应室内光线，以达到更好的催眠效果。为喜欢听音乐睡觉的人还特意设置了白噪声功能，会营造出最适宜的声音助眠。LED 屏也减少了背光的侧漏，防止太亮影响睡眠。它可以分析用户处于轻度睡眠的时间，还可连接智能家居，控制智能灯具和恒温器等，让你在起床后能拥有一个更为舒适的环境。

声控闹钟是可以用声音控制的闹铃。你不用为每天早上不得不起床关闭闹铃而纠结。使用时，只需要拍手或者叫停，对闹铃发出声音，它收到声音命令就会乖乖暂时停止响铃。不过，除非你按按钮把响闹器关上，否则闹钟还会每 4 分钟再响一次，9 分钟后才停。

芳香闹钟。人的嗅觉比听觉更灵敏，故对于熟睡的人来说，在睡梦中嗅到芳香特别容易苏醒。芳香闹钟一到时间便散发出阵阵清香来叫醒主人。用优质培根切割出肉片，再经过燃烧烘熏，通过机器收集充满诱人香气的烟雾，将其压缩成液体，置入精致的设备中。闻到香味的人立刻就会精神起来，心情将会更美好。

（二）其他功能闹钟

录音留言闹钟。家人外出或客人来访如需留言，可按下按钮就能把话录下来，无须动笔墨便能记下朋友的地址和电话号码，十分方便。

音箱闹钟。这是一款伪装成传统闹钟模样的小音箱，可与电脑、播放器和手机连接。把它放在工作台和床头"混淆视听"，让来访的朋友不知音乐播放器的音箱到底在何处。音箱闹钟同时兼有音频播放与闹铃功能。

消防响铃闹钟。日本生产出一种预报火灾的闹钟，钟上装有温度感应器，当室内温度上升到 45 摄氏度以上时会自动发出报警铃声。该钟还可几个联合使用，分别放在老人和孩子的房间内，只要有一个感应器发现异常情况，相关联的闹钟都会响铃报警。消防铃闹钟的声音非常大，堪比全速前进的消防车，让你无法再睡懒觉。还有个按钮可以体验它恐怖的铃声。

挥手止闹闹钟。由意大利生产。只需要在它面前一挥手，就能使闹钟铃声中止。该闹钟装有红外线发生器和接收器，红外线从物体和房间墙壁反射回来，并同安装在闹钟内部的存贮器存贮信号同步。当挥手时，改变了反射条件，存贮器对比发出信号，即使铃声停止。

聋人闹钟由美国发明。它用电线连接闹钟和枕头，当时针走到规定的时刻时可使枕头震动，把聋子震醒。闹钟不影响别人睡觉，也可供听力弱的人使用。

记事提醒闹钟。可选择桌面提醒便签、敬业签。敬业签上分类管理记事内容，每个分类标签下可添加500条记事内容；记事内容支持定时提醒、循环重复提醒、重要间隔提醒等多项。除了程序本身具备提醒通知功能外，手机还可绑定微信提醒。

不闹的“闹钟”。由日本推出。它由时钟和一副夹具组成，时钟和夹具之间用导线连接。将夹具夹在衬衣领带处，预定时间一到，夹具中的小电动机便转动，抖动衬衣领带将人叫醒。闹钟可为有眼疾或耳疾的人使用，对必须按时起床而不想吵醒他人的人也很适用。

药瓶闹钟。药瓶底端连有一个电子闹钟，形成整体，主要是按时提醒老人服药。

地震闹钟。日本是发生地震最频繁的国家之一。日本设计的地震闹钟外观与桌上的闹钟无异，只要有轻微的地震发生，它就会灵敏地感受到，并发出“快逃命”的呼喊声。

催眠闹钟。除具有催眠功能外，也可以设定睡眠模式，有多首助眠音乐让用户更好地进入睡眠，提高睡眠质量。音乐闹钟内置3种常规铃声，从柔和的音乐入手，还有精挑细选的适合唤醒睡眠的歌曲。这些歌按从轻柔到动感的节奏顺序排列，可以让大脑从深沉的睡眠状态中逐渐醒来。还有一种闹钟有6种响闹声，包括胚胎在母体内听到的声音、海浪声以及传统的安眠曲等。

巨型机器人闹钟

天气预报闹钟由日本精工推出。闹钟内装有电子气压感应器，能预报半径为20公里以内8~12小时的天气情况。天气预报系统通过乐曲奏鸣与闹时系统融合在一起。预报时，闹钟相应奏出《阳光曲》《彩虹曲》和日本歌曲《雨淋》，与晴、阴转晴、阴、雨等类型对应。

LED调光闹钟是一种概念闹钟。它没有屏幕，淡蓝色的圆环部分可以显示时间，同时还是一个触控面板。设置闹铃时，手指从当前的时针处开始，沿着面板划动到需要闹铃的时间位置即可完成设置。内置的LED灯会沿着手指划过的轨迹亮起，划过的区域同时会亮起。等到光完全消失时，闹铃随即响起。

巨型机器人闹钟。其最大的特点是很大、很重，采用全钢材质，身高50厘米，臂展71厘米，重达3.2千克，无论从哪个角度来看，都算得上是一个重量级角色了。而且四肢都设计了若干可以活动的关节，让主人随时可以根据喜好来摆弄它，拗成各种奇怪的造型。它的眼睛是两只红色的LED，闹铃响起时会闪烁。

反向起动的钟表。瑞士一家小饭店墙上挂的钟指针行走与普通钟一样，但表盘上的数字排列顺序却是从12到1。饭店老板说："这是一个心理把戏。许多顾客都有这样的心情，就是巴不得早点离开饭店。现在看到这个钟，一些顾客就会感到迷惑，就不会再注意时间了。"

（三）其他多功能钟表

显示35个城市时间台钟。这种时钟是按世界地图设计的，钟上有个小巧玲珑的地球仪，只要用手轻按有感应能力的地球仪的某一时区，钟上的液晶屏幕就把该城市的时间显示出来。

考勤机大钟。这类考勤机大钟可显示时间，输入程序后，大小年、大小月自动调整。自动报时，有两首音乐供选择，可外接电铃。打卡时，红蓝双色显示日、时、分（迟到早退为红色），是企业管理的好设备。

红外光纤石英钟。这种显字石英钟分两部分，上部为光导纤维组成的礼花图案，现出五彩缤纷、绚丽夺目的色彩，下部则为荧光显字石英钟。

红外线感测钟。内部红外感测器对人体温度极为敏感。夜间，当人距离挂钟 5 米以内，钟面上的灯即会发亮，使你清楚地看见时间刻度。

说话时钟是日本制造的和计时器连接的钟。内设录音装置，可根据事先输入的信号，按时发出“起床了”“该做饭了”“该上学了”“睡觉了”等声音提醒主人。

无声打点钟。由瑞士研制，可使附近居民不被夜间打点报时声干扰。由两个预置时间的电子定时器和一个电磁铁组成。

儿童组装钟。专为儿童设计，由儿童自己动手组装。钟配套元件可以组装出理想的儿童拆装钟，几乎全部由耐用塑料制造，其传动轮系有着鲜明的色彩。

废电池时钟。钟面刻度设计成 12 个电池槽，可将用过的电池串联，使电压相加带动指针转动，从而将废电池剩余电力完全消耗，节能又环保。

尸体时钟由霍金的同事约翰·泰勒发明。拥有一个 24K 金罗盘，直径近 1.52 米，通过盘面上的 60 个裂缝显示时间。泰勒故意设计每 5 分钟时间仅显示准确一次，提醒人们时间不规律。

水时钟。日本大阪车站公用时钟，利用水和空间印刷术生成数字钟。顶部是 400 个由电脑控制的喷嘴，通过合理控制时间，它们会喷洒出不同图案的水幕。还有一种北美洲水钟，高 8.08 米，由超过 40 块玻璃和 400 块金属片制成。该钟采用去离子水、甲醇和蓝色颜料混合溶液，颜料让水变得更容易看到；去离子水可以确保它不导电，而甲醇可以避免细菌滋生。

能看见时间流逝的水钟。在法国巴黎爱丽舍田园大街克拉里吉商业中心的走廊里，展出了能看见时间流逝的水钟。水钟由左右两排几十个玻璃管串联起来的大玻璃球组成，分两层，高 6 米，采用古希腊时代漏壶的原理。荧光染色水在染色水管系统内循环流动，它一方面维持钟摆的运动，另一方面显示“时”和“分”。人们从左排大玻璃球中有几个球充满了颜色水读出几点钟，又从右边较小的玻璃球中充满颜色水的球数了解分钟数。水钟既可以让人们作为精美的工艺品来欣赏，又可以形象地告诉人们：时间像流水一样逝去，应该加倍珍惜。

摩天轮时钟。日本的摩天轮时钟 112 米高，包括底部，直径约合 100 米，是世界上最大的摩天轮，位于横滨宇宙世界主题公园内。摩天轮拥有 60 个可容纳 8 个人的吊舱，中心部位是巨大的时间显示屏。

指环时钟。根据加拿大工程院学生毕业时佩戴的指环命名，用一个同步电动机，两个直径超过 30. 91 米的不锈钢环各自保持旋转状态。位于下面的环显示分钟，上面的环显示小时，借助一个日内瓦驱动机制放慢旋转速度。这些环用 0. 15 米高的数字装饰。

天文时钟。20 世纪中期建造的延斯·奥尔森天文钟，显示的不仅是世界不同位置的时间，还考虑了天文信息，如太阳、月球和恒星的相对位置及月食和日食以及时差显示器。

悬空运行时钟是以水晶材质打造的座钟。中央的两根指针未与任何齿轮零件啮合，变魔术一般空无所依，宛如飘浮在钟体之内。这两根指针分别固定在两片透明的水晶玻璃之上，而动力传动机械固定在水晶玻璃外缘的齿轮上，让走时轮系缓慢地推动两片水晶玻璃，完成时间指示功能。

空气温差动力钟

空气温差动力钟不

使用电池、不需上发条，采用气温变化带来的空气膨胀与收缩提供动力，“吃”的是空气。巨大的密封盒内注入的是氯乙烷气体，这种气体在一定温度范围内对温度变化很敏感。在15~30摄氏度温度范围内，只要有一度的温度变化，就能保证时钟产生大约48小时的能量储备。

重力钟。空间的微重力环境能提供使原子减慢到比地面原子钟所使用的速度还低的可能性，这使钟的准确度和稳定度有根本的改善，利用这一原理的钟被称为重力钟，也可称为空间钟。

飞行钟。世界上的钟都保持同步的方法，是在基准钟与用户钟之间设置第三个用作搬运的原子钟。同步的准确度主要取决于在两个地区间“搬运钟”的质量和搬运所花的时间。一般来说，钟是靠飞机搬运的，所以称为“飞行钟”，质量好的便携铯原子钟，每日漂移率为0.1~1.0微秒。

25小时钟。这种一天25小时的钟，把每分钟减少2.4秒，使每一小时的时间缩短了，但是一天的时间却没有缩短，仍是原来的24小时。人体每天活动的节奏是分成25截，而不是24截，因此，时钟的一天是25小时，而不是24小时。这种钟由上午8时到下午4时，比目前的钟快不超过10分钟；中午时，两种钟的时间相同。人们习惯按小时计算工作量，按照这种钟划分活动时间便可多做一些工作，而且还可以配合人体活动的节奏。

人生时钟。日本新产品“人生时钟”，人的影子就“住”在时钟里。从起床按动时钟的那一刻起，钟里的小人也会开始一天的活动，吃饭、工作、看书……随着小人状态的不同，“人生时钟”也会响起不同的音乐。如此一来，可以让你的生活更加井井有条。如果熬夜不睡觉，时钟里的“你”会困得睁不开眼。

万年大钟。2011年，在美国得克萨斯西部山区建造了一座高60多米的大钟，它在无须维护的状态下可运行一万年。与众不同的是，它记录的不是时分秒，而是千年、世纪和年。为节约能量，钟不显示当前时间，需要到访者转动把手才会显示。它的精确度每两万年误差一天，可根据太阳的位置自动调整。

无指针钟“吞时者”

无指针钟“吞时者”。2008年9月19日，史蒂芬·霍金在剑桥基督圣体学院向公众揭晓了钟表“吞时者”的庐山真面目。这个钟表的圆盘直径约为2米，由不锈钢制成，其表面镀上了一层24K金。“吞时者”由电动马达上发条，依靠一个根据蚱蜢和蝗虫的身体结构组合而成的“机械怪物”来回摇摆一个金色的圆盘。当擒纵轮转动时，通过发光二极管和60个透镜，一连串飞快移动的蓝色灯光组成同心圆，以显示时间在一秒秒过去，人的眼睛却只会感觉这些光线只是移动到了下一格，并正在小时和分钟处短暂停顿。“吞时者”造价高达100万英镑，用于纪念世界上最伟大的钟表师约翰·哈里森。18世纪，哈里森耗时36年制造了一个钟，解决了经度问题。

（四）多功能时钟和定时器

各种计时器。包括定时器、累时器、时钟、倒计时、正计时、控制计时器、提示音计时器、汽车拉力赛计时器等大中小型计时器。适用范围：午休、学习、美容、运动、通话、会议、厨房烹饪、停车等。

日照时控开关用于城市路灯、霓虹灯、广告牌和海上灯塔、航标灯。自动日照时控开关可按一年四季太阳日照时间的变化规律，通过机械模拟形式进行自动跟踪调节，达到自动控制用电的目的。为室外照明合理调度和计划用电提供了科学管理手段，节电率提高30%。

车钟记录仪用以替代人工在航行日志中记录车令状态。在船舶发生海损或责任事故时，该记录是海事裁决的重要法律依据。它由一台主机组成，设有电子万年历，用LED屏幕显示年、月、日、时、分、秒。电子钟装置在断电后能自动计时，开机后不需重新校正，可与子母钟通信。本地时间显示与远程子母钟时钟显示可选。实时记录新车令内容和主机转速及转向的变化，分别将该时的实时转速和转向自动记录。

开灯闹钟。闹钟响时，发条旋钮带动铁皮转动，拨动连接电灯的微动开关，电灯就亮了。

时间狗。电脑、电视时间控制器，与电视和电脑配合使用，通过控制电视和电脑的电源，达到控制中小学生在家使用电视、电脑的时间。所有父母都能操作，但孩子无法破解。

生命计时器。想知道你会活到多少岁吗？输入出生年、月、日及时间，便可得知你的最老寿命、世界平均寿命、亚洲平均寿命。健康预警：根据你的测试，你可以把你的预测寿命与其他平均寿命进行对比，从而迫使自己养成健康的生活习惯。

日记时钟。传统的指针式钟表与独特的日记内页设计结合，变成一个直观易用的效率管理工具。使用者可以把24小时内计划要做的事标注在对应的12个区间里，随时翻开日记看一下就可以知道当前时刻应该做什么。

六、钟表输入和封建王朝的钟表发展

钟表是西方工业蓬勃发展的一个标志，也刺激了中国对钟表技术的向往。钟表交流史与瓷器交流史的双向逆流，反映出的是中国和西方在各自技术上的术有所攻。

（一）皇帝的痴迷令“钟表外交”得逞

近代西方机械钟表是在明末传入中国的。1580 年，罗明坚作为基督教徒，第一个将钟表传入中国。1601 年，意大利传教士利玛窦送给明万历皇帝两架自鸣钟，西洋钟表由此进入中国，到清中期以后，甚至形成了一种西洋钟表的消费热潮。在清代，钟表是一种奢华与身份的象征。

当发现中国人喜欢西式自鸣钟后，西方人来中国时，越来越多地携带它们作为礼物。清代时，欧洲的君主派使者和传教士不断地用奇巧钟表向中国皇帝进贡，教会还时常将训练有素的钟表匠编入传教士队伍，到宫中帮助修钟。英国马戛尔尼使团访华时，送给中国皇帝的礼物就有一台复合天文计时钟，它不仅能准确报告年、月、日和钟点，还能用于了解宇宙知识。另外一架八音钟，可以演奏 12 首古老的英国曲子。中英之间的“钟表外交”进行得非常频密。

（二）清代的皇家制钟工厂

清宫造办处的做钟处实质上是一个皇家制钟工厂，初期由精通钟表的外国传教士指导。在为皇室服务的机构中留用外国人并不是清朝的发明，在明朝就有了先例。如明朝万历年间利玛窦所献的两只钟中，其中一只大钟在以后的运行中发生自撞现象，明神宗决定在宫中留下一名懂钟表的传教士管理钟表，并让传教士们为四个钦天监的学员讲解钟的结构原理及零件名称。传教士们为了获得皇帝的好感以求得传教的权利，不吝惜精力去管理钟表和教授技术。清宫的做钟处也是这样，雇用了外国传教士指导。不同的是，中国人此时已经对自鸣钟有了很多的了解，并且能够制造了。清宫做钟处有 4 个钟表工作室，各有分工，至 1786 年，有近百人从事制钟及宫廷钟表维修工作。到了乾隆时期（1736—1795），皇家钟工厂已经发展成为一个专门的行业和训练中心了。制作的钟称为“御制”，并刻上特殊标记，大多供宫廷皇族们使用，也有的奖赏颁赐给各有功大臣。

（三）清朝钟表发展之广钟

1672年，几名西班牙人从澳门偷渡进入广州，试图前往山东。广东总督尚之信闻讯后，将他们拘捕，准备遣返澳门。就在这个时候，尚之信有一块西洋钟表坏了，西班牙人卞芳世很快帮尚之信弄好了。尚之信很高兴，取消了他们的遣返令，并且把自己王府街对面的一所房子赐给了他们。广州也长期是中西钟表贸易最重要的渠道，还是西式钟表最主要的仿制中心。曾作为两广总督驻地的肇庆府亦是西洋钟表的输入地，而且是最早制造钟表的地方。

康熙比较重视西方科学技巧，并把西方钟表看作一种科学成就，不仅热衷于收集各种西洋钟表，还在宫中内务府造办处建立了一个做钟处，制造大型钟和袋钟表。还在广州和江南一带设造办处，为宫廷和王公大臣制造钟表。现在故宫陈列的钟表，一类是外国进贡的“洋钟”，一类是我国土生土长的“本钟”。本钟又因产地不同分成“广钟”和“苏钟”。“广钟”以奇巧花式见长，“苏钟”以实用取胜。之后民间出现了很多钟表作坊，并能制造出有中国特色的复杂而又精美的时钟，如“打秋千”“杠子”“跳加官”“跑马射断”等。嘉庆年间，徐朝俊不但能制造奇巧的钟，还著有《钟表图说》，详细介绍钟表制作和维修原理。

澳门的时钟多来自德国和法国，贸易商和传教士架起了跨海贸易的桥梁。然而，其高昂的价格促使耶稣会传教士自己也开始制作时钟，这就是中国人所称的“自鸣钟”。

（四）由南京钟到“苏钟”

明末时，江宁人吉坦然制造过一只叫作“通天塔”的自鸣钟，是仿照西洋钟的原理制造的，但仿中有改，具有中国风味，这就是最早的南京钟。所以，吉坦然被奉为南京钟的鼻祖。

太平天国以前，南京出现了“潘恒兴”“王万顺”“易黄茂”“陈隆泰”四大著名的造钟作坊，到了清末，南京的造钟作坊已发展到21家。明末清初，南京生产的钟主要有五种。一是插屏钟，用红木架支撑，看上去像一只小屏风，古雅别致，为了区别于洋钟，俗称“本钟”，但民间通称“南京钟”。还有一种国船钟，专为秦淮河游船制造，能防颠动，又称“圆摆钟”。还有日月钟，钟面上有日月或干支字盘，日盘每12时辰跳一次，月盘每月跳一次。再是打时刻的三套钟，这是用铁链做动力的工艺钟，上有打秋千、翻筋斗、跳加官三种活动玩意儿，人物多用牙雕玉镌而成。该钟价格昂贵，生产量极少，多为官府和豪富定制。除此之外，还有指日捧牌、奏乐翻水、走人拳戏、浴鹭行船，以及观太阳盈虚、变名葩开谢等活动玩意儿的工艺钟，钟面上的铜版或瓷面镌花很精致，取材于我国的传统故事。1903年，在巴拿马国际博览会上，“南京钟”获得特签奖，标志着中国的民族造钟工艺已达到相当精湛的水平，举世瞩目。

纺车形钟表

南京钟因起源于南京，所以以此命名。后来，南京钟的制造地遍及江苏，人们称其为“苏钟”。因这种钟的外壳造型仿造中国传统的插屏模样，又有“插屏钟”之名。从内到外都散发着中国味道的时钟成为中国古董钟表业的宠儿。每一台南京钟都有自己独特的中国韵味，古典的木质结构不仅让钟身结实耐用，而且精致优雅，带有浓郁的东方风味，其大气典雅的造型不论是摆放在何种家具之上都美丽大方，精心雕刻的花纹饰板上的每一个纹饰都带着祈求吉祥寓意美好的内容。钟的机芯都是由中国手工制表人精心制作，每一个机芯都传承了制表人对中式钟表的喜爱和珍重。机芯严谨的打造工艺以及机器一丝不苟的运动原理，都如同每一个认真勤劳而又善良的中国人一般，不紧不慢地严谨运转着。“苏钟”因此成了名副其实的中国钟表。

（五）烟台百年钟表企业——北极星

1873年，李东山生于烟台，少时家贫，15岁便到百货店当学徒，后来有了积蓄，便开了一家德顺兴五金行，生意逐渐扩大到整条街道。要造一个质量超过日本且人人都买得起的座钟，是他当时最大的愿望。李东山的口号是“让中国的老百姓买得起钟”，他卖得很便宜，让老百姓用得起自己的钟。

那个时代，中国连个铁钉都要靠进口，想造这样精密的钟表好像开玩笑。日本人说：钟表是精密仪器，不是你们中国人能装配起来的。为了实现这个愿望，李东山和唐志成开始研制座钟。在夹缝里求生存的李东山，要在技术上摆脱外国的垄断，玄机和秘密就在机芯里，一个零件一个零件地修改与加工。到1918年，从机芯到外观都实现了自主生产，这便是中国现代钟表业诞生的标志。

（六）传承自成一体的“中国表”

钟表传入中国后，在民间制造钟表的潮流也蔓延开来。从18世纪末到19世纪初，中国能制造一系列带有装饰、功能复杂的怀表。到20世纪初，怀表开始向手表过渡。中国制造的手表也以仿制为主。到了新中国成立后，中国表进入仿制的高潮期，仿制主要以瑞士表为样板。1955 年到 1959 年，在上海、北京、天津、青岛等地陆续成立了钟表合作社，继而发展成手表厂。由于长期定位在“满足人民生活需要”，这个时期的中国表比较廉价。到了 21 世纪，中国机械表制造厂商开始走高端路线，贵重金属、宝石和特殊工艺大量运用在手表的制造中。“中国表”已经成为世界钟表市场的重要组成部分。

（七）中国钟表从先进到滞后的原因

公元 4 世纪 60 年代，我国的机械时钟已经脱离天文仪器而独立发展起来。不仅有复杂的传动系统——齿轮系，还有擒纵调速部件——天关、天锁和轴叶等，钟面和指针也代替了怀抱时辰牌或漏箭的木偶人。倘若继续努力，就可以把利用水的恒定流量或沙的力量为动力的状态改变为重锤、发条之类，这样一来，我国的钟表技术便会有一个大的飞跃，走在计时器制造业前列。令人十分惋惜的是，中国数千年来的封建统治束缚了生产力的发展，作为生产力中十分重要的科学技术不仅不受重视，还被封建统治者视为异端邪说，即使在计时器发明方面也是这样。例如《明史 · 天文志》记载：“明太祖平元，司天监进水晶刻漏。中设二木偶人，能按时自击钲鼓。太祖以其无益而碎之。”

七、新中国第一只手表的故事

建国初期，战争的硝烟逐渐散去，中国面对的是旧社会留下的千疮百孔。当时中国只有修表店而没有制表企业，经常有外国客人赞叹中国修表师傅的技术，也由衷表示“可惜你们中国不会做手表”，刺痛了这些能工巧匠的心。于是，做表、做中国人自己的手表，成为当时众多手表技师们最大的心愿。

1955年初，在原天津华威钟厂二楼一个房间里，原天津华北钟厂公方代表杨可能召集4位工人师傅组成制造手表小组。4位工人师傅都是当时国内钟表界的精英，强烈的爱国精神和时代责任感使他们下定决心要完成这个艰巨任务。这4个载入中国手表史册的人是王慈民、张书文、江正银、孙文俊。

试制组长王慈民当时31岁。他从小在烟台慈叶钟厂学车工，解放后经人介绍来到天津华威钟厂，酷爱钟表专业的他做梦都想着有一天能亲手制作国产手表。他激动地向领导表示："请领导放心，我们一定用最短的时间、最快的速度搞出自己的手表来，我要在自己的而立之年为新中国手表工业奋斗！"

试制组年龄最大的是张书文，40岁。他从小就在钟表店里做学徒，摆弄了几十年钟表，尤其精通各种外国名牌手表，各种表的结构、零件的尺寸都在他脑子里装着，就如同一部外国手表的活辞典。修表中最难的活是栽尖、补齿，经他手一弄就完好如初。一次，有个外国客人到他店里修一只瑞士名表，经张书文检查，是一个零件坏了，他就手工做了一个配上了，表修好了而且走得很准。试制组另外两名工人江正银、孙文俊也都各有专长，是业内公认的能工巧匠。

这4名工人面临的试制条件很简陋：设在华威钟厂二楼的一间小屋，4台老式机床；没有图纸资料和可供参考借鉴的工艺数据，没有专用材料。手表的零件很小，一个轮片、一个轴承都要用普通的铜板、铜棒加工。需要先把毛坯磨细、磨薄才能加工成型，就像铁杵磨成绣花针。

第一只国产手表的试制是仿制，仿制正是发明创新的开始。试制组仿制的是瑞士SINDACO15钻3针粗马手表，一个件一个件地仿制，简陋的机床只能加工出毛坯，大部分是靠手工抠制。手表的140多个零件中最薄的比纸还薄，最细的像针尖，最小的比米粒还小，而孔径、轴距的误差比头发丝还小许多，齿轮的啮合完全依靠眼力和手工的精细。这些困难都没有难倒他们，反而锻炼了他们的毅力。

工人们研制新中国第一只手表

1955 年 3 月 24 日下午 5 点 45 分，当最后一个零件装配完毕，4 个工人聚拢在一起，为试制的手表上足发条——表针开始转动起来，手表发出均匀有节奏的嘀嗒声……新制的手表朴素大方，表盘上有“中国制”3 个金字，还有颗金星，金星下面标有“十五钻”字样。4 位师傅或许不会想到，这一只手表后来逐渐演变成为中国民族品牌手表并走向世界。

虽然这只“中国第一表”面向上平放 24 小时跑慢 90 秒、面向下平放 24 小时跑慢 60 秒，但是，随着这第一只手表的诞生，毕竟结束了我国只能修表不能造表的历史，开了我国手表制造的先河。

样表试制出来后逐级上报局、市、中央国务院，毛泽东主席接到“中国第一只手表试制成功”的报告后欣喜万分，做出“手表要多生产一些，价格再降低一些”的重要指示。终于在 1956 年底，国家批准投资建立年产 24 万只手表的“天津手表厂”，新中国由国家投资建设的第一家手表厂由此诞生。天津手表厂在“五星表”核心技术基础上，短时间内生产出“五一表”，到 1958 年 10 月已经形成批量生产规模。

除天津在 1955 年生产了第一只手表外，上海在 1955 年至 1959 年也试制了第一批手表，一共 10 只，被称为“581”。北京在 1957 年前后也由东城钟表合作社生产出一款“北海牌”手表。1957 年，青岛手表厂也设计出了青岛手表，编号是“75”，表壳上还打着

“奖”字。

自从“新中国第一只手表”诞生，中国民族手表工业便如雨后春笋般焕发出勃勃生机。20世纪50年代到70年代，这些手表厂生产的腕表如夏日夜空的繁星，点缀着广袤大地上勤劳善良人们的生活，也令手表一度与自行车、缝纫机一起演绎“三大件”的辉煌。天津海鸥表业集团有限公司后来建立了博物馆，除展示介绍第一块手表外，还展示我国手表从低端到高端的发展历程。

八、瑞士、日本、中国香港三足鼎立制表业

世界手表市场在几十年的竞争和厮杀中，曾经形成三足鼎立、两家争雄的局面。香港表以廉取胜，日本表靠实惠走红，瑞士表则凭借名贵、豪华风靡市场。据瑞士钟表工业联合会估算，2012年世界手表产量约为9.4亿块（包括机芯），其中日本占41%，排在第一位；香港的产量占20%，名列第二；而历来被称为钟表王国的瑞士，其手表产量仅占世界年产量的18%，位居第三。其余20%的份额为众多的手表生产国和地区共享，其中又以中国大陆所占的比例最大。

（一）瑞士手表靠名牌取胜

尽管瑞士的手表产量不及日本和香港，但许多名贵手表依然出自这一钟表王国。一个多世纪以来，瑞士钟表产量的90%集中在汝拉地区，这个地区被人们称为“钟表谷”。21世纪初期，这里形成了大约200公里制表路线遗产小径。这条路线的38处亮点贯穿了瑞士最著名的钟表制造工厂和专业化博物馆，手表、钟表、怀表、座钟和风铃应有尽有。追求名牌、崇拜名牌的心理和市场行情造就了瑞士手表的价格居高不下。以产值计，瑞士仍不愧为手表行业的冠军——占世界手表产量18%的瑞士，其产值却占世界手表行业年产值的55%，遥遥领先占世界产值22%的日本，香港则为9%，位居第

三位。其他国家加在一起占世界手表年产值的15%。

（二）日本靠石英钟表后来居上

世界上第一块石英表诞生在瑞士，在1967年巴塞尔世界博览会上公开展出。美国人发现后，很快把他们在航天研究领域的经验运用于手表制造业。日本人则把数据处理和通信方面的优势转移到石英表的开发上，不久，日本就在技术上处于领先地位，生产出大批廉价石英表投放市场。日本人在20世纪70年代夺取了手表第一生产大国的桂冠。日、美手表业的崛起使瑞士手表业受到沉重打击，手表行业萎缩，制造商倒闭，大量工人失业。但灵活的瑞士人并未在激烈的竞争中一蹶不振，而是扬长避短，充分发挥本国手表制造业悠久和高端的优势，瞄准国际高档市场，很快创出了“雷达”牌永不磨损名贵石英表，从而遏制了日本“精工”手表的上升势头。

（三）发达的香港钟表业

香港是全球主要的钟表出口地，主要产品包括以电池驱动的腕表，占总出口的46%。出口的腕表种类繁多，从指针表到电子表，从金属表到塑料表，从时尚表到经典表，从实用表到首饰表，还有运动表及其他表类，不胜枚举。此外，香港出口多种钟表零部件。例如，已经组合的钟表芯、钟表壳、钟表面、表扣带、表带和表壳零件。2015年1至6月，主要进口来源地包括瑞士（占总进口36%）、中国内地（35%）及日本（9%）。香港钟表制造业有多个辅助及支援产业作为后盾。本地的手表装配商可以找到各类高质量的表壳、表面、表带、指针、电池、表冠、电子零件及其他配件。不过，钟表芯及其他核心部件，如石英、水晶及集成电路则要依赖进口。2014年，以价值计算，香港是全球最大的完整手表及组装表芯进口地，以及第二大完整钟表出口地。

（四）德国的钟表业

瑞士制表虽然地位崇高，但它后面的追兵气势正盛，德国作为后来者立足传统，走的是一条与瑞士制表不太一样的道路，但却实实在在地撼动了瑞士制表一枝独秀的局面。世界上第一枚怀表出自德国。15 世纪时，德国的制表业就蓬勃发展起来；19 世纪时，德累斯顿省的格拉苏蒂镇更成为全世界一个重要的制表区域。瑞士制表的兴起本来也是缘于当初德法两国制表工匠的涌入。德式制表的表盘一般都比较干净，很少采用花纹雕饰，大部分德国表也甚少采用镶钻、珐琅等工艺。而瑞式或者说法式制表风格则相反，在表盘上的精细雕饰是制表师所追求的一个境界，珐琅、镶钻都是常见的设计。德式制表的表壳整体设计也干净简练，表壳侧面大多直角切下，几乎没有弧度。而瑞式、法式制表则多采用有弧度的侧面设计，显得柔和婉转了许多。

九、电子钟表的现状与发展

一般以电能为动力的计时器统称电子钟表，电子钟表分液晶显示数字式和电子指针式。电子钟表精确度比较高，按照发展时代可分为四代：

第一代是晶体管摆轮游丝式。以晶体管和摆轮游丝作为振荡器，以微型电池为能源，通过电子线路驱动摆轮工作。

第二代是音叉式。以金属音叉作为振荡器，用电子线路输出脉冲电流，使机械指针系统转动指示时间。

第三代是指针式石英钟表。利用石英谐振器作为振荡器，通过电子分频器后驱动步进马达带动轮系和指针。

第四代是数字式石英钟表。它采用石英谐振器作为振荡器，经过分频、计数和译码后，利用显示器件以数字形式显示时间。

（一）其他形式的电子钟表

电波钟表是继机械表、石英表之后的第三代高科技计时产品，以其强大的长波传送技术开拓时间计量新里程，使精密时间的自动接收进入百姓家。电波钟表是在石英表、电子钟表内增加了接收无线电长波信号、数据处理、自动校正功能。电波钟表在接收精确时码后，经数据处理，即自动校正走时误差。

1970 年，在日本大阪世博会上，全世界首次采用电波钟系统，用世博会会场设置的原子钟发射标准时间信号同步会场内电波钟的脉冲。德国自 1986 年诞生了第一只商用电波表后，电波表的发展趋势在全球逐步蔓延开来。继德国之后，日本也普及了电波表，英美以及欧洲一些国家也都将消费者的热点转移到了电波表。中国是第五个拥有电波表技术的国家。2003 年，中国国家授时中心推出第一款中国电波钟表，以 10 万年误差 1 秒的铯原子钟为准，精确计时，给航天、导弹、航海、国际金融等高科技领域提供了高精密计时，促进了科技进步，为全球金融贸易发展创造了巨大商机。

电波钟表采用光作为充电能源，其主要原理就是钟表表盘做能源电池面板，将太阳能、荧光灯或其他光源转化为电能，并将电能储存于机芯自带的充电电池内，供机芯运行使用，是理想的环保手表。

（二）各种能源转换电能驱动的钟表

光驱动手表可以利用任何环境的光源，通过太阳能电池和充电器，把光能转化为电能驱动手表工作，即使在无光的情况下，手表也可保持较长时间工作，有的充满电可以连续工作 6 个月。

人动电能石英表。精工人动电能石英表，将人类日常活动直接转化成电能准确报时。高度精密的自动发电系统，借手腕与手臂动作永久自动发电使手表运行。无须更换电池，手表佩戴一天可走 72

小时，佩戴 3 天可连续运转 10 天。

水动力手表。法国设计靠清水运转的手表投放市场。表壳侧面有微小的孔，把表放在水龙头底下几秒钟，水通过微小的孔渗进表内，将水生物能转换为电能，表就可以走 16～120 天，可显示时、分、秒、日和月。1 个月误差仅 1 秒钟。而香港生产的以水作能源的跳字电子手表，已开始畅销欧美等地市场。英国推出的水动能手表，灌了啤酒也会走，除了蒸馏水之外，大部分液体均可作为这种手表的能源。

十、钟表“元老”——亨达利、亨得利

（一）亨达利经销进口钟表第一家

位于上海南京东路 262 号的亨达利钟表公司，堪称全国钟表业的元老。亨达利钟表店从 1864 年进驻南京路商业街以来，已经有 130 多年的历史，其经营的钟表长盛不衰、誉满天下。

亨达利原为洋商企业，业主为法国人霍普，原址在当时洋泾浜三茅阁桥（今延安东路与江西中路交汇处），外文名为“霍普兄弟公司”。该公司是一家主要为欧美侨民生活需要服务的综合性商店，为了招徕所谓的高等华人，另外起了中文名称“亨达利洋行”，含义是“亨通、发达、盈利”，以经营进口钟表为主。

19 世纪末，德商礼和洋行收购了亨达利，由拨都主持业务，旋即将公司迁到现在的南京大楼（原哈同大楼）旧址，20 世纪初又改迁到现在的亨达利所在地。当时整幢四层楼房屋全归亨达利使用，另外在店后还租了一幢四层楼的货栈，面积近 1000 平方米。1914 年改名“亨达利钟表总公司”，由当时中国最大的钟表企业美华利负责人孙梅堂操持。第一次世界大战结束后，德国马克和法国法郎贬值，亨达利乘机以低价从国外购进几万只手表，在上海销售获利数倍。

不久，亨达利先后在全国开设了25家分店。另外，亨达利当时还与著名的浪琴厂挂钩，特约经销并定制以亨达利为牌名的手表供应市场，还在沪宁、沪杭两条铁路沿线做了不少广告牌，号称远东第一。商品则以中高档为主，不销售粗马廉价表，以适应当时中上层顾客心理。售出商品凭保单负责保修，给顾客以良好的印象，成为全国首屈一指的“钟表大王”。

1949年全国解放，亨达利获得新生，业务稳步发展。1953年又抽调部分资金创办了亨达利钟厂（后合并为上海钟厂）。1956年参加公私合营，1964年一度更名为“长城”，1984年恢复原名。

1992年，亨达利恢复世界名表劳力士的销售，仅3个月时间就销售出3只，顿时受到同行的瞩目。在此基础上，亨达利进一步出击，引进江诗丹顿、百达翡丽、AP、积家、伯爵等一系列世界名表，成为上海乃至全国第一家与世界钟表销售接轨的企业。不久又以售出1只价值132万元的江诗丹顿，创造了销售历史上的新高峰。

钟表维修技术第一流。亨达利不仅能稳固地屹立在南京东路上，而且经营业绩始终保持在同行业的前列。究其原因，亨达利始终坚持以卖带修的特色，这是他们100多年来不被淘汰并取得发展的关键所在。

亨达利提出过“货真价实树信誉，精工修理促营业”的方针，修理着眼于门市，不一定追求利润。修配业务上自设材料部进口材料，除自用外，还对同业开放；修理费一次估算，倘有疏漏，事后也不再追收；对修理人员要求严格，接表、派工和检验均由权威的师傅担任。其中有些钟表已经无法修理了，但是亨达利宁愿自己掏钱为其更换全新的机芯，也一定要让顾客带着能够精确走时的钟表离开亨达利。在20世纪60年代市场上手表货源较紧时，修理部门前经常出现顾客排队修表的情况，后来只能采取预发修表号来“限额擦修”。至今，亨达利仍保持着维修钟表的优良传统和精湛技术。

一次，一位顾客满脸愁容地来到亨达利。原来他在南非买了一只钟，为了方便携带，他私自将钟拆开后带回上海。回到家中，他却无法使钟恢复原样。后来，他听说南京路上的亨达利修理钟表技术高，就抱着试试看的心态找上门来了。维修师对钟进行了一番检查之后，发现丢失了两个零件。维修师善解人意，一边安慰顾客，一边以自己的高超技术模拟做出了两只丢失的零件代用品，安装后钟就正常走时了。那位顾客连声称奇，佩服不已，不住地夸奖："了不起！了不起！"

20世纪90年代，上海修表难的矛盾比较突出，亨达利急人所难，日修钟表数量保持在3500只以上。

（二）亨得利钟表

亨得利集团有限公司是全球最大的国际名表零售集团，集团业务发展方向以中高档消费品的组合性分销为主，其中包括手表、珠宝、皮具、书写工具等。零售体系包括四大类：三宝名表、盛时表行/亨得利、尚时表行以及单一品牌专卖店。2011年6月，亨得利集团在中国内地、港澳地区及台湾地区拥有378家零售店，在内地共经营311家零售门店，在港澳地区共经营16家零售门店。同时，在2010年末于澳门开设的欧米茄专卖店，于2011年上半年度销售业绩非常突出。在台湾地区，亨得利集团共经营50家零售门店。

除此之外，亨得利集团经销多达50个国际知名品牌手表，在国内40多个城市中拥有300多家批发客户；分销及独家分销多个国际知名品牌手表，与众多国际著名手表品牌供应商一直保持良好的合作关系。至2011年6月30日止，半年内的销售收入达人民币54亿余元。

维修服务"技术先进、网络联保、管理高效、服务贴心"是亨得利集团给予客户及品牌供应商的信心保证之一。集团的"维修服务中心""维修服务站"及"维修服务点"三个层面的交互式客户服务网络为客户提供全方位服务；以区域联保方式为客户提供最便捷周到的服务；4008 服务热线作为集团服务统一对外的窗口，给客户提供及时快捷的咨询以及最佳的信心保障。

此外，亨得利集团的手表零售配套业务范畴也不断扩大，在与欧米茄、劳力士、帝舵、雷达、浪琴、天梭等众多品牌合作的基础上，集团再与汉密尔顿等品牌联手，除了提供常规包装盒、陈列展示柜等主打品种外，在陈列展览产品和品牌销售配套用品等方面均向着多元化的方向发展，为集团零售等主导业务的快速发展提供了有力的支持。

十一、中国独立制表人及献身精神

（一）中国的西方制表技术

16 世纪中叶，最早一批从欧洲传到中国的时钟是由耶稣会教士引入的。17 世纪以后，耶稣会教士开始起用中国工匠造钟。利玛窦神父联合两位中国工匠造了一个铜钟，可以每隔两小时（一更）报时一次。1810 年左右，有几份报告提到当时在广东省售卖时钟的西方商人，说他们惨淡经营，原因是来自本地的产品价钱低一半。18 世纪清廷所见的钟，无不手工精巧，而且镶嵌了华丽耀目的宝石黄金，都是西方使节争相敬赠的，以取悦皇帝。为了出奇制胜，献上的表更加珍贵。于是，更多具有代表性的造钟技术得以在中国流传。

西方传教士把自鸣钟带入中国后的 300 多年中，钟表从宫廷进入民间，从仿制走向独立设计。尤其到了 21 世纪，中国的钟表制造也从生活型转向了复杂功能型，中国表也成为世界市场的重要组成部分，陆续创造了多个第一：陀飞轮、万年历、打簧报时、手工微雕、珐琅艺术，这些都将传统技艺带入到高级手表领域，钟表制造业内也出现了独立制表人。

（二）中国的独立制表人马旭曙

马旭曙，这个在中国钟表制作方面有着独到技艺的昆明人后来落户北京。钟表把他从昆明引到了北京，也让他先后辞去了昆明和北京的正式工作，偏居在城郊一隅，安心制表。

马旭曙住在昌平茂陵村一个宽敞简陋的院子里。东西厢房全都是机床，大的用来制作工具，只有20多厘米长的小机床做手表零件。办公桌上散乱地堆着铅笔画的草图。正房大厅有一组旧沙发、两只老茶几，一台电风扇是唯一的电器，一架老钢琴是主人的奢侈品。一只木箱里全是中国的老手表，从100多年前的舶来品，到后来的仿制品，再到21世纪初的新产品，五花八门。这只是他的一小部分收藏品，大部分在昆明老家，有几百块。

1957年出生在昆明的马旭曙，从小就酷爱机械，尤其是对制表有浓厚兴趣。17岁时自学修表，把家里的钟表拆了装、装了拆。工作之余为邻里、朋友修表，从不收一分钱。1975年，同学看到他喜爱钟表，把家里一块老怀表送给他。那是一只有100多年历史的老表“顺全隆”，用钥匙上弦的表。头一次看到这种表，马旭曙兴奋极了。但这表有点毛病，要经常晃晃才会走。马旭曙想修好它，打开表壳后，不小心把表轴弄折了，怀表轴跟头发一样粗细，想配上它难上加难。

20世纪90年代，昆明收藏市场上的钟表数量很少，也少有人问津，但品相好的老表价格并不便宜。一个月100多块工资的马旭曙也只能是逛逛、看看。1995年的一天，他到花鸟市场逛，在一个钟表店里看到了一块老怀表，与当年同学送给他的那块很像，也是用钥匙上弦，夹板上的花纹也很漂亮，马旭曙爱不释手。他翻出家里所有积蓄凑够2000元，用一年工资买下这只100多年前瑞士产的“播威”表，表壳还有中文。

2005年，马旭曙在《钟表论谈》上看到香港独立制表人矫大羽文章里提到的陀飞轮，一直修表的马旭曙仅凭一张表的图片开始了制表。他买来一架旧显微镜改装成铣床，把家里的闹钟拆了研究摆轮。几个星期过去了，几个月过去了……终于在春节后，陀飞轮研制成功了。他又把闹钟上的陀飞轮缩小到手表上。到2007年，他已制成了三块陀飞轮手表。虽然样子不好看，但走得很准。到底这表是不是陀飞轮，他找到北京钟表厂的中国陀飞轮之父——许耀南。

许耀南见了马旭曙设计的陀飞轮机芯很惊讶，之后马旭曙调进了北京手表厂。他接到的第一个任务是设计一款高档的陀飞轮手表，四个月后设计完成。一年后，中国首只两轴立体陀飞轮手表——“北京太极”问世。它不但拥有陀飞轮，还包括了日历、累计工作时间和动能显示。第一块还没做完，就被30多万订走了。

马旭曙做到第四年，不想一辈子只做一块表，他辞职来到茂陵村的小院里，开始了他的独立制表之路。随后的两年，他又设计制作了“北京星空”和“立柱型陀飞轮”，并以此申请成为独立制表人协会候选人。成为独立制表人协会会员很难，每年要独创一块手工制作的手表，要连续考察三年。他曾带着三块表参加了世界顶级钟表展——巴塞尔钟表展。后来，马旭曙把立柱型陀飞轮重新设计，把表减薄10毫米。

十二、矫大羽论中国人开创了钟表史

曾经红极一时的国产表“苏州牌”是用来向江苏省革委会主任“报喜”的，那些表的后盖上刻有报喜者的名字。如今，其中一位报喜者已成为“中华表神”，他就是矫大羽。矫大羽是当代亚洲国际著名钟表艺术大师、钟表历史学家、古董钟表收藏家、钟表鉴赏专家。1946年，矫大羽出生于苏州。1970年，在自学的基础上，他运用独特创造的工艺，用手工方法制成中国第一个主夹板没有三基孔的手表。1978年研制出无叉式擒纵系统，为亚洲首创。1980年移居香港，开设了“天仪轩”，并逐渐在古董表收藏、鉴定、修复、贸易等方面取得成功。

从1991年开始，矫大羽成功制造出亚洲有史以来5个不同设计的天仪飞轮手表，打破了只有欧洲才能独立制作飞轮表的神话，成为东方第一位能自行设计和独立制造天仪飞轮手表的中国人。

矫大羽人生的第一个路口出现在1958年12岁的某一天，那天见家中一个抽屉里躺着几只老怀表，他拿起其中的一只把玩，发现它已经不会走了。他动手把它拆开的一瞬间，这些精细的钟表元件向他散发出奇妙的魅力。他从那天开始，鬼使神差地把钟表作为最过瘾的玩具。每当放学经过小街拐角处的修表摊时，他都要留心修表师傅的修理过程。为了讨好修表师傅，他还将家中原来盛放印泥的玻璃缸送过去装汽油。他抱着“只要动脑筋，什么东西都是可以弄好的”信念，开始把家里的那几个“玩具”拆拆装装，用火油和细砂纸把铜锈去掉，用钳子和锤子把变形的零件箍直、敲平，那些老古董终于又发出了“嘀嗒嘀嗒”的声音。它们的复活唤起了矫大羽更加浓厚的兴趣。矫大羽的同学和朋友知道他会修表后，经常把一些老古董表拿给他修。古董表是他的老师，他从那里学到了几乎所有的钟表知识。

1965年底，矫大羽中学毕业，被分配到苏州机械厂做模具学徒工。1970年5月，23岁的苏州小青年凭着雕刻技术，手工制作出了一块机械手表。矫大羽把自己的作品拿给当时苏州市毛泽东像章办公室主任，也是苏州市轻工局一把手的吕德轩主任。吕主任大喜过望，很快确定成立苏州市手表筹备处。不久，由苏州手表厂生产的“苏州牌”手表销往大江南北。

1980年3月，矫大羽随夫人移居香港，开始了孤身闯荡的生涯。当时香港发往内地的商品中，手表仍然是大宗货物之一。其中“格林纳”品牌卖得很火，是由瑞士机芯和中国台湾表壳混装的杂牌货。凭借自己在苏州手表厂的经历，他接到了一份合同：将300多万个零部件装配成50万只“格林纳”，每只可挣1.2港元。他们全家足足干了一年半，挣到了宝贵的“第一桶金”。

矫大羽的第二个机遇在1983年。这年，他加入了美国古董钟表收藏家协会。通过玩表，他结识了香港汇丰银行老板沈弼，并从沈弼手中买下一间店铺，命名为“天仪轩”。

天仪轩开张不久，一块百达翡丽彩绘珐琅地图世界时间手表出现在矫大羽面前。他认定此表定是百达翡丽原厂作品，前后不到3分钟，他买下了这块“尤物”，很快就以很高的价格出手，后来又创下了身价过千万港币的拍卖纪录。这是矫大羽的第三个机遇。

1990年4月，矫大羽离开香港，以一个古董钟表收藏家的身份前往“钟表王国”瑞士，参观巴塞尔国际钟表博览会。矫大羽在展厅里足足泡了10天，为他的人生之路指明了又一个关键方向。

矫大羽弄懂了陀飞轮在世界钟表发展史中的地位，一个东方人开始惦记着对它发起挑战了。他受到的最大震撼是一本1981年版的百达翡丽手表图册。在这本图册中，赫然印着中国900多年前苏颂制作的水运仪象台外貌全图。矫大羽说他是首次接触到国际钟表界对水运仪象台明确的评价，作为钟表和计时器分野标志的擒纵器是中国人发明的，这不就等于说是中国人发明了钟表吗？他以自己是中国人而自豪。

1991年7月，第一块标有汉字符号的东方陀飞轮手表在香港诞生。矫大羽把自己的头号作品命名为“天仪飞轮”No.1。1993年12月，矫大羽把传统的陀飞轮结构进行了大胆改良，他的第8号作品取消了传统陀飞轮里的旋转框架和固定支架，命名为“神奇陀飞轮”并申请了国际专利。世界上有三种陀飞轮，如果把它们比喻为房子的话，第一种是瑞士人原创的，有梁有柱；第二种是德国人改良的，没有梁有柱；第三种就是他做的，没有梁也没有柱，它是最轻的，其水准已经得到世界的公认。

中国的钟表人物至今被世界公认的只有两位：宋朝苏颂和当代

矫大羽。当矫大羽发现连瑞士人、英国人、日本人都知道是中国人发明了钟表的心脏擒纵器的时候，他索性捅破这层窗户纸，不遗余力地开始在国际、国内大声疾呼“中国人开创了钟表史”，或者说“钟表是中国古代的五大发明之一”。他把这些口号印成极大的红布，从东京带到北京，从深圳、香港带到日内瓦。总之，他在利用一切机会为此奔走呼号。

矫大羽坚信，中国人开创钟表史，这个概念迟早会被写进孩子们的教科书里。瑞士的钟表学校已经把矫大羽先生的收藏品专著《袋表世界》定为教材之一。

十三、百年钟表杰出人物马广礼

马广礼 1951 年出生于天津，中共党员，天津大学计时仪器专业毕业，正高级工程师，天津海鸥表业集团有限公司总工程师。曾荣获 2006 年天津市工业系统优秀共产党员、2008 年市劳模称号，2010 年获全国劳动模范称号。

马广礼凭借在天津大学计时仪器专业学习的钟表理论知识和在企业的丰富实践经验，负责主持企业新产品开发、技术改造、公司外加工生产等工作，先后完成了 60 余项新产品的开发和多项技术改造，给企业带来巨大的经济效益。仅 2008 年，企业新产品产值完成 2858 万元，同比增长 9. 58%。他主持并创建海鸥表业公司市级企业技术中心，既培育了一批拥有自主技术的产品，也培养出一批新产品的设计人才。他注重企业自身知识产权的保护，近年来，共申报“多功能手表周历快拨机构”等实用新型专利 156 项，其中发明专利 7 项，使海鸥“双陀飞轮”表赢得了 2008 年 4 月在钟表王国瑞士家门口的机械腕表专利机构投诉官司。马广礼还主持并设计了镂空雕花机芯的开发及新产品各夹板的雕花工艺设计方案制订工作，已接近瑞士高档机械表的工艺水平，处于国内领先地位。

（一）崇尚科学，鼓励创新

马广礼上任伊始便横下一条心，着手进行科技开发中心的建设。2001年成功创建天津市级技术中心，以国际手表产业技术为发展目标，将其定义为产品技术储备的孵化器和技术改造的核心。技术中心是海鸥集团的心脏，十几年来，在研发新品精品的同时培养造就了一批科技人才，形成了一支配置合理、团结向上、朝气蓬勃、特别能战斗的科研团队，承担起了国家级技术中心的重任，支撑起海鸥科技的快速发展。马广礼创造性地制订三至五年发展规划。一是陀飞轮表必须走差异性发展道路，即领先一步战略，大胆提出将“恒动力”机构与陀飞轮结合，目标是达到瑞士天文台标准，填补国内最高端产品的空白。二是在已掌握“三合一”高端产品技术的基础上，用三到五年的时间向顶级品牌发起技术冲击，产品外径控制在30mm以内，音质更优美，外观修饰更精致。三是攻克微机电MEMS技术，这里包括硅体微加工、硅表面微加工等技术，用高科技和硅游丝、擒纵轮、蓝宝石夹板等新材料参与国际竞争。

（二）不畏艰苦，勇攀高峰

马广礼与他的团队靠集体的智慧、不服输的精神几经周折完成了陀飞轮表样机的试制，极大地鼓舞了科技人员的干劲和积极性。在样机的制造过程之初，马广礼组织高级技师对产品结构进行测试分析和改进。大家从基础做起，从每一个零件的雕琢做起，终于在对外观进行精饰改造处理、减轻旋转支架质量时收到奇效，使摆幅提升，走时精度一举提高。这些成就浸透了马广礼开发团队的心血和汗水。由80多个零件组成的旋转调速机构由原来的0.6克降到0.36克，质量得到质的飞跃，海鸥表终于诞生了高端陀飞轮产品，被评为“国家免检产品”。

三问表在世界制表业只有少数企业可以制造。马广礼与他的团队多次探讨，试制中遇到很多困难。例如，核心部件报时、报刻和报分轮都是特殊变径节梯形齿，其齿型等关键尺寸误差在0.01mm以内，尚无加工手段，他们就组织能工巧匠进行系列攻关；音簧是报时发声的关键部件，他们组织人马去乐器厂学习，对结构进行试验攻关。通过夜以继日的艰苦劳作，一个个难题被攻克，从两问表到三问表，从复杂“二合一”（万年历三问表）到超复杂“三合一”（陀飞轮、万年历、三问表），实现了世界制表三大经典技术的完美结合，填补了国内空白。在2010年瑞士巴塞尔国际钟表展上，其“三合一”表再一次震惊了世界，受到广泛好评。

（三）永不停步

几年来，马广礼和他的科研团队获得了很多荣誉：天津市“九五”立功先进个人、天津市“五一劳动奖章”先进个人、天津市劳动模范、天津市科学进步二等奖，以及天津市劳动模范集体、全国五一模范集体、中华全国总工会命名“工人先锋号”等。工信部授予“全国优秀科技工作者”，国务院授予“全国劳动模范”的称号。马广礼是国家钟表委员会副主任委员，百年钟表杰出人物，2010年获国务院特殊津贴。

成绩的取得，证明了马广礼和他的科技团队在计时领域的最前沿，为中国钟表产业发展做出的重要贡献。

十四、中国钟表的发展

（一）中国钟表产量第一，价值尚低

1991年，中国10岁以上城镇居民手表拥有率已达到100.7%，农村15岁以上居民手表拥有率为56.1%。据统计，1990年底，手表的社会拥有量已达5.85亿只，按全国总人口计算，普及率约50%。

2011 年，中国已是世界上最大的钟表生产国，中国钟表制造业逐渐形成以中小企业为主体的集群式发展结构，民营企业和三资企业迅速扩张（占企业总数的 70%以上），已形成广东珠三角地区、福建、浙江、江苏、山东、天津等六个主要产区。石英表和电子表崛起，中国抓住了这个机遇，由此对瑞士高档机械表市场产生威胁，瑞士政府不得不出面组建斯沃琪公司生产电子表对抗新兴的亚洲国家。

中国钟表行业发展虽然取得了长足进步，但也不能忽视中国企业及品牌在国际市场上的信誉度和影响力不足。我们一年生产成表 6 亿只，1 亿只在国内销售，5 亿只表是以代工或者其他形式到了欧美国家。占据世界 70%的产量却只占世界 30%的产值。上海陀飞轮手表看起来卖得不便宜，单价 1 万美金，但这只是相对价格，在国际市场上，只有瑞士同类产品的 10%。钟表行业存在的问题也显而易见，产业转型滞后于消费结构的升级，钟表产品的结构性矛盾突出。一方面中低档产品积压严重，其生产能力大量过剩；另一方面，适应高消费的有效供给不足，技术含量高、质量好的高档名牌产品依然依靠进口。因此，中国钟表行业需要加快技术创新步伐，发展核心技术，提高产品品质，打造钟表精品，搞好产品结构调整，适应市场变化；做好员工队伍建设，引进和培养人才等，以此提高中国钟表行业的国际竞争力。

（二）中外名表斗艳“金摆轮奖”

2007 年 1 月 27 日，以手表品牌评比为主题的中国首届“金摆轮奖”公布结果，国际品牌摘得各奖项，中国表品牌亦得到肯定，但二者差距仍甚大。业内人士指出，中国表的品牌文化发展仍需时日。

首届中国“金摆轮奖”共有 19 个奖项，包括最受欢迎运动表、情侣表、休闲表，最佳外观设计，公众推荐大奖以及年度特别奖等。百达翡丽、劳力士、江诗丹顿、伯爵等国际大品牌依靠在中国市场长期的品牌资产累积，毫无悬念地摘取奖项。

中国品牌飞亚达表，通过“神舟六号”上天这个举国关注的新闻热点，凸显了航天表的品质与民族手表的精密工艺，因而获得公众推荐大奖。中国市场已经具备了强大的中高档手表的消费实力，但中国消费者对手表个性化的理性消费还比较浅，中国品牌尚需一段时间开展基础市场教育与品牌形象及文化理念的深刻塑造。

相比外国品牌几百年来不间断的技术革新与传承，在这个细节决定价值的特殊消费品上，中国企业的发展时间还比较短；另一方面，高档手表的手工制作特性决定了品牌手表天然的供给稀缺性。如何在量的选择与品牌建设上找到平衡，给手表注入更丰富的性格与文化，是国产手表向高端市场进军必须思考的课题。

（三）中国钟表开始在品牌上起飞

“神舟七号”载人飞船升空后，翟志刚出场时戴着一块飞亚达航天表，机芯是上海表业研发的。上海表业为研发这颗“上海芯”花了两年，最难的是机芯得符合失重条件，特别是出舱后的外空环境，润滑油在120度和零下90度的情况下不渗透、不凝固，从而保证功能正常；而一般情况下，零下50度润滑油就凝结了。仅从这个指标考量，上海牌就不比瑞士生产的同类表差。天津等手表厂也在大力发展品牌手表。

瑞士政府和手表厂商认为中国手表业的发展击溃了“钟表王国”的至尊优越感，感受到了来自中国的威胁。其广播电台已经提出这样的问题：瑞士钟表如何才能保住其钟表业长期至高无上的地位并捍卫其制造技术呢？他们认为，中国制造的机芯质量赶超瑞士顶级手表只是时间问题，他们将中国视为强劲的竞争对手。

十五、审美观促进钟表花样翻新

人的审美对钟表设计有着巨大影响，进而影响了钟表作为装饰品的市场，尤其是室内装潢风行中国艺术风格的时候。欧洲人非常欣赏这些设计中体现的稀奇古怪的想象。由中国激发的灵感配合着欧洲的图案，那是一种跨文化的交融。在现存的封建时期一些钟表和18世纪的官方文献中，可以看到许多皇帝收集了大量中国制造的钟表的记录。中国人的审美和美学对于世界文明的进步，仅仅在钟表方面就有很大的推动作用。

（一）手表的装饰作用和气度

如今，腕表已不只是计时工具，时尚的设计使它成为人们不可或缺的饰品。你有丰富的选择和充分的自由，所以最终戴在你腕上的那款，不管是光彩夺目还是含蓄低调，都是你方寸之间的缩影。新材质、特色设计、低调玫瑰金与珍珠母贝、蓝宝石表镜都是可以入选的时尚元素。那轻拢衣袖、颔首探表的一瞬，最是风光万千、气度非凡。选择一款性价比高的腕表，让无限风情在腕间绽放。

腕表已经成为男性饰品，它不仅是身份的象征，也是展现自我风采的必备单品。商务男表无疑是男士腕表世界中的主力军，它含蓄典雅、大气稳重，是永恒的经典。如今，商务男表改变了千篇一律的老面孔，走起了时尚路线，无论你是温文尔雅、风度翩翩的文艺男，是成熟干练、大气稳重的精英男，还是刚毅硬朗、性格豪爽的型男，一块好的商务腕表都可以让你在举手投足间尽显非凡气质。

一些风格怪异、造型狰狞的时装表曾在杭城流行。这些品牌时装表通体以铜制成，表壳宽大，入手沉重，在手表正面或表盖之上雕饰着各种图像。令人吃惊的是，这些图像竟然以毒蛇、蝎子、骷髅头等为主，十分狰狞恐怖。不少顾客认为，手表应以美观大方为佳，人们对美的追求更应该是健康向上的；在手表上雕以毒蛇、蝎子、骷髅头等图像，冷不丁在人面前一晃，非吓人一跳不可，追求时尚、显示个性也不能这么搞法。

（二）手表的时尚风和消费新观

有人喜爱不规则设计的腕表，有人对多彩的表盘钟情，有人对耀目的水钻倾心，有人偏好金属质感的腕带……我们有太多的理由爱上腕表，去享受生活中温暖甜蜜而又时尚的一刻。野性的豹纹手表将会是初秋十足的亮点，个性的交叉表盘采用玫瑰金色金属打造而成，镶嵌了精致的水钻后，呈现出宛如满天星光般的表盘；经典的罗马数字刻度和倾斜的双表盘设计引发人们无限遐想，展现出与众不同的风范。

多数成年人心里都有一个卡通梦。清爽的卡通塑料表带上印有各种彩色图案，光滑的表带与透明的表盘相互映衬，以轻松随意的表情在夏末为生活增添无穷乐趣。卡通腕表可任意搭配牛仔裤、T恤，释放心情，放飞青春，让腕间的可爱精灵带你回到孩童般的顽皮年代。

表盘宽大的腕表最能展露时尚风情。玫红色镶钻腕表生动活泼，如同盛开在手腕的花朵；浑圆的表盘内镶嵌无数细碎的彩色亮片，简约线条刻画的美女是最大的亮点；轻快的玫红色腕带让人们在时尚尖端寻找生活的灵感。

轻绕于腕间的手链，不时调皮地上下滑动，颇具悠然自得的闲情。融合时间元素的手链演绎着优雅的安静，也在艺术气息中暗藏睿智，比手链多一分实用，比腕表增几丝精致，最适合 OL 风格的女生佩戴。此类腕表闪亮而富有质感，是时尚设计与实用主义的完美结合。

花朵造型的腕表瞬间将人带回春色满园的迷人季节。花瓣簇拥而成的表盘，无论质地是镶钻还是烤瓷，均以精湛设计展现完美的优雅，晶莹剔透的大颗水钻让人们的视线无法不停留在这道风景线上，举手投足间，十足的妩媚与高贵感呼之欲出。

“在时间的长河里流转，每一个小移，都指示一个新的时刻”，手表轻巧漂亮地戴在我们腕上，说不准在我们街头流动的人群中，有多少种不同的手表。那些老牌号的古董表和新式样表，在同样精确地显示着属于现代社会的时间；而那些新牌号新式样的表更以其后来居上的姿态，千变万化，不甘落后。现代科技给钟表输入了不同凡响的“血液”，手表已构成现代人“腕上时间”新概念。

在上海的钟表城内，那些高价位的名表占据着最显眼处的玻璃柜台，展示其不凡之气派；而名牌表周围那些新颖别致、小巧玲珑的手表，虽然价位不高，却魅力不小。特别是深受女士们喜爱的手链式、手镯式手表，蓝宝石、紫水晶、水钻等饰品漂亮地镶嵌在表面或表带上，“时间”与首饰浑然一体，首饰装点了时间，时间亦随之成为一种美丽的腕上装饰。我国东北地区的一家手表公司通过激光等高科技技术，在表盘上微缩各种美丽的名胜古迹、名人肖像、文字资料等图案。瑞士表更是荟萃了抽象和具象的图案，表盘与表带的颜色又与季节互相呼应，它的系列图案成为现代人追随流行时尚、与时装同步的配饰。现在国外的手表市场上，功能型手表也很畅销。而收藏和保值仍然是手表行业不愿放弃的重要领域，香港一家公司隆重推出了100枚有编号的金太阳手表，以金质的伟人头像、名贵的钻石和不可多得的数字，大显其价值。虽然时间只有一维，但时间可以多元化，手表可以有无数种。手表的时装效应、功能效应、收藏保值效应等，使现代人对表已不满足于看看时间，可以说，每一个年代的手表都或多或少地阐述着那个年代的印迹。

近几年来，手表作为礼品已成为消费的一大动因。较之其他礼品，手表更显雅致含蓄、富有人情味，而且手表的价值差异很大，可以适应各种不同的需要。在日常生活中，人们遇到一些庆典活动，如生日、婚庆、升学、出国访问、久别重逢等，赠上一块合适的手表，皆能给人带来一片至爱深情。

对手表的收藏家来说，收藏手表便是其主要的购表动机。他们收藏的兴趣也五花八门，有的专收浪琴系列，有的收藏潜水表、航空表、挂表等，有的则对欧米茄系列情有独钟。至于那些有保值心态的购表者，他们选择的目标往往是劳力士等价格昂贵的世界名表。

（三）表商绞尽脑汁，手表花样翻新

劳力士绿水鬼表盘翡翠绿色泽几乎没有色差。夜明珠进行重新开模升级，圈口时标仍保持银色磨砂涂层工艺，表盘字体和欧美版保持同等，3 点位日历浏览窗口镀有防夺目蓝膜方便读取，表盘内侧数字非常清晰且具有立体感，侧面二维码贴膜。表带和表头的接口十分精致，底盖高水准的蚝式构造拉丝打磨精细而又细腻，从背面可验证表带和表头接口缝隙非常细小。

浪琴八针月相表从外观看很清晰，指针的色彩和光泽度更饱和。手表的厚度和表盘内数字找不到一点瑕疵，底盖周边刻字色彩深度和字母的大小进一步优化，避震器和齿轮迁移改变部位堪称精致。

（四）商务男表的时尚表情

腕表是最重要的男士饰品之一，是身份的象征。设计师从航海文化元素中获取灵感，推出了“天王领航”系列腕表。舵形表圈如方向舵，精准指引人生方向；表盘上的纹路设计融汇了古典与现代的风格；简约商务风设计尽显智慧；独有的天王标志皇冠造型秒针精美绝伦。领航者，用信仰指引方向，用包容聚集力量，用智慧力挽狂澜，苛求细节完美，满怀信心，扬帆远航，谱写人生和时代传奇。

小时动力 282 个组件空透表

（五）时装表色彩散发青春个性

表的色彩，如粉紫、淡绿、水蓝、金黄、黑、白等成为流行色。表形除传统的圆形外，还有菱形、方形、蝴蝶形等，透明机芯和图案表带大行其道。在表玻璃上，利用凹平表玻璃的放大效果给人带来视觉上的新感受。时装表的大小呈两极分化，大的显示出沉稳和气度不凡，小的则只有戒指大小，显得袖珍可爱。各种手链式时装表、挂表深得爱美女性的喜爱。表带材料取材广泛，金属伸缩性布料、闪光合成皮真皮、尼龙等在各品牌中都可见到。

时装表除计时外，还有自动报时、照明显示、温湿度显示，以及资料储存、计算、保健、血压测量等多种功能。根据设计、材料、功能和品牌的不同，人们可像购买首饰一样选购多款时装表，结合个人喜好，根据不同服饰和场合选择佩戴，或细腻或粗犷，或素雅或艳丽，或端庄大方或时髦典雅，万千风情尽在不言中。

（六）三彩甲骨文腕表

2015 年 1 月 10 日下午，世界首创“三彩甲骨文”艺术腕表在北京亮相。这只表的表盘由洛阳三彩烧制而成；而这表盘上的刻度，用的是中国最古老的成体系文字甲骨文。这只融合了洛阳三彩、甲骨文等元素，色彩缤纷、做工考究的腕表，低调而奢华地陈列在瑞士巴塞尔钟表展上，洛阳三彩的神奇魅力在这个世界舞台上得到充分展示，让参观者不禁为主创人员绝妙的创意而连连称赞。

十六、世界钟表大战，瑞士几起几落

（一）钟表时尚瑞士定

瑞士经常在日内瓦举行国际高级钟表时尚展，展出的钟表每件

江诗丹顿拥有57项功能的“表王”

都是手工制作，只此一件。例如，有一只仙鹤座钟，鹤嘴叼着钟摆，羽毛由2622颗金刚钻缀成，总重185克拉。做这只钟用了3公斤黄金和5640个工时。一只毫不起眼的男用金表要35万美元，独特之处是每刻钟、每小时都会发出钟声，而且音频一小时比一小时高。所谓高级钟表时尚，就是无懈可击的质量、先进的工艺、创意、传统、使用宝石和贵金属，尤以质量和传统为重，而且这个时尚又有特定的国家属性——瑞士。世界钟表业的时尚由瑞士定调。制作这种钟表，要由三四十个行业的巧匠联手，参加的企业不超过30家，其产品都是只此一件，并无重样的，年产钟表总共不到6万只。钟表同任何时尚品一样，也有10年一轮回的周期，从小型表到大型表，又从大型表到超薄型表。表型的演变取决于经济和社会生活条件的变化。

瑞士的钟表工业是从家庭手工业开始，钟表制造技术世代相传，这使得瑞士的钟表工业能够得到保持和发展。

第一次世界大战爆发，德意志的钟表制造业衰落了，为瑞士钟表开始独步世界提供了可能。二战结束以后，瑞士手表获得了前所未有的巨大销售市场。瑞士钟表逐步取得世界市场垄断。从19世纪50年代开始，瑞士出口手表连续十几年居世界出口总量的50%以上。

到20世纪60年代，瑞士钟表业进入鼎盛时期，拥有1000多家钟表企业，十几万钟表工人，年产各类钟表1亿只左右，产值40多亿瑞士法郎，行销世界150多个国家和地区，世界市场的占有率也多在50%～80%之间，个别年份竟高达90%，70年代前期也保持着40%以上。钟表业的成就给瑞士带来了极大的荣誉，也是瑞士工人最引以为豪的成就。

（二）世界钟表大战，瑞士钟表王国地位遭挑战

一场威胁钟表王国地位的科技挑战正在日本的诹访精工舍秘密地进行，其突破口就是石英电子表。虽然诹访精工舍只是一家刚成立不久的小公司，但它麾下的技术人员都把目光瞄向了未来。一项旨在开发未来钟表的研究计划形成了，这就是1959年“59A计划”。其核心是进行石英钟表的研究。诹访很快制造出石英表，1973年制造出数字式石英钟表，1974年又推出达到小型化、薄型化目标的精致石英表。石英表实现了低耗能、小型化、低成本化。日本石英表开始走向世界，瑞士钟表受到前所未有的冲击，在世界市场占有率每年以两个百分点的速度下降。由于出口减少，钟表业人员也相应地不断减少，钟表业开工率只达70%。传统的家庭作业更是受到致命打击。

美国和香港的电子表也同样给瑞士以沉重的打击。1978年，瑞士《新画报》的大字标题道出了瑞士钟表业的不安：“传统的瑞士钟表业就要消亡了。”

瑞士在石英电子表上吃了大亏，促使它奋起直追，但毕竟落后日本、美国以及香港几年，在世界电子表市场上总是处于不利地位。之后，瑞士的王牌机械表的优势也丧失了。日本诹访精工舍不久后成功设计出男用机械手表，精确度高，在市场上非常畅销。

更让瑞士没有想到的是，决定在1964年东京奥运会和欧米茄决战的诹访精工舍在机械表方面进步神速，除开发出马贝尔表之外，1962年推出了皇冠表，1963年又开发出具有超常精确度的豪华精工

表，受到国内及国际广泛好评。1963 年，在东京召开的国际奥委会会议同意日本精工集团的赞助申请。诹访精工舍成功开发出数字式跑表，能将每分每秒的记录反映在钟表上。当数字式跑表测定出著名马拉松选手阿贝贝创造出的世界纪录是 2 小时 12 分 11 秒 2 时，全场欢声雷动。数字式跑表很快名扬天下。

1964 年的机械表计时大赛令瑞士人非常满意。日本送来的机械表排名第 144 位，前几名都是瑞士欧米茄获得。瑞士似乎摆脱了东京奥运会的阴影，在一片赞扬声中，瑞士忘记了一个基本事实，那就是日本机械表正在进步。1967 年的一天，诹访精工腾田携带 15 只机械表，参加瑞士纽氏天文台比赛。成绩公布，日本机械表名列第四、五、七、八名。瑞士人惊呆了，天文台决定不公布比赛名次，中断比赛。

“走在别人前面”是诹访的经营哲学和企业精神。后来在瑞士日内瓦天文台国际比赛中，除前三名由瑞士欧米茄公司的石英表获得外，第四到第十名全是诹访精工舍的机械表。令瑞士难堪的是，日本人还在日内瓦天文台比赛中创造了一些令人瞩目的纪录，三个日本调表师都获了奖。1970 年，在日内瓦天文台比赛中，瑞士机械表不可战胜的神话被打破，日本的诹访精工团体总分比上次比赛冠军欧米茄的最高分数多 1.66 分，其个别最高分也高出 1.77 分，并且打破了 9 项纪录。

这次比赛的失利给瑞士钟表业带来了挥之不去的阴影。美国《华盛顿邮报》的大幅标题赫然写着：“王朝的交替与瑞士王朝的崩溃。”《商业周刊》则撰文评论认为：这次比赛将是一个分水岭。

瑞士在几百年的钟表史上享有盛名并且独步天下，就是凭着它精湛的机械表，这个瑞士钟表最传统的市场受到日本的猛烈进攻，而在新的石英电子市场，又不敌美国、日本、中国香港的“组合拳”，接下来的后果是非常可怕的。1982 年，瑞士手表产量下降到 5300 多万块，出口量从 8200 万块跌落到 3100 万块，销售总额退居第三位。竞争失势，苦不堪言，有1/3的钟表工厂倒闭，数以千计的小钟表公司宣布停业，有一半以上的钟表工人痛苦地加入了失业队伍……

瑞士钟表的兴衰确实给人以深深的启迪。长江后浪推前浪，世上新人换旧人，在日新月异的世界潮流中，不进则退。瑞士钟表商沉湎于昔日的辉煌，梦想自己独步世界钟表业的时代成为永恒，这是一厢情愿的臆想。在滚滚向前的市场大潮中，身处其中的任何一家企业都不容许自我陶醉，要想成为弄潮儿、搏浪者，时刻要铭记的是：成绩仅仅说明了过去，未来的挑战在恭候着你。

（三）智能手表也对名表构成威胁

2015年3月10日，美国苹果公司宣布将于下月正式推出苹果智能手表。拥有数百年历史的瑞士手表行业面对苹果的进攻计划反应平静。斯沃琪准备在未来数月内推出自己的智能手表。万宝龙1月宣布推出时光行者都会极速计时腕表，融合了传统机械表和蓝牙设备——这是“两个世界的完美结合”。

（四）瑞士腕表推出新认证标准等应对挑战

已有的天文台表认证和日内瓦印记等瑞士官方认证已被很多消费者熟知。而如今，又有一个重量级“至臻同轴”官方认证正式推出。若要取得这一官方认证，每枚腕表都将被置于强于15000高斯的磁场中接受计时精度的测试，误差不得超过5秒/天。同时，它们也需要接受自动性能测试及防水性测试。至臻同轴官方认证腕表的持有者可以通过网站或智能手机，获取腕表的测试结果以及相应的性能参数。

（五）为抢占市场发展经典复刻表

复刻手表是厂家将经典表款再次重做加以改进的表款，有的复刻手表会一直不断改进，加以创新，成为经典中的经典。多数配件都是由正规的大厂提供，为了规避侵权，在最后才自己打上 LOGO 和商标。所以复刻表价格才会那么高。

构成复刻表的几个要素：1. 使用高级材料，表链通常是 316L 钢质或是 904L 钢质，在手感和质感上能无限趋近于正品。还有宝石轴承、蓝宝石镜面等也是复刻表常配之物。2. 必须是大型地下工厂，才有整条供应链体系和过硬的工艺技术。3. 正品拆解开模是被称为复刻表的前提。4. 相似度高达 95%，普通人上手无法辨识。只有同时满足以上四点，才能够被称为复刻表。

第四章　钟表与社会

一、计时错误引发事故

（一）计时错误，列车相撞，催生波尔表

火车和手表制造似乎是两件毫无联系的事，但在 1891 年 4 月 19 日一个充满厄运的日子，它们却紧紧地纠缠在一起。那天，美国俄亥俄州两列邮件列车相撞了，悲剧导致两列车的驾驶员和 9 名人员丧生。事故的原因很简单，时钟故障导致计时错误。其中一列火车工程师的手表停了 4 分钟，但他不知道，想着再有 7 分钟就到站了，到那里就可以将车道让给另外一列火车，事实上他离死亡却只有 3 分钟。

这次事件促使现代精密制表行业中一个伟大名称的诞生。来自俄亥俄州克利夫的波尔先生被铁路公司任命为总检察官，为了杜绝类似事情发生，铁路当局在波尔先生的各项职责中增添一件主要任务：监管并记录铁路时间。手表制造商也立刻开始对所有铁路员工佩戴的手表进行隔周检查，所有检查工作都由经过审查的手表制造商来完成。波尔先生为此设立了严格的标准，严禁采用误差超过 30 秒的时计。正是这套标准系统，确保了计时的精确和统一，也建立了铁路时间和铁路手表精确计时的标准，这个网络最终覆盖了美国

75%的铁路。因为他在钟表制造史上的贡献，波尔受到国际社会的称赞。

波尔表始于1891年，在恶劣环境中依然准确无误。后来波尔表在美国成为最受尊敬的品牌之一。21世纪，波尔表继续领先，紧跟消费者的步伐。从指针的形状到数字的形式，每一个细节都按准确计时要求。

（二）四川一高考教室挂钟走时变慢

2012年高考语文考试中，四川省广元中学理科第13考室时钟至考试结束时竟慢半小时，该考场30名考生受到影响。广元中学考点按四川省普通高考考场设置要求，于6月6日对所有考室的挂钟时间全部安装了新电池，并进行了统一校对，未发现异常情况。6月7日上午，普通高考语文科考试。10：30，第13考室监考教师看到挂钟时，挂钟时间与手表时间一致。当考点广播提示“离考试结束还有15分钟，请注意掌握时间”时，监考老师和考生发现挂钟为10：58，走时慢了17分钟。监考老师立即进行说明，提示考生抓紧时间答题，所有考生继续答题至考试结束。

四川省2012年普通高考学生《考试规则》第二条明确规定：考场内所置挂钟仅做参考，开考和终考时间以考点统一信号为准。该规定通过赠送考生的《考生必读》和与考生签订的诚信考试承诺书告知了每一位考生。在考试时，通过考试指令又再次提醒了考生。

（三）哈尔滨一高考考场钟表停走

2017年6月7日下午，哈尔滨市第49中学考点14考场数学科目考试过程中钟表停走。哈尔滨市招生考试委员会8日调取查看现场录像，监控显示，7日下午，14考场监考老师16时40分发现考场钟表停在16时23分，随即更换钟表并提醒考生。16时55分，一名考生举手示意，提出由于钟表出问题可否延时，经考点工作人员研究决定不延长考试时间。

二、“世界末日之钟”与各种警世钟

（一）世界末日钟

美国东部时间2007年1月17日上午10时10分，美国原子能科学家委员会将象征世界核安全局势的“末日之钟”又拨快了2分钟，此时离代表发生全球性灾难的“午夜”时刻只有5分钟了。将“末日之钟”拨快的主要考虑是：世界目前有2.7万枚核武器，其中有2000枚在几分钟内可以随时发射，以及人类破坏环境正在造成全球气候变暖。“末日之钟”的指针距离午夜24时越近，就表明世界越危险，离毁灭越近。

“世界末日之钟”由《原子能科学家公报》杂志在1947年设立。这个0.46米见方的木质模型钟摆放在《原子能科学家公报》总部所在地芝加哥大学。1945年，美国在日本广岛和长崎分别投下一枚原子弹。两年后，参加原子弹研究的科学家们设立了这个具有标志性意义的“末日之钟”。“世界末日之钟”在1947年见识了原子弹的巨大威力和破坏性，曾参与美军核武器研究工作的化学家和物理

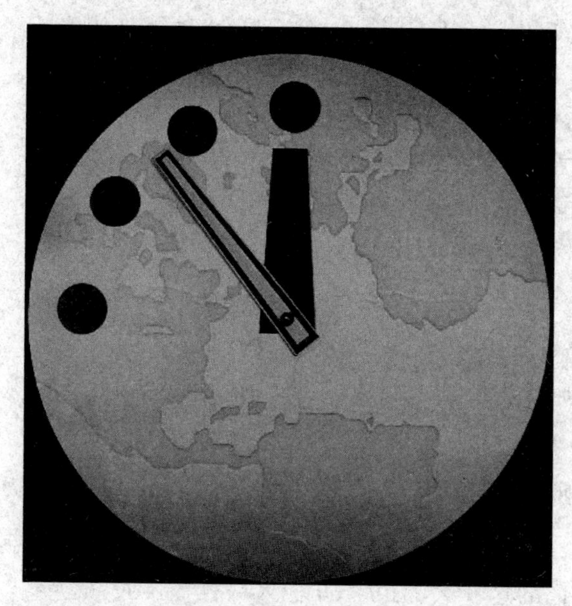

美国芝加哥的“末日之钟”

学家开始呼吁全球实行武器控制，并创办了美国《原子能科学家公报》杂志。这份刊物第一期封面采取了“用钟来指示危机”的方法提醒人们注意自己面临的核武器威胁：一个只有左上方 1/4 刻度的钟表指针指向 23:53，距象征“世界末日”的午夜只有短短 7 分钟，以反映美国核计划给世界带来的威胁。

“末日之钟”只有钟摆而无任何机械结构，因此它无法自行调整时间。可是，每当世界面临新核威胁时，根据危机程度不同，专家们会相应将“末日钟”的指针向前拨动，指针距离午夜 24 点越近，就表明世界离毁灭的日子越近。在过去几十年间，“末日钟”的设计方案多次被修改，最后在 1989 年重新设计方案，制作了一座圆形的“末日钟”，直径 18 英寸，外表用青铜制作，上面刻有世界地图。

之前“末日之钟”曾先后 18 次被人工调整。1952 年，“末日之钟”被调整到了 23 点 58 分，当时美国和苏联先后进行了氢弹试验。1991 年，“末日之钟”被调回到 23 点 43 分，因为美国和苏联签订了削减核武器的协议。2002 年“末日钟”被向前拨了 2 分钟，理由是：核武器、生物武器和化学武器可能扩散，同时恐怖主义的威胁日益严重。

（二）世界人口警钟

世界人口钟是一种多功能计时计数器，它不但显示年、月、日、星期、小时、分、秒，也可显示世界总人口、各国人口，以及每分钟、每小时世界人口数量变化。1999 年 5 月 4 日，纽约联合国总部一楼大厅竖起 60 亿人口钟，提醒人们地球正面临严重的人口压力。人口钟由 1 个“6”和 9 个“0”的模型组成，表示世界人口即将达到 60 亿。人口计数器显示，当时世界人口每秒钟增加 4~5 人。以此速度计算，全球人口在 2011 年 10 月 31 日将迎来第 70 亿名成员。

世界人口达到 70 亿的这一天，距“60 亿人口日”不过 12 年。1999 年，波黑出生的阿德南·梅维奇被定为“第 60 亿人”，为此举行的纪念仪式还历历在目。如果把人口增长看作嘀嗒作响的时钟，这座钟在20世纪明显走快，每增加10亿人口的间隔越来越短。

“人口挑战”各不相同。在世界人口70亿的大背景下，如果细看，则是“家家有本难念的经”，不同国家面临着各自不同的“人口挑战”。在欧洲和日本等发达国家，生育率下降、人口老龄化、劳动力不足是挑战。而在多数发展中国家，人口基数庞大、增速过快是挑战，各国粮食安全、教育、医疗、就业等面临很大压力。如果人口过快增长，还会带来更大的麻烦。越来越多的国家已认识到，实行计划生育、规划人类自身繁衍已成为发展所必需。

中国实行人口计划生育政策最有成效。1991年4月28日，北京崇文门路口的“人口警示钟”启动。这座外形很像牌楼的“人口警示钟”高约6米，长7米，其中钟面高2.3米。钟面除可显示年、月、日、分、秒、星期外，还可显示全世界人口、全国人口、北京市人口以及崇文区人口变化情况。当天早晨8：40，“人口警示钟”显示北京市人口为11076898人。这座“人口警示钟”由北京市崇文区政府投资，历时3个多月建成。

（三）德国、美国竖起“国债钟”

2004年6月16日，德国在首都柏林竖起一座“国债债务钟”。德国目前国债总额已攀升至1.36万亿欧元，人均1.65万欧元。竖立此钟的德国纳税人联盟希望通过此举，让人们清楚地认识到德国政府所欠的债务数额，这一数字以每秒2186欧元的速度继续增加。如果德国政府从现在起不再增举新债，每月偿还10亿欧元需要113年。由于国债规模庞大，德国政府去年仅为偿还债务利息就支出约380亿欧元。1996年，德国纳税人联盟在德国联邦统计局所在地竖起“国债债务钟”。新的国债债务钟在柏林落成后，设在威斯巴登的债务钟将继续保留在那里。

美国国债钟是一个告示牌大小的累加制点阵显示器，它持续更新数据，显示当时美国国债总额以及每一个美国家庭所负担的债务金额。美国国债钟设置在美国纽约市曼哈顿区的第六大道上。最早由纽约地产开发商在1989年设置，后继的经营者表示将会维持国债钟的运作。国债钟分分秒秒不断累积的国债在疯狂地向上跳动，并显示每个美国家庭所要负担的数额。截至2011年11月16日，美国国家总负债额达15万亿美元，相当于2011年美国GDP的99%，这也意味着平均分配到每个家庭的债务超过12万美元。看着电脑屏幕上不断刷新的数字，想必每一个美国人都会有心惊肉跳的感觉。

（四）纽约时代广场竖立伊战开支巨钟

2004年8月26日，在美国纽约时代广场，行人驻足观看显示美国在伊拉克战争中的开支的巨型电子钟。竖立这座大钟的组织说，钟上最初显示的数字是1345亿美元，这一数字将以每分钟12.282万美元、每小时740万美元、每天1.77亿美元的速度增长。

（五）显示电站核放射性强度的时钟

竖立在乌克兰斯拉维季奇的电子钟，是用来显示在切尔诺贝利用8年时间匆忙建成的电站核放射性强度的。斯拉维季奇距切尔诺贝利60公里。夏天，当风夹带着尘埃从切尔诺贝利刮来时，放射性强度便会增大。为保证居民安全，工人每年都享受一次全面体检。这个基辅以北200多公里的斯拉维季奇现有人口1.8万人，其中包括5100名儿童，这些人口都与为切尔诺贝利核电站工作的人有直接关系。

（六）测辐射手表受欢迎

白俄罗斯一家专业放射性物质监测及识别设备开发和生产商，自日本福岛核电站发生事故后，咨询和订货电话不断且邮箱爆满。公司生产的带有辐射剂量测定功能的手表，从表面看，这种产品只是有指针、刻度和液晶屏的普通手表。但它的外观设计时尚，适合商务人士佩戴，只要按下一个专门的按钮，手表的液晶屏就会显示所处地方的辐射水平。这种手表可以设定程序，只要超过某一辐射水平就会发出报警信号。现在需要这种产品的顾客很多，从经常飞行的驾驶员和普通游客（高空中的辐射对人体有影响）到医护人员和冶金工作者，他们在工业、农业和医疗卫生中越来越广泛地接触各种辐射源。恐怖分子可能使用由放射性物质和常规爆炸物混合的“脏弹”，因此，避免放射性污染成了热点话题。此外，核电站反应堆的工作人员也是需要这类产品的特殊人群。

（七）戒烟警钟

为促使哥斯达黎加国会通过限制烟草消费法令，一座巨大的“戒烟钟”竖立在了首都中心国会对面街头，如果该国有一人死于与吸烟有关的疾病，该钟每隔 2 小时 40 分就会发出警报声。官方数据显示，哥斯达黎加每天有近 4 人死于吸烟。

三、重大历史事件倒计时钟

倒计时是从未来的某一时点往现在计算时间，用来表示距离某一期限还有多少时间，多含剩余时间越来越少、越来越紧迫的意思。“倒计时”这一术语来源于 1927 年德国的幻想故事片《月球少女》，在这部影片中，导演弗里兹为了增加艺术效果，扣人心弦地在火箭发射的镜头里设计了“9、8……2、1”点火的发射程序。这个程序得到火箭专家们的一致赞许，认为它十分准确、清楚、科学地突出火箭发射的时间越来越少，使人们产生火箭发射前的紧迫感。此后“倒计时”被普遍采用，成为一个适用性极强、适用范围极广的词语。

比如电视屏幕上出现“距中国迎战巴西还有 3 天”的字样令人

期盼，电影《国庆十点钟》一个倒计时的定时炸弹令人提心吊胆。现在倒计时更多地用在原子弹试爆、载人火箭或人造卫星发射这些高科技领域，几乎所有道路交通信号灯系统也都有了倒计时提醒功能。

（一）香港回归倒计时牌

1997 年 6 月 23 日，在天安门广场历史博物馆西门，“中国政府对香港恢复行使主权倒计时牌”在众人的围绕和注目下显得格外庄重。三个中年人在查看倒计时牌工作情况，8 天后的 1997 年 7 月 1 日，他们辛勤守护了 900 多天的倒计时牌，将记录并见证一个历史性时刻。倒计时牌是祖国人民对香港回归之日的热烈期盼，是国人心中最好的载体。

1994 年 12 月 12 日，由河南郑州制造的倒计时牌启程向北京进发。12 月 19 日，3 辆载有倒计时牌的 10 吨重大卡车到达北京。12 月 19 日 10 时 30 分，剪彩仪式正式开始。自从倒计时牌竖立起来后，天安门广场又新增一景。倒计时牌成了特殊媒介，传递了祖国迎香港、同胞盼团圆的万众情意，形成全国性的公众纪念活动。中国革命博物馆后来正式收藏编号为 1997 的香港回归倒计时钟揭幕红绸布，其余 1996 块红绸布向海内外公开发行，以纪念那段珍贵历史。

香港回归倒计时牌

（二）澳门回归倒计时牌

1999 年 9 月 14 日是澳门回归祖国倒计时 100 天。一大早，天安门广场倒计时牌下已聚集了上百人。一群穿军装、正列队照合影的军人格外引人注目。天气微凉，一轮红日穿云而出。倒计时牌前人越聚越多。万众翘首迎燕归，一百天后再喜逢。中国人民大学几位二年级学生说，昨晚从电视上看了气势恢宏的迎回归广场音乐会，心情很激动。燕子是澳门回归的吉祥物，内地大学生都在盼望着早日“燕”归回。

一位姓刘的“老北京”说：“我这辈子赶上了新中国成立、香港回归，很快又能看到五十大庆、澳门回归，真是喜庆、喜庆!”

（三）全国多处 2008 年奥运会倒计时钟

2004 年 9 月 21 日，在天安门国家博物馆前，2008 年奥运会倒计时钟启动。入夜的奥运会倒计时钟格外醒目，其上方北京 2008 年奥运会会徽正中的红灯犹如人类的心脏，随着时钟不停跳动，再次激荡着人们的奥运热情。倒计时钟高 14 米，宽 5.5 米，配备了全球卫星定时系统，极为准确。

河南最大奥运倒计时牌亮相商丘街头。该倒计时牌宽 27.5 米，高 23 米，耗资 40 余万元，屹立于商丘市“商”字广场东北角。该计时牌面积 600 多平方米，是目前河南省最大的奥运会倒计时牌。

山东胶州农民刘衍芳自费在家门口竖起奥运倒计时牌，村里因此掀起了一股“奥运热”，打此路过的三疃五庄的农民们都会驻足观看。每天早上翻开新日历的那一刻，更是成了小村里的“升旗仪式”，吸引了众多村民围观。

（四）长城脚下“世纪钟”

1998 年 3 月 25 日，为迎接 2000 年到来，倒计时钟在北京八达岭长城启动。2000 年倒计时钟，又称“世纪钟”，主题为“争分夺秒，建设祖国”，其宗旨在于号召全国人民团结起来建设祖国，为中华民族的强大而奋斗。显示着距 2000 年还有 646 天的银灰色世纪钟架设在镶嵌有大理石的花岗岩基座上，钟宽 4.5 米，高 5.8 米，面积 26.1 平方米。钟面共设五排字，最顶部是荣毅仁题写的“争分夺秒，建设祖国”8 个大字，接下来是距 2000 年还有多少天、小时、分字样，最下一排为当前北京标准时间。“世纪钟”用的是我国自行研制的先进的卫星自动校时钟，误差每 3 万年不超过 1 秒。同年 11 月 18 日，2000 年倒计时钟也矗立于五岳之首泰山。

天津“世纪钟”坐落在解放桥桥头，是天津的地标之一。巨大的钟摆一头是太阳，一头是月亮，表盘上是十二星座，底座周围是花坛，布置有景观灯。世纪钟正面与解放桥相对，由 12 个星座浮雕组成，高 40 米，直径 14.6 米，重 170 吨有余，分钟盘、摆架和基座三部分，通体金属，流光溢彩。钟摆上下，日月辉映；钟盘四周，众星拱卫。中西交融，天人合一，古典与现代浑然一体，寓意时空延续，时不我待。

为迎接新世纪的到来，世界上有几个国家在本国设立了倒计时钟。英国将倒计时钟设在格林尼治天文台，象征新世纪从英国开始。而法国将倒计时钟设在埃菲尔铁塔上，表明法国迎接新世纪挑战的决心。

（五）伦敦奥运会倒计时钟刚用一天即停摆数小时

2011 年 3 月 15 日中午，英国伦敦 2012 年奥运会倒计时钟投入使用不满一天即停摆数小时，时间定格在距开幕 500 天 7 小时 6 分 56 秒。这一意外考验着奥运会的准备工作。伦敦奥运会定于 2012 年 7 月 27 日举行，奥组委 14 日晚在开幕倒计时 500 天的庆祝活动中为这座倒计时钟揭幕。这座钟以钢为主料，高 8.5 米，宽 5 米，重约 4 吨，主料是钢材，由 10 个人用了 2 天时间拼装完毕，安放在伦敦市中心特拉法加广场，以日、时、分、秒 4 个时间单位倒计开幕时间，由奥运会赞助商、瑞士钟表企业欧米茄制造。时钟停摆后，众多游客前往特拉法加广场围观并拍照留念。巧合的是，英国广播公司 14 日晚播出一档恶搞剧《20 点 12 分》，情节就是奥运会倒计时钟因故障而暂停计时。制造商随后发表声明，时钟停摆是因“技术故障”。3 名技术人员不久后着手维修。维修中，钟面显示时间一度由 500 天变为 201 天，后为 208 天，甚至出现白屏。经数小时努力，倒计时钟最终恢复正常。

启动倒计时钟是每届奥运会的一项传统，标志赛事筹备工作进入倒计时阶段，是一个重要的里程碑。500 天倒计时纪念日当天出现故障，令不少英国民众感到尴尬。

（六）倒计时行走的钟表

在法国蓬皮杜文化中心的建筑物外墙面上，有一只独特的钟。它告诉人们跨入 2000 年还有多少秒。该钟倒退着行走，数字越走越小，待钟面上的数字减至零时，就表明世界踏入 2000 年了。

（七）“倒计时死亡”手表

TIKKER 在 2014 年上市，它的设计初衷是帮助人们更好地享受生命，珍惜剩下的时光。而设计师的做法是“倒计时死亡时间”，手表上第一行是年月日，第二行是时分秒，第三行是正常的时间。在使用

生命倒计时手表

TIKKER 时要填写一张表格，说明自己的病史、年龄、是否抽烟喝酒以及是否经常运动等资料，根据这些资料，TIKKER 能够计算出用户的大致寿命，然后据此减去用户的年龄，从而得到用户离死期还有多久的数据，并开始在手表上进行倒计时。这种倒计时的方式是一种全新的时间描述，根据当初众筹的结果来看，大众非常追捧它，原因可能是它让人意识到生命的短暂，因此要更好地活在当下。

四、中国钟鼓楼文化及塔钟是与非

（一）中国的钟楼和鼓楼

钟作为我国古代的一种计时工具，传说在黄帝、炎帝时期就已经出现了，鸣钟击鼓自古就是皇朝、寺庙以及黎民百姓祭祀、祈福的一项礼俗。汉代有“天明击鼓催人起，入夜鸣钟催人息”的晨鼓暮钟制度。随着佛教在汉代传入我国，钟鼓同佛家结缘，寺院东西两侧建报时钟、鼓二楼。北京雍和宫僧人每日上殿诵经均鸣钟击鼓，寅时撞响钟声，酉时敲响鼓声，钟鼓声响彻京城内外。

古人计时称白天为“钟”，黑夜为“更”或“鼓”。古代城镇都设有钟楼、鼓楼，晨起要撞钟报时，所以白天都称为“几点钟”。古人把一夜分为五更，除夕夜的“一夜连双岁，五更分二年”就是这个意思。更夫是三百六十行之一，用击钟、敲鼓向市民报时。西方教堂至今还有专人负责敲钟报时。

（二）“晨钟暮鼓”制度为皇帝按时吃早餐而设

公元 485 年的一天，太阳暖洋洋地照在齐国皇宫，国君齐武帝却非常郁闷，因为太阳老高了他还没吃上早饭。皇宫离敲鼓报时的地方远，有时听不到钟声，皇宫里的时间就没有办法统一。“必须要统一皇宫的时间!”齐武帝下令，在皇宫的景云楼里挂起一个大钟，因为景云楼比较高，能听到报时钟声，敲响景云楼的大钟，整个皇宫都能知道准确时间，再也不会误事了。能按时吃到早饭，齐武帝很高兴，是他开创了一个“晨钟暮鼓”授时新制度。

（三）唐宋里坊制与夜市钟鼓时间

到了唐朝，晨钟暮鼓报时已经非常成熟，大的城市都建有钟鼓楼。住在城里的人也有烦恼：早上敲钟城门打开，人们才可进出城；晚上敲鼓宵禁开始，城里人被禁止随意走动，“犯夜”要被笞打20下。

隋唐时代的东都洛阳，全城分割为若干封闭的“里”作为居住区，商业与手工业则限制在一些定时开闭的“市”中。“里”和“市”都环以高墙，设里门与市门，由吏卒和市令管理。

宋乾德三年四月十三，宋太祖诏令开封府：“令京城夜市至三鼓以来，不得禁止。”从此，饮食夜市大量出现，而且非常繁荣。文武百官入朝都以钟鼓声为准：听到三更钟声就起床，四更钟声就赶到午门外集合，五更钟声就鱼贯入朝，跪在太和殿前的砖地上听旨。

（四）钟鼓楼是古城的报时中心

鼓楼与钟楼是古代城市的报时中心。北京城中轴线上，明永乐年间在地安门大街北端筑有钟、鼓二楼，两楼前后纵置，气势雄伟，巍峨壮观。在高47.9米的钟楼上悬有63吨的青铜报时钟，高46.7米的鼓楼内有一面大鼓、24面小鼓，共25面更鼓。今日的钟鼓楼是清乾隆年间重建的，自明清至民国初时，钟、鼓二楼始终掌管着京城内外报更报时的任务，可以说老北京曾是在钟鼓楼的鼓鸣钟响声中入睡和苏醒的。清初时曾规定钟鼓楼要昼夜报时，乾隆年间改为夜间报更，从那时起，清代钟、鼓楼司职的更夫在报更报点时很有规律，很讲究敲击的次序与节奏。北京钟鼓楼最早备有4个铜漏壶，分别叫：天地、平水、万分、收水。漏壶正中安装了1个名“铙”的铜乐器，以机械操纵，时到每刻击铙报点。后来又改用辰香计时，即以香燃烧的时间来确定钟鼓楼专司更筹，每到定更就先击鼓、后撞钟，提醒人们进入睡眠。从二更到五更，就只撞钟不击鼓，以免影响人们休息。到了亮更，则先击鼓后撞钟，表示起床时间已到。

（五）除夕夜击鼓或撞钟108下

北京市仿制的古代报时工具铜刻漏，能准时击出8声铙响，随后，鼓楼上的25面更鼓、钟楼上的明代永乐年间大铜钟，一起敲响108下钟鼓声。这是自1924年钟鼓楼停止报时后，北京城2005年再现钟鼓楼漏刻计时、击鼓定更、撞钟报时的场景。

讲究章法礼数的古代击鼓很讲究。先快击18响，再慢击18响，俗称“紧十八慢十八”，快慢相间共击6次，总计108响。撞钟方法与击鼓方法相同。之所以将钟鼓声定为108响，是由于古人以108响代表一年的缘故。

约从汉代开始，古人就有于夜晚敲钟唤阳、白天击鼓避阴之俗。古人认为元日前的除夕之夜为一岁之末，是一年中阴气最盛的一天，到除夕子时正零点时，阴气盛极，所以此时应鸣钟击鼓以避阴，迎接新的一年的阳气，“鸣钟击鼓迎新年”之俗曾一直在我国各古城延续着。还有一种说法是108包含着12个9，《易经》认为“九”是最大的阳数，“九”被看作数字之极，与“久”谐音，具有高贵、吉祥、长久之意；一年有12个月，“9”的12倍正是108。

（六）塔钟方便人们看时间，又是一道风景

二七塔上大钟的《东方红》乐曲就是上班铃声。作为从小就生活在二七广场附近的人，始终保留着二七塔最美好的回忆。那些曾经的故事、美好的往昔，都已化作了收藏品。小时候，每天早上7

“中国第一钟”北京电报大楼塔钟

点整，听着二七塔浑厚的钟声起床去上学；参加了工作，每天听着二七塔悠扬的《东方红》乐曲去上班。人们走在街上，总习惯性地抬头看上两眼塔上的大钟。

郑州市原来各主次干道上的钟表也像老朋友一样每天迎送人们上下班，这些钟表不仅可供市民掌握时间，还可在钟表下面发布城市形象广告。上海某公司在市区、郊县主要道口和高层建筑上安装了400多只大钟美化市容。后来因为管理问题逐渐不见了，市民们很是怀念。

上海南京西路泰兴路口摩士达大厦塔钟位于大楼顶，是上海市为数不多的塔钟之一。1990年代中期，特意请中国钟厂为这栋大楼定制两台塔钟，悬挂在大楼顶端。塔钟成为大厦的形象，也渐渐成为南京西路的地标。

德国一公司建造了一个30.7米高的滑梯塔，滑梯塔有三条对角线上的管道通达最上方的时钟。这个时钟直径6米，在远方也能看清，夜晚装有照明设施，很受人们欢迎。

五、上海大自鸣钟与北京站守钟人

（一）上海的大自鸣钟与标准钟

19 世纪中叶上海对外开埠以后，随着西方人的陆续到来，西洋各种风格的建筑样式先后引进。同时，丰富多彩的西洋建筑装饰也随之而来，例如，将大钟嵌建于大楼的表面。

现在沪语中问时间，有问“啥辰光”，也有“几点钟”的。问“辰光”，那是古老的上海话，因为古时按十二时辰计时，夜里没日光，问“几更天”，日里才问“辰光”。问“几点钟”是当代的“时髦”。

1853 年，董家渡教堂建成，在山墙中部安放大自鸣钟，是上海华人普遍熟悉和适应西方计时标准的开始。到 1864 年，法租界公董局在老北门外公馆马路（今金陵东路）建成巡捕房大楼，安放自鸣钟，由于地处华洋交界，其报时一时成为华洋通用的标准时间。当时上海县发布告示，“嗣后如遇城内有事，务于 6 点钟为度，准于随时出入，不得夤夜擅入”。“钟点”成了官方确认的时间标准；城门启闭关系到城里人的日常起居和作息，也间接改变着人们的计时观念。

英租界没有自鸣钟，而用炮响报时。1869 年 11 月，在黄浦江上的英国兵舰“逢礼拜一、五准 12 点钟，放炮一声，响传数里，以便校对钟表”。这说明，当时在英美租界已有不少家庭自备钟表了。

6 点钟启闭城门，沿袭的还是农业时代旧县城的旧习。1897 年 3 月，改为“限令各城门于晚间 10 点钟一律扃闭”，城内人“务于 10 点钟前进城，及时早归，切勿深晚逗留在外”。这“10 点钟”，听的还是老北门外那个大自鸣钟的钟声。1909 年 11 月，上海城门改为 12 点钟关城门，到 1912 年 1 月，取消了夜间关城门的规定。

（二）神秘“守钟人”让北京站塔钟准点

张兵是北京站塔钟维护负责人，1981 年到北京站通信工区上班，师傅指着大钟对他说：“你的工作就是保证它能够一秒不差。”此后，张兵坚守塔钟 30 多年，让大钟一秒不差。每天早上 6 点，北京站塔钟第一声浑厚的“东方红，太阳升”在黎明晨雾中回荡。从早晨 6 点到晚上 9 点，只要到整点，北京站塔钟总会响起《东方红》旋律，每到此时，总有行人会停下脚步，抬头仰望北京站上方的塔钟。悠扬的钟声告诉人们，这里是北京。

塔钟每两小时巡视一次，一级母钟检查每两小时一次。刚开始大钟是机械式的，有时能差 5 分钟、10 分钟，每天都要爬到塔楼里检修。年轻时“爬一趟跟玩儿似的”，这个动作张兵已经重复做了 30 多年。

1959 年，北京站塔钟与北京站同步建成，6 点至 22 点整点采用机械钟打点报时。1993 年，进行第一次更新改造，6 点至 22 点整点采用击打编钟，播放《东方红》音乐报时。2008 年，为迎接北京奥运会，进行第二次更新改造，6 点至 21 点整点采用电子音乐合成形式，播放《东方红》音乐报时。

许多人按照塔钟打点的时间安排好自己的事情。在站前街工作 10 年的清洁大姐，每天早晨 6 点都能听到北京站的第一声钟声。在附近上班的摄影爱好者经常利用午休时间来北京站搞创作，下午 2 点敲钟时准时回去上班。住在隔壁的街坊从小每天听钟声长大，已经 50 多岁了。现在大钟变为数字化控制，由 GPS 接收信号，做到一秒不差。很多人听到钟声响起时会抬头看看大钟，觉得很有仪式感。

（三）北京西客站塔钟更可靠

北京西客站号称亚洲第一站，客站塔钟共有 13 面，其中北广场有 2 座钟楼，每座钟楼各 4 面，南站房 1 面，南广场钟楼 1 座 4 面，组成了全国最大的塔钟系统。北广场的8面塔钟于1996年1月21日正式运行。

六、腕表与电影结缘

电影与腕表似乎一直有着千丝万缕的联系。作为电影中最常见的道具之一，腕表通过电影展示更全面的品牌文化，同时以一己之力支持着电影产业，让我们欣赏到更多的电影艺术之作。

（一）欧米茄与《007：幽灵党》

2015年11月18日，瑞士著名钟表品牌欧米茄在北京举办“欧米茄《007：幽灵党》特别放映会及欢庆派对”，庆祝《007：幽灵党》于中国盛大上映。欧米茄全球总裁欧科华携手007扮演者、欧米茄名人大使丹尼尔·克雷格在欢庆派对上亮相。从1995年的《黄金眼》开始，拥有鲜明个性的欧米茄海马系列腕表便成为特工007的选择，成为他标志性造型中不可缺少的计时单品，帮助他在严峻挑战中精准地掌控制胜时机。作为第24部007电影，《007：幽灵党》中欧米茄全新推出海马300，“幽灵党”007限量版腕表依然伴随着邦德出生入死，成为电影情节中不可或缺的装饰。

（二）积家与电影拷贝修复

瑞士钟表品牌积家与多个国际电影节有密切合作，如威尼斯电影节、洛杉矶电影节等。从2011年开始，积家开启与上海国际电影节的合作，合作最重要的项目之一是修复多部中国经典老电影，这也是国内首次由企业参与的电影拷贝修复工作，为挽救中国悠久电影文化传统贡献力量。为此，积家每年都推出一款上海电影节特别款腕表，并在上海国际电影节期间进行公益拍卖，拍卖所得款项用于支持中国经典老电影的修复工作。过去几年，积家已经资助修复了包括《一江春水向东流》（上下两部）、《八千里路云和月》、《十字街头》、《乌鸦与麻雀》和《丽人行》在内的几部经典电影，在上海国际电影节期间进行一系列展映。在第十八届上海国际电影节期间，积家推出全新作品约会系列常春藤腕表，宣布将修复经典作品《新不了情》。

好莱坞动作大片《速度与激情 6》中的一大亮点，是男主角保罗·沃克佩戴的积家深海传奇计时腕表。卓越的抗冲击、抗磁场干扰，无论是超高车速还是激烈争斗，始终精准的计时让每一次的临危脱险有足够的保障。它再次证明，顶级的装备始终是硬汉四处征战的选择。

（三）伯爵和万国表长年投入电影产业

伯爵与电影工业的合作更是默契十足。除自 2008 年起赞助美国电影“独立精神奖”外，亦连续五年担任香港电影金像奖颁奖典礼的主题赞助。作为三度担任金马奖首席襄赞的伯爵表，与金马执委会开启一项“金马荣耀时刻”的拍摄计划，为每年入围金马奖的导演和男女主角留下隽永画面，记录华语影坛精彩动人瞬间。

万国表与包括迪拜国际电影节、纽约翠贝卡电影节、伦敦电影节和苏黎世电影节在内的诸多国际电影节建立了合作关系。万国表与北京国际电影节的首次合作在 2013 年，几度携手助力中国电影产业的发展与创新。万国表特别设立“IWC 杰出电影人大奖”数年，在第十八届北京电影节上，中国电影界最具影响力的导演之一陈可辛获此殊荣。

（四）萧邦为法国戛纳电影节设计“金棕榈”奖座

萧邦连续十八年均是戛纳电影节的官方赞助商。除了设计金棕榈奖座外，还为红毯上的明星们创作了一系列美轮美奂的高级珠宝饰品。2000 年，又为电影节增加了两个“迷你版”金棕榈奖座，分别是最佳男女主角的颁奖奖杯和金摄影奖，以表彰在电影节期间放映的最值得鼓励的电影处女作。

（五）《火星救援》：汉米尔顿卡其深潜腕表

汉米尔顿表与好莱坞合作镜头

影片中一次火星载人航天任务中，男一号宇航员马克·瓦特尼被迫独自一人留在火星。由于食粮有限，瓦特尼必须依靠自己的智慧与坚定意志维持生命，并寻找一种方法向地球传输生命信号。在火星上的每一秒都无比重要，时间就意味着生存，这也是整部电影一直在强调的主要线索。对于在极端恶劣环境之下的计时工具而言，腕表的可靠性及精准度更是颇具挑战。一枚汉米尔顿卡其深潜腕表成了男主角在火星上生存的重要道具。

（六）天梭《碟中谍5：神秘国度》

该片中的车、手机、手表等都成为大家热议的话题。男二号那款酷炫表是很多男生梦寐以求的。这款天梭腾智系列太阳能款腕表作为全球首款太阳能充电腕表，搭载指南针、天气预报、高度定位、LED触屏等功能。而图片这一幕也被单独剪辑在了这部影片的中文终极预告片中。

七、钟表文化

（一）钟表文化与人们生活息息相关

随着人类工业发展和文明进步，钟表已经不单单局限于作为工业产品出现在人类的视线中，同时向诸如自然科学、军事历史、人文艺术、宗教信仰等文化领域延伸发展。

宝帕头像钟

军事类钟表，一种是本身具有国家军事采购背景的，另一种是产品的设计是按照军工用途和标准生产的。例如，劳力士曾专门生产过防水、防盐、防沙的可供海军使用的腕表。

自然科学类，诸如以浩瀚星空为题材的星空表，以地球版图为题材的百达翡丽腕表。

人文艺术类，如百达翡丽推出的以花鸟为题材的腕表。

宗教信仰类，ZENMAX 机构推出过神光面谱图腾加持下的具有佛禅文化气息的佛陀表。

（二）骷髅敲钟死亡平等，公鸡打鸣希望在前

布拉格老城广场的钟楼非常别致，由上下两个大钟组成，上面的钟代表着年月日，下面的钟是由 12 个月不同的画面围成一圈，两侧各有一扇蓝色的窗户。每当整点时，钟楼的顶端会出现一个骷髅

敲钟，两扇蓝色窗户次第走出 12 个信徒，手中举着代表各自的物品：十字架、书、剑……代表着社会的各个阶层。信徒纷纷向人们鞠躬退去之后，会跳出一只公鸡仰着脖子打鸣。骷髅出现，是要告诉人们死亡对任何人一律平等；公鸡打鸣则象征着希望，提醒人们不要放弃希望。

（三）解密表坛“达·芬奇”

万国把世界最伟大的美术馆之一的意大利乌菲兹美术馆与皮提宫整个包下来，举行新表发布会。这一天，达·芬奇、米开朗琪罗、波提切利、拉斐尔与提香，这些 15、16 世纪伟大画家们的作品汇集成一股“文艺复兴”的艺术洪流，让人们迷醉不已。馆中主角是全新面貌的酒桶形“达·芬奇”腕表，以及一颗全新自制计时码表机芯，震惊了钟表展，成为当年最出风头的表款。该款表拥有全球首创的“四位数公元年份显示”，能运行到公元 2499 年，月相盈亏 122 年一天误差。其超复杂功能表“战马”拥有三问、陀飞轮、月相盈亏、万年历与双追针计时码表等共 21 项功能，重新塑造其个性与生命。

（四）梅花：中国的战神“雅典娜”

2008 年瑞士巴塞尔钟表展上，北京手表厂的镇馆之宝——全手工深浮雕希腊女战神雅典娜 18K 金腕表，作者是一名叫“梅花”的女子。毕业于中央美院研习油画 16 年的梅花，有扎实的功底和过人的天赋。颇具深邃感的雅典娜在厚度仅为 1.5 毫米的金片上雕成。为在薄薄的黄金表盘刻画精细逼真的立体感，梅花大师查阅了很多希腊神话书籍绘制草图，经过多次修改才定稿。在处理最薄的部分时，一不留神就会使整个表盘报废。正所谓“工欲善其事，必先利其器”，梅花自制了 18 种不同功用的合金刀具，整个雕刻过程光用废的刻刀就超过 100 支。难能可贵的是刀痕在 100 倍显微镜下清晰可见。这款腕表第一次亮相在2008年巴塞尔钟表展会上，售价高达190万人民币。

八、计时器主宰工厂自动化和家用电器

（一）工厂自动化和社会时间控制广泛使用计时器

随着现代化工业自动化程度的提高，各种各样的时间控制无所不在。由于数字集成电路的发展和石英晶体振荡器的广泛应用，诸如定时自动报警、按时自动打铃、时间程序自动控制、定时广播、自动起闭路灯、定时开关烘箱、通断动力设备甚至各种定时电气的自动启用等，所有这些都是以钟表数字化为基础的。带定时和计数功能的装置在工厂、车站、码头、办公室等公共场所为人提供方便。

各种计时器在生产工厂自动化生产线使用可节省大量人力，真实掌握有关元器件可靠性、整机无故障时间等指标，以便及时改进设计，更新工艺，推出精品，树立名牌和形象。另一方面，时钟机构与反馈自动化是现代工业社会的基础，从某种意义上讲，时钟播下了自动化的种子，推动了大多数自动化工艺进程。

（二）计时器主宰各种家用电器

像汽车上有里程表一样，家用电器一般都有计时器，它们可真实记录消费者的使用时间，可实时维护合法权益。洗衣机是使用计时器的一个例子，它的定时器控制洗衣操作的各个阶段，可以“命令”洗衣箱放水2分钟、清洗8分钟，再放水和漂清，然后甩干操作4分钟。

（三）智能家电中计时器当家

随着科学技术的不断发展，各种电器已广泛进入人们的日常生

活，种类越来越多，功能越来越全，家用电器计时器成了不可缺少的核心及指挥部件。智能家电中计时器一般是以单片机为核心实现智能电子计时。利用单片机主控芯片，可实现时间显示、定时中断以及记录比分等功能，具有简单易操作、时间可以任意设定等优点，适合人们对智能小家电的需求。比如，上班前定好电饭煲煮饭时间，下班饭熟了可及时吃饭。家长不在家，孩子贪玩，无节制看电视、打游戏机等，使用定时开关机功能和密码锁定功能，就能较好地督促孩子，减轻家长的后顾之忧。

九、“北京时间”及其预报

人们常在收音机里听到播音员报时：“刚才最后一响，是北京时间×点整。”这个“北京时间”是从哪里来，如何报出的呢?

“北京时间”是把首都北京的东8时区（东经120度）的时间作为标准时间。解放前，由于幅员辽阔，旧中国采用了5个时间标准——中原、陇蜀、新疆、长白和昆仑时区，给全国一盘棋的经济发展和人民生活带来极大不便。解放后，经全国人大批准，把“北京时间”作为全国统一的标准时间。

“北京时间”由位于陕西中部的“国家授时中心”发出。这是一个占地30亩的中国时间城，周围一道4米高的红砖墙把它围起来，由解放军守时兵昼夜守卫。时间城内有提供时间的原子钟房，1970年12月开始向全国播发北京时间。

联合国规定1958年1月1日世界时0分0秒作为原子时起点。以后各国都建立原子钟提供标准时间，即“授时”。从电视机或收音机里看到或听到的“北京时间”，与时间城内的原子钟所提供的时间同步。

利用电视或广播传送北京时间有两种办法。一是“有源传送”，即在演播室放一个原子钟，与授时中心同步，直接把原子时信号发送出去；另一种是“无源传送”，即演播室不放原子钟，在不干扰正常节目播出的情况下，利用电视或收音机频道脉冲做对比时间参考标准，应时发送时间。二者提供的时间与时间城内的原子钟都是同步的，30 万年内误差不到 1 秒。中央电视台传送时间利用前一种方法，中央人民广播电台利用后一种方法。

（一）中央电视台报时器变迁

1983 年 3 月，中央电视台首次开始显示逢半点报时器，到 1985 年出现台标悬挂时，仍是整半点报时出现。1987 年后，报时器在原来只有整点和半点显示的基础上，增加了在广告时段及节目开始时全程显示报时器，节目开始时撤下报时器。最开始左上角报时器字体为直线，后改为圆体。

1992 年 2 月，央视使用蝴蝶台标后改回使用方形，再后恢复使用圆体。1992 年 7 月 25 日，央视在正式全天候悬挂蝴蝶标开始的同时，取消了广告时段全程显示报时器，仅是整点和半点出现，后恢复。

1995 年 7 月 23 日，CCTV-4 彻底取消逢半点报时器。但这时报时器除了 1、2 套仍是广告时段和节目开始时全程显示外，开播的 3、5、6、7、8 套 5 个加播频道的不同报时器均逢半点出现。

2013 年 6 月，随着央视各公共频道信号迁入新址开始，碟形报时器字体略显变化。

从 2015 年开始，每年除夕《春节联欢晚会》直播期间，全程取消逢半点报时，为吸引观众全心投入春节气氛，以及避免零点新年钟响和电视报时器不吻合。

（二）中央人民广播电台报时钟

每天早晨 7 点，当中央人民广播电台发出五短一长的报时信号时，人们往往习惯性地伸出手腕，对一对自已的手表，看是否与北京时间相符。这台调节全国人民生活节奏的报时钟，是黑龙江尚志电子仪器三厂生产的。自从 1978 年 7 月第一台石英钟在中央人民广播电台正式投入报时以来，这个厂每年都有新品种问世。

电台报时一般滞后，如果拨打 12117 校对时间，可能迟 2 分钟。电台的半点或整点报时，跟电视机画面上显示的时间对比也滞后，这是电波传输处理过程中的滞后。

（三）“子母钟”使全国电视台同步报时

电视台具有自动报时功能，每当正点或半点，电视屏幕上部会出现醒目的时标。但是由于技术问题，不同频道上的时间数字常常不尽一致。成都某研究所研制的“子母钟”使用发光二极管显示与电脑字幕机锁定的电视逆程台标准钟，能将中央电视台通过卫星和微波向全国各地传送的 BCD 时钟码从视频图像信号中提取出来，变为数字时钟即母钟，然后显示在其他电视屏幕上，成为子钟。这样，中央电视台电视节目中显现的时标不需人工设置，就能同时出现在全国所有的电视节目中。

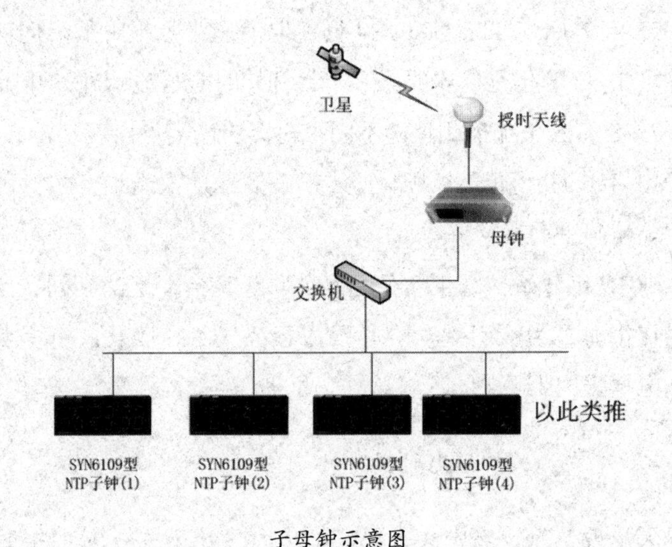

子母钟示意图

（四）延安曾用日晷报标准时

英国友人林迈可 1937 年来到中国，受聘为北平燕京大学经济学导师。1941 年 12 月，林迈可辗转来到晋察冀边区。1944 年 4 月，他又到延安任八路军通信部门技术顾问。林迈可发现延安没有统一的标准时间，有些单位使用华东标准时间，有的使用华中标准时间，延安地方政府则是按照当地习俗在院子里安个日晷，以太阳移动判定时间。不同标准时间给各部门之间的工作造成混乱，特别是给延安总部和其他抗日根据地之间的联系带来不便。延安的《解放日报》曾发表公告，规定延安的标准时间的采用标准一律以日晷为准。这样虽然统一了延安的标准时间，但通信部门和其他地区电台（站）的标准时间差却反而加大了。为此，林迈可写信给毛泽东，陈述使用日晷带来的种种不便，希望延安能采用社会普遍实行的“标准时区”。毛主席接到信后，立即让秘书给延安各机构打电话，询问使用什么样的标准时间最合适。不久，《解放日报》登出一条新通知，规定延安地区一律使用其所处时区标准时间，即华中标准时间。毛泽东还亲笔复信林迈可表示感谢。

十、英国大本钟和格林尼治时间

（一）英国大本钟故事多

英国国会会议厅附属钟楼的大报时钟，旧称“大本钟”，即威斯敏斯特宫钟塔，世界上著名的哥特式建筑之一，伦敦的标志性建筑。2012 年 6 月，英国把“大本钟”钟楼改名为“伊丽莎白塔”。

伊丽莎白塔于 1858 年 4 月 10 日建成，塔上的钟是英国最大的钟。塔高 97. 5 米，钟直径 7 米，分针长 4. 27 米，重 13. 5 吨，用人

大本钟

工发条，每 15 分钟敲响威斯敏斯特钟。自从兴建地铁线之后，伊丽莎白塔受到影响，测量显示朝西北方向倾斜约半米。国会开会期间，钟面会发出光芒，每隔一小时报时一次。每年的夏季与冬季时间转换时会把钟停止，进行零件的修补、交换、调音等。

（二）连续报时 150 年后，大本钟将“沉默”4 年引发思考

从 2017 年 8 月下旬开始，大本钟进入将延续 4 年的“静音修复模式”。其间钟摆锤被卸下，每个齿轮及 4 个庞大的表盘彻底检修。钟楼内部还将安装电梯等现代化装置，楼体的锈蚀部分也将接受“手术”。此后近 3 个月，英国人一直没有听到大本钟的报时声。2017 年 11 月 10 日早上 9 点，钟准时敲响，为停战纪念日做调试。

自 1859 年 5 月第一次钟声响起，大本钟就是英国人的骄傲，甚至是一种精神象征。尤其是在二战期间，伦敦遭受了 1000 多次空袭，“大本钟依然淡定沉着，传送着悠远的钟声”。《泰晤士报》这样评价其对于英国人的意义——大本钟在英国文化中拥有重要地位，它笃定的声音，每天由英国广播公司的电波传到世界各地，为英国人指明家之所在、心之所安，尤其是在动乱和战争年代，更是无可替代的向心力。

这样一个“国家心跳”般的存在，曾在前首相丘吉尔和撒切尔

夫人葬礼期间暂停报时，也曾于 1983 年和 2007 年因维修而两度长时间静音，但从未沉寂达 4 年之久。自从检修的消息传出，大量英国民众对听不到“伦敦之音”感到失落和恋恋不舍。一名英国小学生甚至写信给英国广播公司，要求在这段时间让自己代替大本钟来报时。因为“脱欧”而被撕裂的英国社会，在“不愿让大本钟长时间沉默”这件事上达到了空前的一致。令英国民众失望的是，大本钟此时停摆被舆论更多地与停滞的“脱欧”进程联系在一起。

（三）历史上，大本钟有三次被主动调成静音模式

第一次是在一战期间的 1916 年，为避免德国飞艇攻击钟塔而全面停止，晚上的时候也不再点亮时钟盘面。第二次是在二战期间的 1939 年 9 月 1 日，同样为了避免引发突袭，时钟盘面随着黑夜的到来陷入沉睡。第三次是在 1965 年 1 月 30 日，在丘吉尔的葬礼期间钟声停止，以纪念这位百年大英帝国文化历史的守护者。

（四）大本钟也出过几次故障

1962 年，由于雪片堆积，新年钟声足足晚了 10 分钟才敲响。1976 年，由于一个小零件出毛病，大本钟也一度停摆。1997 年 8 月 30 日，它也意外地停走。2005 年 5 月 27 日晚，因为技术人员也不了解的原因，突然停走了一个半小时。2010 年，因为大本钟楼向泰晤士河方向下沉，引发人们担忧，又因为维修经费不足，还想把维修工程以 5 亿英镑的价格卖给俄罗斯或中国开发商。2015 年，大本钟又一不小心在两周里走快了 6 秒，大本钟守护者杰格斯带领团队爬上 344 阶的旋转楼梯，通过在摆锤上增减旧时的便士硬币调整钟摆的重量，确保大本钟精准，最后使误差缩短到不到 1 秒。

（五）格林尼治标准时间推广史

国际标准时间——格林尼治时间从著名的大钟上发出。这只钟

不仅告诉人们时间，还向人们证明我们的地球日复一日地平稳转动着。16 世纪 90 年代，钟表是西方工人们须臾不可离开的东西。19 世纪上半叶，用钟表节省时间成了节省劳动力的重要组成部分。1901 年，《工厂与车间法》描述：检查人员通过书面方式指定公共时钟规定该工厂、车间的工作时间和允许进餐时间。19 世纪时钟已经能够精确计时，但是完全有可能“不准”。自 19 世纪 30 年代以来，天文台一直在积极推广格林尼治标准时间。1833 年，皇家天文学家约翰 · 庞德在格林尼治天文台安装了一台计时器，从那以后，时间球每天下午 1 点就开始下落。

1848 年，格林尼治标准时间成了铁路的法定标准时间，1880 年成为英国的法定标准时间。

（六）格林尼治时间钟退休

格林尼治时间钟是简单直观的：表盘报时刻度只有 12 点一条黑线，下方是世界地图。钟转动轴上有多个颜色的指针及一一对应的小圆磁贴，将对应的磁贴贴在某地的位置上，就可知道那里的时间。

1979 年 12 月，日内瓦举行的世界无线电行政大会通过决议，确定用世界协调时间取代格林尼治时间，因为格林尼治时间是以地球自转为基础，地球自旋轴每年有一定波动，使时间每年有近一秒误差。世界协调时间根据地球相对于转轴的波动、旋转速率以及极移效应对太阳时进行不断校正，可把格林尼治时间一秒钟误差调整过来。国际时间局每年进行两次调整，并通过电台向世界各地发射标准信号。

格林尼治钟已有 270 多年了，已退休并被送往“出生地”伦敦东部天文台，保存在八角楼，作为文物供人观赏。这只钟是素有“英国钟表之父”之称的托马斯 · 汤恩制造的，正是这只钟，证明了地球按一定的速度运转，从而使人们有了确切的时间记录。1719 年，该钟被卖入私人之手，后来成为格林尼治标准钟。

十一、白宫修表人与瑞士报时守夜人

（一）白宫修表人

约翰·马夫勒是白宫的修钟人和上钟人，他见过哈里·杜鲁门换灯泡，受到过林登·约翰逊的斥责，半个世纪中，他使白宫的钟不停转动。白宫有几十座古钟在盒子里准时走着，既供人参观又告诉总统时间。他在白宫工作了51年，是服务时间最长的雇员，明证是他的白宫徽章上有一颗钻石。马夫勒已经74岁，他的工作是使85座钟正常运转，给它们上油，用固定在铜圈上的钥匙给它们上发条。这个圈上的钥匙可以给12座柜式大钟、16座壁炉座钟和班卓琴钟上发条。这些钟，有的是美国最有名的钟表制造者造的。

（二）瑞士守夜人报时700年

瑞士洛桑大教堂是世界上唯一保留守夜传统的教堂，除了敲钟，还通报火警和军情。在一家位于洛桑奥林匹克之都的餐厅就餐，可以一览洛桑城全景，还可听到全世界唯一的人工报时。每天晚上10时到凌晨2时的每个整点，餐厅旁洛桑大教堂钟楼上，准时响起守夜人洪亮的报时声。

中世纪由于计时和治安需要，欧洲城市在教堂设置守夜人职位。守夜人除负责每整点报时外，还要从高处巡视整座城市，一旦有火警或者军情发生，必须及时通知当地居民加以防范。洛桑在历史上一度遭受东南方强大的萨伏瓦公爵军队的窥视，为了防止敌人入侵，洛桑大主教在洛桑城的四周构建了一个守夜人网络，最重要的就是位于城市最高点洛桑大教堂上的守夜人，只要发现周边有情况，他马上敲响教堂的钟，唤醒居民起来自卫。虽然现在都有计时工具，警察和消防单位使守夜人失去了实际价值，但作为一项特色职业，这里守夜报时的传统一直保留了700多年。

(三）一周五晚独自爬153级台阶

岁月如梭，洛桑大教堂已经换了无数守夜人，目前的守夜人菲利普·贝克林40多岁，出生于洛桑附近的瓦莱州，在锡永和洛桑的美术学校受过多年的专业美术训练，如今已经是瑞士法语区首屈一指的漫画家。每天白天，他接受杂志社的约稿，绘制所需的图片；而一到夜幕降临，他就摇身一变，成为洛桑之夜的守护神。

从1992年5月开始，菲利普·贝克林接受了这项工作，一周有五天晚上要告别妻子和两个孩子，独自爬153级台阶，登上洛桑大教堂建于13世纪的守夜人宿舍，然后从晚上10时到凌晨2时，每个整点都要在钟楼上走一圈，在各个方位大声报时一遍，“守夜人现在敲了10点钟”……这项工作虽然简单，但长期坚持却非易事，他为此从当地市政府处得到2500瑞士法郎的报酬。

(四）敲钟之余，还得负责接待参观的群众

虽然高高在上，但是贝克林却从未拒人于钟楼之外。只要有人给他打电话，希望他能够下来开趟门，他总是很乐意，总是陪他们一起登上钟楼，甚至还一起担当守夜人的职责。若赶上他在钟楼上接待朋友，到整点的时候，几个人会一起绕着钟楼大喊钟点。他洪亮的报时声已经成为当地的特色之一，不仅周围的餐厅靠他来打广告吸引顾客，而且据说许多人如果听不到他的报时声，还真的睡不着呢。

十二、日内瓦大花钟

(一）日内瓦重要地标大花钟

瑞士号称“花园之国”，同时又是“钟表之乡”，而更奇妙的是

瑞士的能工巧匠绝妙地将花卉之美同钟表制造工艺完美结合起来，别出心裁地创造出了“花钟”，既能供人欣赏，又有时钟功能。它的机械结构设置在地下，地面上的钟面由鲜嫩芳草覆盖，代表12小时的阿拉伯数字是火红的花簇，随着季节变化而改变色彩。钟的时针与分针和普通钟表一样，无论是在阳光下还是在风雨里，一直不停地自行准确移动。

日内瓦地标大花钟

大花钟位于日内瓦莱蒙湖畔花园内，是日内瓦著名钟表工业的象征。花钟由8个同心圆组成，颜色随季节和植物种类而有所不同。钟表周长为15.7米，直径为5米，它的秒针长达2.5米，各秒点距离为27厘米，是世界上拥有最长秒针的植物钟。

（二）各地大花坛钟

日本宫崎县公园安装的世界最大的花坛钟直径28米，制作费43万美元，已经申请世界最大的花坛钟吉尼斯纪录。

巴西米纳斯吉拉花坛钟在卡杉布市中心公园，游人至此，总爱驻足凝视，欣赏这儿的奇花异卉并对一下自己的手表的时间。花坛钟成了独具特色的园中一景。花坛钟用四季花草栽植成，面积约25平方米，外圈由开黄花和白花的灌木排列修剪而成，盘面是绿草坪，中间镶嵌着时针、分针和秒针，钟上的数字由精心排列的红花灌木组成。花坛钟所在的中心草坪下有一水泥洞，机芯就装在洞中，工人可搬动花草维修机械，使它走时准确。

贵阳大花钟。贵阳市中心建成一个现代化大型绿化广场，占地4万平方米，花费3.7亿元。广场上建了由8000盆鲜花簇拥的花钟，直径为20米，整点时可通过广场音响做音乐报时。

十三、钟表顺时针与比赛逆时针跑

（一）钟表顺时针与逆时针

钟表产生以前，古人测量时间用的是沙漏和水钟，再早是用最原始的“立竿见影”即日晷。立竿测日的方法当时主要是居住在北半球的人们使用，北半球太阳一年中均在南方，形成了围绕立竿点向右旋转的特点。因此，后来制造钟表时就沿用长期以来人们早已习惯的右旋方向，把机械表指针的旋转方向定为右旋方式，即今天的顺时针方向。

（二）国会大厦时钟逆时针转动

如果在南半球，日晷时针则是逆时针方向运动，南半球人类居住历史较晚，逆时针方向的钟表也就没有产生。处在南半球的玻利维亚在外交部长乔克万卡的提议下，将该国会大厦上的时钟改为逆时针转动，并且将表盘上的罗马数字替换成了阿拉伯数字，以此来强调玻利维亚作为一个南半球国家的存在与身份。

（三）逆时针跑步

早期的田径比赛，短跑项目都是按着顺时针方向跑的。1912年，国际田联成立之际，突然把原来的顺时针赛跑方向统一定为以左为内侧，即左转弯，并列入国际田联规则，此后在田径比赛中，凡200米以上的项目，运动员都是向左转弯即按逆时针方向跑。其原因大概有以下几种说法：

心脏说：心脏位于身体左侧，重心容易偏左。人做跳跃等动作时，起跳脚多是左脚，因为重心偏向左脚，所以向左转弯较容易一些。

左腿强于右腿说：还在用长矛盾牌的时候，人们发现身体左边受伤的概率大过右边（心脏在左），所以人们左手拿盾牌，右手用长矛，长期下去就导致右手要强于左手。但是人要对称，进而导致左腿强于右腿。所以人们走路的时候，左腿踏地移动的距离会比右腿略长，身体会略微地向左倾斜，这样就形成了逆时针方向。

右脚强于左脚说：人的左脚支持重心，右脚掌握方向和速度。因为重心偏于左脚，所以右脚蹬地面来增加速度。一般来说，右手和右脚比左手和左脚的力气大些，因而足球运动员多用右脚踢球，在跑道上跑步时力气大的右脚在外面。实验发现，把一个人的眼睛蒙上后让他走直线，有八九成的人会走成左弯的弧线，这也是右脚力量大的缘故。

科里奥利力说：地球在自转过程中，由于惯性会引起一种所谓科里奥利力。在北半球，这个偏向力是向右的，它会使得水在向下流时形成逆时针方向的旋涡。因为大多数比赛在北半球举行，如果不顺应地球自转偏向力的话，人体易受离心力与地球自转偏向力影响。

右撇子说：沿逆时针方向跑有利于大多数右撇子。右脚在前，向内侧身时，人感觉更舒服、力气更大，比顺时针方向更容易保持平衡。

其实，逆时针方向只是显得更自然，跑步者跑步的时候，可以让更多的人观看到——人们观看的习惯大都是从左向右，尤其是那些负责赛道、赛场管理、计时和记录比赛的人。

第五章　钟表与人生

一、修表工匠的人生

（一）故宫钟表师王津成了“男神”

2016年12月，纪录片《我在故宫修文物》点击播放量达数百万次。近5万条评论“弹幕”中可以看出，故宫钟表修复室的王津备受年轻粉丝的追崇。这位气度儒雅、在故宫工作了近40年的宫廷钟表修复师，如今在网络上被亲切地称为“故宫男神”“故宫郑少秋”。王津不怎么上网，他的徒弟亓昊楠有时把网上的评论转述给他，说他的粉丝很多，他是“男神”。

2016年王津55岁，他16岁“进宫”，已从业40载，已经成了故宫钟表修理的“大国工匠”。他认为“大国工匠”的精神，就是一个行当的从业者对自己的工作更细致的追求，一种精益求精、力求完美的精神。

1977年12月中旬，在故宫文物修复厂老厂长的带领下，他第一次在冷清的“大北宫”看到许多等待修复的钟表。王津后来的师父马玉良给他看了几个修完的钟表，在桌子上又能动又能响，王津觉得非常神奇。就这样，他到了钟表室上班，从此在这座不大的院落里不大的房间内，开始了40年的钟表修复生涯。

钟表似迷宫，一座能修一年多。第一年不让沾文物，从练手感和认识工具开始，一年以后才开始修复最简单的宫廷钟表。1981 年，学徒 4 年的王津上手修复第一件比较重要的文物——清代三角木楼钟。钟高 80 厘米，一个机芯带着三面表盘走针，非常少见。修复之前，钟表外形快散架了，机芯停了。经过重新拆散、清理、安装后，这座钟开始在故宫钟表馆对外展陈。

有一件“变魔术人钟”，瑞士制造，神奇之处是钟内有一个变戏法的老人，手中拿着豆子、小球。运转时，钟顶小鸟不断张嘴、转身、摆动翅膀，身下圆球随之转动，三个圆盘同时不断变色转动。这座钟有 1000 多个零件，组装成了 7 套系统、5 套机械联动，底盘的齿轮多得就像一个迷宫，是世界上最复杂的西洋钟表之一。机芯开门坏了，链条断了……在徒弟亓昊楠的辅助下，花了一年多的时间才把这座钟修好。

如果钟表的齿轮断齿了，修复时必须手工再锉出一个尺寸正好的齿牙，再严丝合缝地铆上焊紧。如果做一个新齿轮，就不算文物了。齿轮的自然磨损也是现代工艺没法模仿的，必须用肉眼比对、修正，设法使咬合良好。

故宫展厅的钟表都是王师傅和徒弟修的，游人草草从橱柜前走过，也许他们只是来故宫走一圈，再也不会回来看。他们不知道，这些钟表加起来，就是这位王师傅的一生。

故宫如今珍藏着西洋钟表 1500 座左右，其中他上手修复过的有 300 来座，1000 多座被几代修复师修复过，还有 300 至 500 座在库房没有动过。余下这些没有被修复过的旧钟表破损程度更大，修复工期会越来越长，他的徒弟亓昊楠一代也修不完。随着钟表收藏越来越多、展览越来越密集，保养修复会成为工作重点，需要新鲜血液的注入。

如今钟表修复室里只有他和徒弟小亓两人。《我在故宫修文物》火了以后，已有一万多人报考故宫博物院的岗位。故宫是全世界钟表收藏最多、最精彩的地方，这一行干得越久越喜欢，干得越久越不可能离开。王师傅感叹一生太快，不够他把故宫的钟修完。为了让钟表传播文化，他们乐在其中。王津快到了退休的年纪，他说如果身体允许，如果故宫需要，会继续留下来贡献力量。王津对未来的传承有信心。

（二）路边修表匠日益减少

喧闹的街市，在小小一寸方桌上，修表师傅往往埋头修表，不受外界影响，独立而认真。成为一名修表师傅十分不易。在当学徒期间，很多人从跑腿打杂开始，各个环节都要学扎实才能试着去拆表。一点一滴积累，方能掌握修表的精髓。

低调内敛，沉下心钉、补、锡、焊。修表要屏气静心，以极大的耐心，用最微小准确的动作操作，不能有丝毫闪失。在没有车床、量具、工具的情况下，只凭人眼人手，居然能钻头发粗细的孔，能锉制极小的轮齿，能修整微细的游丝。所以，修表师更多的时候是安静地坐在操作台前，手里拿着手表，小心地将一个个零件拆下，清洗检测，逐一排查问题。这枯燥又寂寞的钟表维修日复一日，他们坚守着内心的初衷，排除外界带来的干扰，屏着呼吸静着心，一次一次地修复每一只钟表。

山西盂县一个钟表店偏僻的一角，一位修表师傅正在专心地摆弄着手表，独有的安静和沉着显示着他的与众不同。他姓韩，44岁，和钟表打交道已26年。他是20世纪80年代进入修表行业的，那年他18岁。那时的手表多是机械表，每天都要上发条，修表一般是上润滑油或换个小齿轮等，因而修表行业是“香饽饽”。

20世纪90年代末，价格便宜的电子表开始出现，后来又出现了手机，戴手表的人越来越少。如今，手表被冷落在抽屉的角落里，而修表这一民间手艺也日渐式微，淡出了人们的视野。现在，平均每天来修表咨询的人也就三五个，少的时候一天一单生意都没有。

收入要养活一家 4 口人，实在是捉襟见肘。

接活时需要认真倾听顾客的叙述，从而初步判断故障所在。接下来是用开表器谨慎开表。打开表盖，将表芯从表壳中轻轻取出，将元件轻轻放入盛有航空煤油的器皿中清洗，左手用镊子夹好元件，右手用毛刷认真洗刷上面的细小污垢。之后将清洗好的元件用麂皮揩干净。

钟表属于精细玩意儿，主要是动力部分和计时部分，有污垢或油腻是常见的故障。还有的是零件坏了，需要换零件。有的零件早不生产了，就得修，这才是修表师傅的真本事。如果是电子表，机械部分可以修；如果因为进水或什么的导致集成电路损坏，那就得换了。问题处理了，接下来就是组装，要求一丝不苟、一一归位，以确保走时精确。最后把时间校对在当下时刻，一来是对顾客的尊重，二来也是为检验走时准确与否建立的一个基准点。

洛阳涧西一家“金贵钟表修理部”，58 岁的修表匠白金贵安坐其中，日复一日地于毫厘之间坚守匠心。不足 10 平方米的小店，里面却有大大小小上千只钟表，有动物造型的闹钟，有与人齐高的座钟，有复合收音机功能的台钟，也有复合室温计功能的挂钟，琳琅满目，如同一个钟表博物馆。他匠心坚守 38 年，为钟表内部“洗洗澡、上上油”，如同爱护自己的孩子。“修表，不怕眼花，就怕手颤。”如今上了年纪的白金贵已有些老花眼，双手不如年轻时灵活了。白师傅感叹，年轻时曾收过几个学徒，后来由于行业不景气纷纷改行。白

修表匠白金贵的工作室

金贵希望能有人像他一样珍视这门技艺，并将其传承下去。

（三）铁路修表工工种逐渐消失

近些年，伴随科技元素的发展，一些原始、古老的工种逐渐消失。铁路上有一个比较少见的工种，就是修表工。以前的火车司机、调车员、运转车长都配有怀表，后来都用手机掌握时间，在2000年之后，修表工这一工种也被取消。

二、钟表定方向

（一）数学家罗杰的滑尺日历和月钟

罗杰·彭罗斯是牛津大学数学家，小时候非常喜欢组装玩具。他认为没必要纠缠父母买玩具，自己做的玩具比买的玩具对自己影响更大。他做过立体书籍和圆形、直形滑尺。大约10岁的时候，他还做了一个滑尺日历，能够查到约50年的日期，这是他首批自制玩具中的一个。稍大一点，他还做了一个“月钟”，虽然多次失败，但这没有什么，他毕竟动手做过，这是最重要的。

（二）让孩子们玩拆闹钟

有些家长认为，如果孩子能将一个玩具玩上好几年而丝毫无损，那他就是好孩子。而那些用尽各种手段“折腾”玩具的孩子则通常是与家长的责骂连在一起的。这是个误区，许多孩子的好奇心和动手冲动往往就是这样被扼杀的，很多书呆子也是这样被制造出来的。上海一老师几十年来一直坚持这样的观点：只有会思考、能动手的孩子才是好孩子，会拆闹钟的孩子是好孩子。在国外，有一种“汽车间工艺”从小就鼓励孩子观察、思考乃至动手实践。当家长在自家的车库里修理汽车或别的一些设备时，不仅不反对孩子在旁观看，反而不厌其烦地进行讲解、示范。经过这种熏陶和实践，孩子对机械原理、结构、工艺有了初步的了解，动手能力也会得到极大的提升。

（三）画手表测阿尔茨海默病

如何及时发现家里老人有阿尔茨海默病的倾向？河南省中医学院第一附属医院王新志教授教大家一个有趣的方法：画个手表，测一下看看有没有阿尔茨海默病。具体步骤如下：

1. 画出闭锁的圆（表盘），1分；
2. 将数字安置在表盘上的正确位置，1分；
3. 按顺序将表盘上12个数字填写正确，1分；
4. 将时分指针安置在正确位置，分针是否比时针长，1分。

画钟测试阿尔茨海默病的准确率达80%~90%。画钟试验得4分为正常，3分为基本正常或轻度，2分多为中度，2分以下则已经到了重度。

阿尔茨海默病早期会出现脑皮质的细胞数量减少，神经元部分丧失，记忆力轻度减退，多伴有空间结构功能和执行功能的减退。通过简单地画一个钟，就可检测老人的视觉记忆图形的重建能力、动作的计划性和执行功能、抗干扰能力等。

（四）手表帮你辨方向

如果你到了一个陌生的地方，或者在一个孤立无援的荒野丛林里，在没有地图、指北针、电话等仪器设备时，利用手表对太阳判定方向无疑会让你成功走出困境。方法是：手表水平放置，将时针指

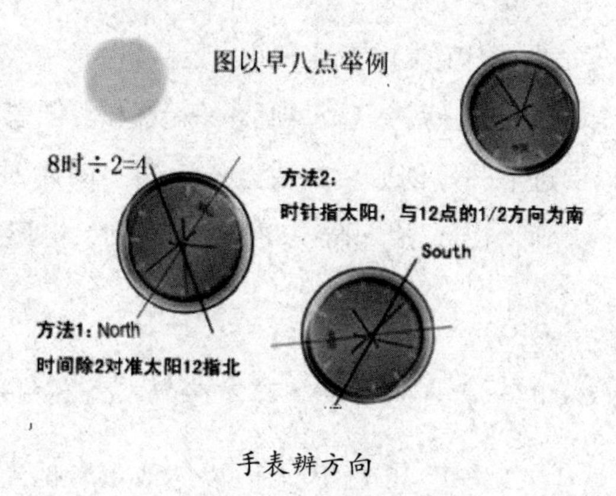

手表辨方向

示的（24 小时制）时间数减半后的位置朝向太阳，表盘上 12 点时刻度所指示的方向就是概略北方。假如现在时间是 16 时，则手表 8 时的刻度指向太阳，12 时刻度所指的就是北方。

三、钟企做公益，盲表闪金光

（一）劳力士“雄才伟略大奖”

劳力士“雄才伟略大奖”设立于 1976 年，奖金 5 万美元。青年雄才计划是该奖项的延伸。首届大奖旨在纪念世界上第一只防水腕表——蚝式腕表问世 50 周年，同时也为了鼓励个人勇于接受重大挑战，造福人类和环境。自 1976 年以来，已有 110 个劳力士“雄才伟略大奖”奖项授予来自 40 个国家的获得者，遍布 60 多个国家的科研项目。2009 年 1 月 15 日，劳力士宣布了一项旨在资助世界各地青年才俊及其突破性研究项目的计划，该计划是劳力士全球慈善项目的重要拓展。2010 年初，该公司公布劳力士“雄才伟略大奖”——青年雄才计划的首批 5 位获奖者，该奖项授予那些在解决未来科学和医疗、应用技术、勘探、环境和文化保护方面具有创新思维的 18 ~30 岁男女青年才俊。每位获奖者获得 5 万美金奖励，以资助他们能够继续开展创新项目。同时他们将加入劳力士专家和创新者网络，贡献他们宝贵的专业知识。

劳力士另一慈善项目——劳力士创艺推荐资助计划，兑现不断促进下一代创造卓越成就的承诺。该计划会集艺术界新人和公认的大师，在音乐、舞蹈、文学、戏剧、电影和视觉艺术方面进行一对一合作。

（二）瑞表集团荣膺第九届“人民企业社会责任奖”

2014 年 12 月 19 日，以“改革 · 担当 · 守责”为主题的第九届

“人民企业社会责任奖”颁奖典礼在京举行。典礼揭晓了年度优秀企业奖、最受关注案例奖、年度最佳上市公司奖、年度公益人物奖、特别致敬人物奖等五项大奖。瑞表企业管理（上海）有限公司在本次颁奖中荣获年度最受关注案例奖。

“人民企业社会责任奖”是互联网媒体中最早、最具影响力的关于社会企业责任奖的评选，同时也被视为衡量中国企业履行社会责任的重要标尺。作为钟表行业全球最大制造商和销售集团，瑞表集团于1983年在瑞士创立，2000年5月在上海成立瑞表企业管理（上海）有限公司。在中国近15年时间，瑞表企业管理（上海）有限公司致力于社会公益事业，在科技、教育、民生等领域均有贡献。2014年，旗下品牌宝珀表为中国深海科考船“蛟龙号”提供支持和赞助；欧米茄携手国际奥比斯组织及其眼科飞行医院到济南帮助治疗失明眼疾患者；美度表走进四川甘孜藏族自治州色达县，为塔公小学格日玛教学点提供资助。

（三）万国表携手劳伦斯体育公益基金

万国表值2016年劳伦斯世界体育大奖柏林颁奖典礼之际，发布柏涛菲诺月相自动腕表37“劳伦斯体育公益基金会”特别版。这款腕表限量1500枚，是万国表与劳伦斯体育公益基金会合作推出的第十款特别版腕表。该基金会以“运动消除分歧、传递自信并促进团队合作精神”

万国体育基金月相表

为口号，坚信体育之融合力，推动社会变革，并为弱势儿童及青少年创造更加美好的未来。自2006年以来，万国表每年均会推出特别版腕表，为基金会提供支持。万国表每年还与基金会携手举办儿童和青少年绘画比赛。专家评审团从参赛作品中选择获奖设计，然后将其作品镌刻在腕表表底。

（四）上海秒表厂闪光的盲表

1989年11月21日，上海秒表厂向来自上海市残疾人联合会、上海市民政局、上海市盲人协会等单位的几十位客人特别是盲人代表发布信息：该厂开发成功一批盲表。一双双微微颤抖的手，轻轻打开一块块不同寻常的手表表盖，触摸着表面上的两根银色指针。有人问道："你们知道现在是几点钟吗？""1点15分。"好几个盲人同时回答。

当时我国盲人有700多万，但国内没有成批生产盲表的工厂。"盲人也要掌握时间啊！"上海秒表厂有条件、有责任为盲人生产盲表。生产盲表效益比不上其他钟表，但社会主义企业怎么能只算企业效益，不顾社会需要呢？1988年夏天，厂里决定研制一批男女盲表，作为80年代开发的最后一批新产品，要求在11月下旬拿出第一批盲表。研究所首先对玻璃前盖上的一片小小的簧片展开攻坚。为考核簧片的弹性，副总工程师倪昌杰用手工做疲劳试验，做过三四千次的启闭。人称"刀具大王"的老工人崔炎章，在一个星期内先后拿出8种成型刀赶上了时间进度表。上海秒表厂发扬人道主义精神、为盲人做好事的消息，早已越过秒表厂的围墙。上海市把盲表列入上海各个行业5个100项工业新产品计划。各个钟表企业大力协作，在80年代的最后几天里，他们又迅速制出一批石英电子女式盲表。跨入90年代的第一春，秒表厂已把盲表列入了正式生产计划，投入批量生产。

四、全世界为瑞士手表工匠买单

（一）瑞士手表大工匠耐得住寂寞，有传统和信心

瑞士独特的地理环境决定了国民特有的心理素质和科学技术才华，完成钟表小型化的使命成了瑞士人的传统之一。1000多个零件很多需要手工，比如镜面抛光、夹板倒角抛光、表壳的手工去毛刺、手工雕刻表壳等，更不要说繁复的手工组装和调试了。这些手工意味着超强的耐心和只可意会不可言传的文化。单就这两点，已经把绝大多数人拒之门外。几万块钱的表都是人工制作的，只有瑞士能打造出如此复杂的机械手表。

瑞士制表业总体走上序列化生产之路，为世界各国消费者制作精美手表。瑞士人从钟表社领到活之后，常常是父亲带着儿子干，无形中把手艺代代相传，而且分工越来越细，某些家庭成了某项手艺的专攻者。抛光手艺是女人做的，钟表社确保哪怕你只会一样手艺，也能从产业挣钱养家。后来胆大的瑞士人开始承接更高层面的活计，比如制作机芯部分组件。在日内瓦出现了阁楼工匠，它突破了家庭界限，成为日内瓦最赚钱的几大职业。钟表修饰成就了日内瓦品牌的奢华传统。

（二）制表传统一直在进化

瑞士人的制表传统中有些工序使用手工，是因为机器目前还无法完成。如夹板倒角的手工抛光，是日内瓦印记要求的，主要是为了美化。劳力士恒动机芯由人工调校，它不仅是艺术品，更是非凡的微型创作，同时结合各种形状、造型、颜色及表盘，部分饰面磨光，有些则带圆纹，这种修饰是美学的传承和进化。

（三）大工匠的守时精神

像瑞士手表一样精准守时是一种基本礼仪，这是匠人精神最起码的标准。对于真正的匠人来说，根本不会过多提到守时的观念，因为他们一辈子很可能都不会迟到几次。这就是匠人精神的严苛之处，匠人标准并不是随随便便就能达到的，它代表了最严苛的尺度，要求凡事都要做到极致。

（四）全世界为瑞士手表工匠买单

瑞士以“工匠精神”登上世界钟表业顶峰。手表已然成为瑞士的象征，是瑞士人最值得骄傲和自豪的。钟表不仅为瑞士带来了无尽的商机，也为瑞士带来了无上的荣耀。在世界钟表业数百年的发展进程中，瑞士凭借钟表工匠不甘人后的性格和精益求精的努力，始终将钟表王国的桂冠牢牢地戴在头上。

制表工艺最初几乎全是手工操作，1845 年有了制表机械，可以大批量生产，这个行业才真正成为一个现代工业部门。在其后的一个世纪中，瑞士手表产量迅猛上升，最高年产量曾达 1.04 亿只，占世界总产量的 40%，几乎全部出口。瑞士制表业于 1921 年成立了瑞士制表研究所，在 1962 年成立了电子制表中心，二者都是研究开发机构，均设在纳沙特尔市。在 20 世纪 70 年代中期以前，制表业很多新技术都出现在瑞士，例如最早的液晶数字显示手表、最薄的手表（厚度低于 1 毫米）、装在表带里的体温电池等。

（五）成于钟表工匠的精益求精

瑞士钟表享誉世界的背后，是瑞士历代钟表工匠对每一个细小零部件加工的精益求精，这种“工匠精神”早已根植于瑞士钟表业中。钟表业是前工业革命时期最精密的手工行业，瑞士钟表业的“工匠精神”源自这个民族坚定执着的品质。二战爆发前，全世界

90%的手工钟表都来自自然资源贫瘠的瑞士。瑞士钟表从业者坚持用“工匠精神”精益求精地制造手工机械表。一块数百个零件组成的机械手表那样精细、严谨，每一块顶级手表的零部件都是由钟表工匠们手工精心打磨而成，一些零部件甚至细如毫发、轻如浮尘。在瑞士钟表工匠的心目中，只有一丝不苟、精益求精和对完美的极致追求，仿佛每一件顶级钟表产品都是值得传世的作品。

瑞士钟表匠布克曾经说过：“一个钟表工匠在不满和愤懑中，要想圆满地完成制作钟表的1200道工序，是不可能的；在对抗和憎恨中，要精确地磨锉出一块钟表所需要的254个零件，更是比登天还难。”制表匠的工作烦琐而枯燥，花一整天打磨一个零件也是再平常不过的事情，如果没有一种平和的心态，是不可能完成的。瑞士“工匠精神”中，更为重要的精髓当属开拓创新，“只有更好，没有最好”绝非一句空洞的口号。瑞士之所以成为“钟表王国”，也正是因为历代钟表工匠所秉承的坚定执着的民族品质和开拓创新的“工匠精神”，既创造了无限商机，更打造出享誉全球的民族品牌。

（六）与时间较量的腕表雕刻大师

钟表专家认为，只有通过技艺精湛的巧手进行雕刻工作，才能在毫无声息的雕刻材质中淋漓尽致地抒发雕刻大师的情感，进而使最终成品唤起观赏者的共鸣。每一位工艺大师有其与生俱来的敏锐度和个人特色，他们的双手将每枚腕表幻化为独一无二的巨作。

2011年9月，Marie创作了超过60幅动植物和风景的草图，并将所有草图运用于一枚直径约为34毫米的腕表机芯上描绘了一幅瑞士双湖谷的自然风光，里面包括猞猁、苍鹰、松鸡、黄鹂、狐狸、松鼠、黄鼬等当地常见动物。作品完全由手工雕制，共耗费530个工时，其中包括300小时的雕像制作，230小时的怀表机芯夹板雕刻，美轮美奂。

朗格雕刻部门作坊设于地下，只有6位员工。雕刻大师们徒手

钟表制作中的金雕大师

为每枚朗格腕表内比指甲更细小的摆轮夹板雕刻特别图案，使本已卓尔不凡的腕表变得独一无二。徒手雕刻一块细小的摆轮夹板需要 45～90 分钟，在金或铂金制的表背镌刻图案则需要一星期。朗格主要以凹刻或浮雕方法雕刻，前者以印刻的方式镌刻图案，特别适用于雕刻线条优美的文字；后者则要在金属物料上造型，突出浮雕图案，雕刻的线条及表面能以珐琅上色，视觉上营造更丰富的层次感。

五、伊林科普故事贯穿《几点钟》

伊林，苏联著名的科普作家，他的才能是把奥妙复杂的事物简单明白地讲出来。他运用文艺的形式、散文的笔法、生动有趣的故事、形象具体的描写，引人入胜地讲解科学。《十万个为什么》《黑白》《几点钟》《不夜天》等科普作品深受读者喜爱。

这是一本讲过去人类怎样测量时间和怎样发明钟表的书。它告诉我们时间和人类的生活有怎样重要的关系。一支杖、一本书、一盏灯为什么能够计量时间，钟表有多少式样，以及很大的钟要怎样改进才能成为装饰在指环上的表。同时它还让你明白：钟表不是某一个天才的发明家所发明的，而是广大劳动人民智慧的结晶。过去的钟表匠都没有进过工艺学校，他们对钟表的发明和改进都是在工厂里自己研究出来的。《几点钟》讲的是钟表故事，从最原始的测时计时方法讲到现代的钟表。近年来钟表的发展很快，这本书是 20 世纪20年代写的，关于近年来发展起来的各种钟表，书里当然不可能提到。

六、陪探险家登上珠峰和月球的手表

（一）苏州登月表登上珠峰

1988年6月4日，首次跨越珠峰的中国登山运动员次仁多吉在北京将一块“登月牌”电子石英表交还苏州手表总厂副厂长陆海冠。这块石英手表5月5日伴随他从北坡登上8848米峰巅，又从南坡下山，在低压、低温、缺氧的气候条件下，性能良好，平均日误差仅1.3秒。为赞助横跨珠峰，苏州手表总厂向登山队赠送电子石英表100块。其中3块随运动员上了珠峰，2块由次仁多吉和李致新留在峰顶。

（二）陪探险家成功登上珠峰的劳力士

劳力士蚝式恒动探险家型特别为专业攀山人士而设，其原款蚝式腕表曾伴随埃德蒙·希拉里爵士和丹增诺吉成功登上珠穆朗玛峰之巅。秉承其传统精神与独特设计，探险家型配备游丝及缓震装置，不仅有着精密时计的精准度，且在严酷环境下依然能如常运作。

每一块劳力士的诞生之路都是十分严谨的，在腕表的生产制作过程中，制表师们秉承精益求精的传统态度，严格把控每一个步骤，哪怕有一丝的不合格，也会马上弃之不用。也正是由于这种对于完美的执着，使得劳力士这个品牌受到了无数人的追捧和信赖。登山手表延续了首款探险家型的设计风格，中央指针采用了橘色的设计元素，银白色的表壳十分亮眼，表径由一代的40毫米加大到现在的42毫米，使得表面更加大气，凸显了探险家系列硬朗的特点；并具有GMT两地时功能，方便冒险家们观察不同地方的时间。尤其一眼就扎进人心中的橙色 24 小时指针，和表盘上同样颜色的 EXPLORER II 互相呼应，给人一种别致的美感。指针和刻度采用了夜光显示的设计，即使在暗处时间也会清晰可读，整体的风格十分大气硬朗。表壳采用 316L 不锈钢，具有强大的耐腐蚀性，兼顾了内在美和外在美。表冠采用的是旋入式双扣锁防水表冠，上面印有劳力士经典的 logo，其防水深度可达 100 米，让探险不只去深山，也可下水。该表采用了劳力士独家研发的 Paraflex 避震器和 Parachrom 游丝，大大地提高了腕表的抗震力。

（三）登上月球的欧米茄超霸表

“这个帅哥是谁?”尤金·塞尔南上尉登上讲台，“不明就里”地看着幻灯片上自己 40 年前身着登月服的照片向主持人问道，引来台下一片笑声。随后这个幽默的老人——前海军飞行员上尉、双子星 9 号驾驶员、阿波罗 10 号登月舱驾驶员和阿波罗 17 号指令长，迄今为止在月球上留下足迹的最后一人，应邀在欧米茄北京金宝汇购物中心荣耀呈现的“登月壮举超霸传奇”主题表展上，向人们分享了很多有关月球、欧米茄与荣耀的传奇故事：“第一次登上火箭时，我感觉它是那么高，当我最终登上顶端太空舱，感觉似乎离月球只有一半距离了。”他继续以幽默的话语引领我们揭开月球的神秘面纱。他还坦言曾在月球一块大石上刻下女儿 Tracy 的名字，希望它能一直保留在那里，就像女儿的名字永远记在他心里一样。当有人问到欧米茄超霸表在月球上的功用时，上尉提到了超霸月球表最传奇的经历——在阿波罗 13 号任务中的“救命”之举。当时在通信瘫痪及漆黑环境下，欧米茄超霸月球表协助宇航员准确计算火箭发动时间，使宇宙飞船安全重返地球。他认为欧米茄超霸表绝对是他在月球上最依赖的东西之一，就像“小时候睡觉时抱着的小熊布偶”。尤金·塞尔南上尉还向大家解释说：“我当时在月球上佩戴的欧米茄超霸表已经收藏在欧米茄博物馆中，我曾看到它上弦后依旧行动自如，比我还灵活！从月球上回来后，我身上都换过好几个零件了，它却依旧完好如初。”此后的39年里，他一直被称为是“最后一名在月球上漫步的人”。在被问及对这一称号的感受时，他笑着说：“这个称号已伴随我相当长的时间。我坚信年轻人当中，将会出现能重返月球的人。”

七、七旬翁发明“天下大本钟”

一个时钟能显示全球时间，在一个平面上就能同时读出世界各地的时间。“天下大本钟”的发明者是位七旬老翁涂荣安，老人原是扬州人，现居住在重庆北碚区。

涂荣安钻研发明“天下大本钟”基于他的兴趣与爱好。他想把以前在学校学的知识以及工作多年积累的经验，通过发明创造回报社会。他年轻时觉得一块钟表只能看当地时间，根据时区换算不同国家的时间很费力。他想不靠复杂运算，光靠一个时钟就能知道世界各地时间。他是北碚一家企业的退休工程师，年轻时的夙愿到退休后才开始逐步实现。他退休后花了近20年时间钻研、创新和完善了“天下大本钟”。

天下大本钟直径约60厘米，圆形，有内外两个时盘。外时盘显示的是北京时间。天下大本钟之所以神奇和实用，主要通过内时盘体现出来，它可以查看世界各地的时间。内时盘相当于一个平面的小地球，按照地球自转的规律，逆时针刻出24个小时。当外时盘的时针和分针转动时，就会带动内时盘转动。在内时盘和外时盘之间，标刻出全球24个时区。

这样，这个钟就能同步呈现全球各个时区的时间。你想要知道哪个时区的时间，只需要在时盘上找到对应的时区，箭头指向的内时盘时间刻度就是该时区的时间。在不知道各个国家时区的情况下，还有张宽3.3米、高2.2米的图配套，哪个国家属于什么时区，看一看图就能一目了然。

从起初的只能看到20个国家的时间，到之后的40个、60个、80个……制造出天下时钟并不是一步到位的，近20年间，涂荣安还先后发明了世界时演时器、全球地图演时器、配有世界时圈的地球仪等，其中4项发明获得著作权，此外还有多项国家专利。所有的发明都是围绕“时间”这一主题，天下时钟可以说是一个最终的升级版本。

在研究计时器的过程中，涂荣安还对现行的时区划分进行质疑。他曾将自己的质疑写成信件寄给联合国教科文组织，要求启用他所提出的新型时区。涂荣安认为，现行的时区划分，是从本初子午线分别向东、西两个方向根据经度确定的。而时区划分应遵循地球自转规律，从东向西重新划分。按照涂荣安的新型时区分法，东半球的时区不变，西半球的经度和时区则和现行的相颠倒。也就是说，事实上时间没有变，但经度设置和时区编号变成东、西一一对应。

很多学生哪怕学会了时间换算也容易忘，就是因为现在的时区划分不得法，干吗要人为地把事情搞复杂？涂荣安将他的这一想法再次写成信件寄给北碚区科委。2012年5月4日，北碚区科委请西南大学地理科学学院院长王建力等4位教授进行专题研究。专家们的结论是涂荣安提出的时区划分新方法是正确的，但现行时区经过长时间使用，全世界都已经习惯，要改变很难，要用新方法替代现行方法还需要一定的过程。值得一提的是，涂荣安的天下时钟仍然是按照现行的经度和时区划分来制作的。

八、桌面“太阳钟”，闹钟“闹”健康

（一）中学生忘不了的太阳钟

1960年，冷慰怀在洛阳二中住校读初三。上午第四节大多是自

习课，因为肚子饿，大家都没心思看书，只盼下课铃声一响就跑去饭厅买饭吃。中午在学校搭伙的同学很多，每次买饭都要排很长的队，想尽快吃上饭就必须全力以赴赶去排队。高中部的同学虽然跑得快，但他们离饭厅的距离远，还要下几十级阶梯，抢先排队没有优势。于是，初中部的两排平房就成了近水楼台，特别是最东边两间教室的同学，差不多每次都能抢占到最有利的地形。学生们谁也没有钟表，更不知道准确的下课时间，只能暗自估摸下课的钟点是否已经迫近。

有一天，坐在前排窗户边的冷慰怀忽然欣喜地发现：太阳光照过窗框投射在桌上的影子，就是一根钟表的指针。第四节课下课的铃声响起时，那道光影清晰的分界线就停在课桌左前方的一角。于是他悄悄用钢笔在那个位置画一道线，在第二天同一刻验证这指针是否准时。次日，当阳光移向第四节课临近下课的时候，他便目不转睛地盯着课桌角上的那道蓝线，两手在桌斗里握紧了碗和筷子。太阳的光影果然丝毫不差地与下课铃声重叠了，同学们还没反应过来，他第一个冲出教室，首次站进买饭队伍前十名。事后有一个同学问他，你咋知道快下课了？他答非所问地卖弄说：晌午的冬瓜汤真香，幸亏排在前头，差一点就卖完了……

同桌第一个发现这一秘密，全班同学也很快都知道了阳光钟表的效用。起跑时哪怕仅仅快上半秒钟，也能在竞争中立于不败之地。

（二）别让闹钟“闹”了健康

日常生活中不少人养成晚睡早起的习惯，早上为按时醒来，很多人都会给自己定闹钟，这是一件很平常的事情。然而在医学专家看来，早上依靠闹钟叫醒是不科学的生活方式。

研究表明，自然醒来与被闹钟叫醒所产生的心理和生理效应有明显差别。从睡眠状态到清醒状态，人的呼吸会从每分钟 16 次逐渐提高到每分钟 24 次，心跳每分钟增加 10 次左右。如果突然间被闹钟惊醒，对于一般人而言，心率会骤然加快，产生心慌、情绪低落、没睡醒和悬空等不适感。如果是从深度睡眠中被闹钟惊醒，人的短期记忆能力、认知能力，甚至计算能力都会受到影响。因此，长期使用闹钟，会对身体造成一些不利的影响。人在深度睡眠期间，血压降低、心率变慢、肌肉放松、新陈代谢速度减缓，如果没有经历充足浅度睡眠时间的缓冲，晚睡者在早上被闹钟惊醒时，血压、心率瞬间转换，会造成脑供血不足，心血管疾病患者有可能发病。

专家建议，应养成早睡早起的生活习惯，充足的睡眠是身体健康的有效保障。如果因为工作需要确实不得不设置闹钟，在铃声的选择上，最好选择轻柔的音乐。如果出现被闹钟惊吓的情况，要调低闹钟声音，最好用由弱到强的铃声。早上被闹钟叫醒之后，可以稍微赖一下床，这样可以减少突然被叫醒给人体造成的伤害。

九、表痴倾心做钟表，表迷喜得王子表

（一）表痴孙福康倾心做钟表

晚上 8 点整，孙福康那简陋狭小的居室一侧柜子上十余只大大小小的钟一齐奏鸣起来。他做完家务，在厨房兼工作室的工作台前坐下来，开始制作钟表工艺品。孙福康 1965 年参加工作，1969 年进上海钟厂开始迷上了钟表。先是当工人，后来搞设计。白天在厂里工作，晚上在家摆弄。随着人民生活水平的提高，人们拥有钟表已不稀罕，但作为欣赏收藏的钟表则价格昂贵。如何使得普通的钟表既有欣赏、收藏价值，又价格合理，孙福康决定自己动手制作工艺钟表。

孙福康着眼于把普通钟表改造成工艺品。他先精心搞好外形设计，一是仿古，二是创新。为仿古，他搞来北京故宫西洋钟表的照片潜心揣摩，画出施工图纸。他在工作台上钻、敲、锉、磨、漆，

制作出走马灯式报晓时钟、火车头式台钟、银链嵌挂表……把西洋钟表仿制得惟妙惟肖。创新要挖空心思想出新花样、巧点子。他看到工艺美术品商店里的水晶球晶莹剔透、玲珑可爱，就想办法把普通手表机芯镶嵌进水晶球中间。由于球面放大的效果，表面上的数码标记清晰可见，加上水晶球置放在万向节基座上，可任意变换角度和高低，这样，一只一般的表就成了一件人见人爱的艺术品。样品制造出来后，受到同事们的称赞。一些港商和外商闻讯后，纷纷前来洽谈有关事宜。业余搞“创作”，花钱多，如买材料、工具等。他与妻子只得量入为出、节衣缩食，为节省制作费用经常逛旧货摊、旧货店，淘旧货，千方百计找代用品。为收集资料，买参考书，有时也得忍痛咬咬牙，不顾价钱贵也买回来。爱人是他业余爱好的知音，虽不动手但会动口，哪件好、哪件不好，她都能指点品评出一二。近20年来，他先后设计过10多种类型上百只钟表，设计的立式透明扭摆钟获1975年全国钟表新产品一等奖；“金鱼”石英闹钟获1992年度新产品评选第二名。

（二）表迷张继峰喜得倾心王子表

一次，张继峰从北京回郑州，在车上随便拿出一本杂志《名表论坛》翻看。杂志由香港钟表收藏鉴赏大家钟永麟先生主编，在世界钟表收藏界具有一定权威性。当他将这本杂志读到末尾时，看到一篇附有图片的《谁解中东表》的文章。此文诉说了作者对此表的好评，并感叹因不懂阿拉伯文，对此表未能全知，并期待行内藏家能全面解读此表。看罢这篇文章，张继峰热血沸腾，这块表太让他钟爱了！再看此篇文章的作者，竟然是送他上车的北京朋友凤卿先生。他赶忙打电话询问，谁知已被别人捷足先登。凤卿先生深知他的脾气，知道他志在必得，就说别人刚拿走，如若这时紧追，必要付出大价钱，劝他耐心等些时候再想办法。

大约过了半年，深知张继峰内心的凤卿先生用一块玫瑰金的百达翡丽与那位藏家调换回来，如了他的愿。该表的机械机芯采用当今世界顶级手表百达翡丽、江诗丹顿所用的“PP17”高档镀金机芯，属20世纪60年代的制作工艺，背盖打了几行英文，有女王头像和18K金印记，重量154克。表盘上标牌位置和表盘里边所用的文字是阿拉伯文，表盘最下边的一行文字用英文书写着“瑞士制造”。张继峰是回族，对此表当然情有独钟。后来他又找到清真寺会阿文的朋友翻译，经来中国留学的埃及朋友认证，终于读懂此表的阿文内容。原来，外圈24个可调时间的阿文是24个国家城市的名字，为巴格达、德黑兰、开罗、巴黎、纽约、伦敦、伊斯坦布尔、莫斯科等。内圈是《古兰经》中的经典句“真主至大”“清真言”及“尊贵的天房克尔白”。表盘正中心的主要位置突出的是红白黑三色指南针，下面是正常的两针（分、时针）。因为伊斯兰教每天要做五次礼拜，并要面向圣地麦加朝圣，所以此表独具匠心，把指南针设计在主要位置上，说明定制和设计这款表的人是为了在世界各地找准方位进行礼拜。

此表造型方圆形，意为天圆地方，4个角各镶有4颗钻石，通体白金。表盘、表带为一体，表扣上刻有人名，阿文发音为“默昂麦勒”，意思是永远和长久。表的标牌位所书阿文音是“代理理”，意“指引者”或“指导者”。表后盖刻几行英文，译成中文是“具有世界时显示及蒙地卡罗专利申请”。由此推断，该表的定制者应是一位阿拉伯国家的王子或者富商巨贾。在这里把它称为“沙漠王子”再恰当不过了。

十、钟表人生故事几则

（一）一对老人靠手表度晚年

在那兵荒马乱的年月，在上海人民公园，人们见到一对百岁夫妻。他们没有子女，年轻时开过一个手表店，后来留下一盒瑞士手表养老，每隔几个月卖掉一块做生活费用，他们万没有想到能活到那么老。他们在与瑞士手表进行着一场奇怪的比赛。瑞士手表总是走得那么准，到时候必须卖掉一块，卖掉时，老人又为多活一段时间而庆幸。

他们本来每天到公园小餐厅用一次餐，点两条小黄鱼，这在饥饿的年代很令人羡慕。后来有一天突然说只需一条了，可能是剩下的瑞士手表不多了。老人谁也没戴表，紧挽着的手腕空空荡荡。这是瑞士手表在中国留下的一个悲凉而又温暖的生命游戏，但相信它不会再重复了。手表在一刻不停地辞旧迎新，它最知道时间不会倒转，因此，这也是手表本身对我们的劝告。

（二）老人珍爱的精美座钟

每次打扫房间时，董木钦都会拿着白色软布细心擦拭一台老座钟，一边擦一边念叨："这才叫好东西啊，到现在还走得这么准!"这是他的珍爱之物，陪伴他度过了很多年。董木钦家的这台精美的座钟，和常见的敦实的"三五"牌座钟不同，这台座钟造型精美，外壳为实木，65 厘米高，36 厘米宽。座钟顶部是一个金属骏马装饰物，旁边为木头雕刻的小花瓶。座钟外壳表面还雕有很多图案，有蝴蝶，有鲜花，玻璃表蒙子上还精致地描绘着一个老寿星形象。打开表蒙子，里面还能存放一些小东西，非常实用。这是 1982 年董木钦用朋友送的侨汇券在友谊商店购买的，花了 30 多元钱。普通老百姓那时可买不到这东西，这让他当时风光了一阵子。寒来暑往，斗转星移，老座钟几十年如一日端坐在他家的窗台上，经年不改地履职尽责、告知时间，开启充满希望的每一天。

（三）妈妈心中的无形钟

市场上有各种各样的钟表，可是有人心上存放着母亲留的无形钟表。解放前上小学因老师对时间要求很严格，迟到者就得站在门口，等讲完课才准进教室。一天上午，一个学生迟到5分钟，在门外站得腿疼，还挨了板子，小手被打得疼痛难忍。回到家看到母亲，他“哇”的一声哭了：咱家买个钟表吧，上学迟到老师打板子，你看手还红着呢。母亲也哭了，她说这都怨她做饭晚，咱就买个钟表，以后叫你上学应时。自从那天起，他再也没有迟到过。

后来儿子问母亲：咱的钟表在哪里？母亲笑着说：咱的钟表怕弄坏了，藏在柜子里。直至他考上县里中学，再次问钟表在哪里，母亲把他搂在怀里，眼里落下泪来：孩子，咱哪有钱买表，我连钟表啥样都没有见过。她指着东边和西边的土墙以及堂屋的窗台：你看我是趁顺风时听到你们学校打钟，把树影子画在墙上、窗户上，根据季节记记号、画道道，那就是咱家的钟表。岁月沧桑，树影摇曳，他考上大学了。在校4年，他没有买过手表，而是用母亲说的天象、物象计时想事，用这无形钟表思念故乡，思念母亲，思考人生。

（四）母亲的金手表

过去的年代，对乡村妇女来说手表是非常稀有的宝物。父亲从杭州带回一只金手表给母亲，那只圆圆的金手表，在那个时候是全村最漂亮的物件。左邻右舍、亲戚朋友都要到家里看一下开眼界。每逢此时，母亲会把一双油腻的手用稻草灰泡出来的碱水洗干净，才上楼从枕头下捧出丝绒盒子，轻轻地放在桌上，小心打开给大家看。当然表不上发条早都停了。母亲说没有时间看手表，看看太阳晒到哪里，听听鸡叫，就晓得时辰了，其实是母亲珍爱金手表，不舍得用。后来儿子长大去上海读书，临行前母亲要把这只金手表给儿子戴上，说读书上课要有一只好手表。儿子坚持不肯戴，因为这只手表是父亲留给母亲的最宝贵的纪念品。

儿子大学毕业，第一个月的薪水就买了一只金色手表送给母亲，却没想到她老人家早已在两个月前去世了。儿子含泪整理母亲的遗物，发现那只她最珍爱的金手表无恙地躺在丝绒盒中，放在床边的抽屉里，指针停在一个时刻上，但那绝不是母亲逝世的时间。她平时就不记得给手表上发条，何况在沉重的病中。有时想想，时光真能被不上发条就停摆的金手表留住，该有多好呢！

（五）一座老钟半生情

“搬了几次家，房子越来越好，可家里的这个老物件我始终不舍得丢，因为它是我和老伴儿爱情的见证，也是那个年代我们家唯一值钱的东西……”2015 年 11 月 11 日，家在洛阳旭升社区的李周娃指着桌上的座钟说。这个座钟陪伴李周娃 40 多个年头了。1967 年，他和爱人登记结婚。李周娃是一名军人，办完喜事就奔赴边疆了。1971 年，李周娃准备回家探亲。想想结婚这几年，家里只有土坯房和一床新棉被，他和妻子聚少离多，觉得愧对这个家，想给家里添一件像样的东西。思来想去，李周娃用攒了许久的钱，买了一个带着红双喜字的座钟带回家。这个座钟做工精致，嘀嗒嘀嗒的声音像音乐一样好听，妻子很喜欢。

随着岁月的流逝，钟表上的漆有一部分脱落了，需要手动上的发条也时不时出问题，但李周娃修了又修，还是不舍得把它扔掉。“每到整点，它都会报时，那当当的声音已经融入了我们的生命，我是离不开它了。”李周娃感慨地说。

十一、数款怀表见真情

（一）一块浸透烈士鲜血的金怀表

2013 年 12 月，原上海警备区政委、黄桥战役时新四军苏北指挥部一纵第一团政委刘文学把珍藏的闽北红军司令员吴先喜烈士的遗物——一块18K金怀表捐赠给新四军黄桥战役纪念馆。这块金怀表不仅见证了老首长和战友间的浓厚情谊，也见证了老革命及其后代对黄桥老区的深厚感情。仔细端详这块金怀表，表面细条纹均匀精致，似一轮散发光芒的小太阳。经过岁月的洗礼，表链已经不知去向，圆圆的表盖与表盘虽已分离，仍闪闪发光，背面“18K金”字样清晰可见，拿在手上沉甸甸的。刘文学从1937年一直珍藏至今，不论在南征北战的烽火岁月里，还是在和平建设的年代里，他都将其看得比自己的生命还重要。

1906年，吴先喜出生于江西省横峰县农民家庭，1926年秋天，受方志敏、黄道影响，参加了青板桥农民协会。1927年加入中国共产党，参加发动弋横暴动，曾任横峰县苏维埃政府主席、闽北赤色警卫师政委等职。1930年下半年，任闽北红军独立团政委。中央红军主力长征后，吴先喜留在根据地坚持斗争。1935年任闽北军分区司令员、闽北独立师师长、中共闽赣省委委员。1937年2月壮烈牺牲。

1933年9月底，刘文学护送闽赣省军区书记黄道到闽北，在闽北坚持了三年游击战争，因此结识了闽北红军司令员吴先喜。1934年4月，吴先喜任中共光泽中心县委书记兼西南独立团政委。同年带领独立团400多人和换丝炮（土地雷）队，在霞洋村将反动三区团1000多人全部歼灭，生擒17名大刀会大小头目和1名大刀会教官。后来他带领部队乘胜追击，光泽北部地区的革命烈火又熊熊燃烧起来，独立团多次打胜仗，苏区一片光明。

1935年5月，吴先喜通过侦察，摸清了上饶县甘溪镇驻有三个连守敌，决定攻打甘溪。这一仗打死打伤200多敌人，缴获步枪200多支、轻机枪4挺。甘溪大捷威震闽赣，产生极大的政治影响，鼓舞人心。1937年2月，吴先喜与鲍永泉带领一支60多人的队伍来到光泽柴家老根据地。一次战斗中，吴先喜被敌人重重包围壮烈牺牲，年仅28岁。由于当时情况危急，无法拼抢出他的遗体，鲍永泉只取出他身上的一块怀表，当地老百姓冒着生命危险掩埋了他的尸体。

这块怀表浸透着先烈的汗水和鲜血。“青山处处埋忠骨，何必马革裹尸还。”这是吴先喜自幼最喜爱读的诗句，也是他短暂革命的一生的写照。今天，我们深切缅怀这块金怀表的主人，重温烈士骁勇善战的感人事迹，为的是将烈士的革命精神化作奋勇前行的动力。

（二）藏在墙壁里的烈士怀表

1983年春的一天，安陆县博物馆，几个青年学生观看用漆木方盒装着的一块怀表，他们一边目不转睛地看，一边议论。讲解员向他们介绍了这块怀表的经历：“同学们，这块怀表是一件珍贵的革命文物，说起来还有一段不平凡的经历。”

1942年秋，抗日战争正处于最紧张阶段。盘踞在安陆城内的几百名敌伪军窜到北乡赵家棚一带进行扫荡，当时新四军、地方抗日武装及民兵等团结对敌，进行了几天几夜的反击，迫使敌人南逃。战后，一名姓张的农民在敌伪溃逃的路上拾到敌人遗落的一块怀表，交给政府。安应县委决定将这块怀表交给刚到任的副县长李雨膏使用。到1946年，这块怀表在李雨膏的身上度过了1500个日夜。此时蒋介石调动30万大军围剿中共中原部队。6月下旬，李雨膏接到中原军区的紧急通知，要率领安应县党政军干部和战士千余人随江汉军区部队突围。李雨膏对共产党员何老头说：“老何，我马上要离开这里了，这块怀表托你妥善保存。日后我若能返回时再来取；万一我牺牲了，就请你据情处理。”李雨膏走后，何老头用一块青布把怀表包好，藏进牛栏屋的壁缝内，再用黄泥把壁缝封闭。1949年春，刘邓大军南下，安陆解放。一次，安应县司法科长唐质民来到赵家棚，何老头从唐质民那里得知李雨膏已在突围中不幸牺牲时，万分悲恸。他当即委托唐科长将李雨膏的遗物转送给李雨膏的儿子李厚保存。多少年来，在广州军界任职的李厚一直把这块怀表作为父亲留下的唯一珍贵遗产长期保存。1982年元月，安陆县人民政府发出征集革命历史文物和资料的通告。李厚立即将这块怀表交给安陆县委党史办公室。他说，这是一件十分珍贵的文物，留在我手里只能一家受教育，交给组织，就能让更多的人从中受到教育。

（三）钻石怀表显诚信

珠宝鉴定家谢波德先生的小儿子斯丹对珠宝有鉴赏天赋，于是他就悉心培养这个儿子，有意识地带他去参加一些大型珠宝展和拍卖会，送他去法国、瑞士进行专业学习。可是斯丹有一个弱点却让父亲很忧心，那就是对别人的轻信。这在时刻充满着伪赝、阴谋与欺诈的珠宝鉴定行业是大忌。谢波德先生因此非常担心，如果斯丹改不了轻信的弱点，日后就很难在这个领域立足。

斯丹刚大学毕业，开始在谢波德先生的珠宝行实习。一天上午，谢波德先生外出办事，午后回来听行里的职员说，斯丹以 10 万英镑价格收购了一块 17 世纪瑞典国王的加冕纪念怀表。谢波德先生来到内室，打开保险柜，果然看见里面有一块怀表，表壳和表链是纯银的，镌刻着非常细腻的花纹，在表的背面还刻有 17 世纪的瑞士皇家徽章和年份。

谢波德先生怦然心动，他把怀表拿到台灯前，就着灯光仔细掂量和琢磨，从成色上判断，这块怀表正是当时瑞典国王的加冕纪念品。这种加冕怀表当时一共只制造了 10 块，为防止伪造，瑞典皇室特地分批请来瑞士最好的表匠和工艺师，用了长达两年的时间才完成，每批人员只负责其中一个部分的制造，完工之后，怀表的设计图和模具就被统统销毁。因此，这块加冕怀表的收藏价值极高。谢波德先生不由轻轻地用手指拨了一下精致小巧的表壳扣，只听"啪"一声，表壳打开了，当他的目光接触到正"嘀嘀嗒嗒"走动的表针时，他脸上的笑容立刻僵住了，现在他所看到的，竟是 12 颗普通的人造水晶石。

晚上回到家，谢波德先生把斯丹叫进书房，将那块用 10 万英镑换来的假怀表放在他面前。斯丹沉默片刻，说出了实情："有位老先生拿来一块怀表，我看出它的确是瑞典国王的加冕表，只是钻石被换成了人造水晶，顶多值1万英镑。可老先生却开价10万，因为他女儿要和一个富家公子订婚，需要一笔匹配夫家的丰厚嫁妆。我想，如果我们损失9万英镑，能够帮助一个女孩换取一生的幸福，那为什么不做呢?"斯丹接着说："我当然知道人家没有骗我，因为我在他眼睛里看到的，是一位父亲慈爱和充满期望的神情，就和您平时看我的眼神一模一样。"

第二天，谢波德先生和斯丹照常去珠宝行上班。他们刚走进店堂，就见一位年轻的姑娘已经等在那里了。姑娘拿出昨天斯丹开出的支票退还给斯丹，说："对不起，先生，那块加冕怀表不值10万英镑，因为几年前为了给母亲治病，我偷偷卖掉了怀表上的12颗钻石，并用人造水晶代替了。不过当时这一切我都是瞒着父亲做的，他并不知道内情。"斯丹诚恳地对姑娘说："哦，小姐，你父亲对我说过这笔钱的用途，也许我……"姑娘一听立刻会意了，她感激地看着斯丹，说："你的心真好，可是我已经不需要了，我的未婚夫得知我父亲的公司破产后，就取消了婚约。"说完，她把支票递还给斯丹。

姑娘走了，斯丹有点得意地对谢波德先生说："您以前教过我，和珠宝打交道就是和人打交道。珠宝的真伪需要从成色和质地上辨别，而诚实是人的质地，需要用善意的心去仔细辨别。"

谢波德先生此时早已笑开了怀：儿子已经长大，并且开始有独立的见地了。谢波德先生把那块镶着12颗人造水晶石的加冕怀表递给斯丹，小声说："除了珠宝鉴别，我还有一招可以教你——在送还这块怀表的时候，别忘了要坚持送那姑娘回家。她是个好女孩，需要一个好男孩陪伴。"斯丹的脸霎时红了，他依照父亲的话追了出去……

十二、人生第一块手表的故事

钟表见证了时间的流逝，有了钟表，时间变得不再重要，更应该去享受分分秒秒。现在的手表，曾经是人们设计的一种时间量具，而如今却在主宰人生。

(一) 他的第一只手表卡西欧

上小学时，爸爸就给他买了第一只手表——卡西欧。从电子表到石英表，上学12年里爸爸给他买了5块手表。虽然基本都坏了或者找不到了，但是他对卡西欧的情结还是很深的。现在工作几年，有点积蓄，2015年又刚好去日本旅游，就买了两块卡西欧海神——小时候爸爸给他买卡西欧，长大了他给爸爸买，也算孝敬长辈了。一块便宜的原本是给自己买的，后来爸爸非要用便宜的，就把这块拿去了，也算圆了心愿了。

爸爸淘汰下来的精工5号，购于1988年，是爸爸工作第一笔奖金买的，27年了，仍然可以走，就是误差有点大，每天快30秒，后来送去维护，误差缩小到15秒。给爸爸换了海神后，爸爸就把这块有纪念价值的表给他了，是他收藏里最重要的一块。

(二) 他的第一块表斯沃琪

他的第一块表是初二时候买的，没什么故事，是一块斯沃琪，型号已经忘了，很多人说斯沃琪就是一块玩具而已，戴几个月就丢了。这块斯沃琪是他在泰国免税店买的，那个时候自己一个人出国，凭着初二的英语水平，跟售货员小姐姐热情友好地交流，买了第一块像样的手表，很爱惜它。这块表陪他差不多跨越了半个地球，陪他度过了中考以及高考，到现在依然很好、很漂亮，他会珍藏的。

（三）他的第一块檀木手表

他的第一块手表，是用黑檀木做的。最开始接触木头，是因为爸爸是做这个的。他从小学开始就一直戴着它，现在 20 多年过去了，还在身边，每长大一点就加一节表带上去，因此总感觉表是和他一起长大的。他第一次摔倒的痕迹和第一次失恋流下的眼泪，它都为他好好保存着。衣不如新，器不如故，岁月雕刻的木作温度，是任何大师的作品都无法比拟的。厌倦了塑料、钢材，回归一块块大大小小的木头，他现在也在做木表，用最传统的工具和手艺，雕刻出生活的温度，或许这就是他内心一点小小的情怀和坚持吧。

第六章　钟表与名人

一、雷锋和焦裕禄的手表故事

（一）珍贵的雷锋戴手表照片

2003 年 2 月 12 日，扩建完工的原沈阳军区雷锋纪念馆中新增加了一幅照片。

照片上的雷锋注视着时任原沈阳军区政治部副主任的朱玉山为其题字，朱玉山鼓励雷锋好好学习。在原沈阳军区雷锋纪念馆中还有一件珍贵文物——雷锋曾戴过的手表，这是一块塑料表带的手表。原沈阳军区雷锋纪念馆工作人员告诉记者，新增加的这幅照片上，雷锋戴的就是这块手表。

（二）雷锋有点积蓄也爱时尚

2012 年 2 月的一天，在市直机关召开的学雷锋活动报告暨动员会上，雷锋连第 12 任指导员、现任市教育局纪委书记欧阳华初分别讲述了雷锋与手表的故事。

“雷锋不是艰苦奋斗的典型吗？怎么会有手表、毛料裤这些高档商品呢？”针对一些照片上雷锋的穿戴，有人提出质疑。“雷锋当年 21 岁，正是爱美的时候，而且他十几岁参加工作，一直很节约，有点积蓄很正常。”欧阳华初解密了这些“奢侈品”的来源。

“那是一块瑞士进口的‘英纳格’手表。”欧阳华初表示，雷锋在辽宁鞍钢工作时，每到周末，车间团支部组织团员青年在总厂俱乐部跳舞，雷锋从来没参加过。1959 年春节前的一个周末，他被同乡拉进了俱乐部。尽管个子矮，但舞姿标准，雷锋受到了大家的欢迎，但他那身满是油渍的工作服和打了补丁的回力鞋引起一些人的嘲笑，雷锋不禁感到有些窘迫。第二天刚好是休息日，雷锋进城了，这是他来鞍钢后第一次进城。他买了手表、皮夹克、毛料裤、皮鞋，把自己装扮一新。就在这时，雷锋收到了望城县委书记的来信，老领导在信中希望他“在伟大的工人阶级队伍中认真学习，努力工作，艰苦奋斗，永不忘本”。捧着老领导的来信，雷锋在心底里暗暗责备自己。从此以后，雷锋把这些新买的东西束之高阁。

雷锋戴过的手表

后来这些东西随着雷锋入伍带到了部队。雷锋牺牲后，因怕影响雷锋的“形象”，花 40 元钱买的手表以及其他“奢侈品”一直保存在团组织的柜子里。直到 1978 年，雷锋生前所在团党委还为这些“奢侈品”拿不拿出来展览进行了讨论。

（三）焦裕禄留下手表

这是焦裕禄的大女儿小梅（焦守凤）写的文章：

父亲去了，在党的事业和兰考人民最需要他的时候，病魔夺去了他的生命。一晃26年，仿佛就在昨天。1991年3月的一天，我应邀出席峨眉电影厂新片《焦裕禄》首映式，一颗心被激动和担忧搅扰着。父亲的形象终于走上银幕，怎不让人感奋。那段难忘的历史，那场巨大的悲哀，我又生怕自己承受不了。影片放映到父亲弥留之际，把他戴了十几年的那块旧手表摘下来，吃力地戴在我的手腕上时，我的泪水夺眶而出，再也分不清自己是台下的观众还是银幕上的角色。“我什么都不要，只要爸爸！”这是演员的一句台词，更是我从心底喊出的声音。父亲一生清廉，两袖清风，这只表可算是他唯一的遗产了。他临终时嘱咐我上班别迟到，简单而朴实的话语里包含了多少深切的期望啊！我一直珍藏着这只表，每看一眼，就像看到父亲慈祥的笑脸，看见他日夜劳碌的身影，看到一个党员干部为人民无私奉献的分分秒秒，也仿佛听到父亲永远也不会停止的咚咚心跳声。父亲留下一只表，留下了一笔世上最宝贵的精神财富。戴着这只表，我经历了10年“文革”的风风雨雨，又走上了普通工会工作者的岗位。我在开封市总工会财贸工会当干事，转眼已是人到中年了。有时工作忙加夜班，来接我回家的孩子坐在椅子上睡着了，一看表，都后半夜2点多了，时间过得真快。去年市直机关党委把我评为优秀共产党员，这对我是一个鼓励和鞭策。实践使我深切地体会到父亲留下的这只表的含义：珍惜人生的分分秒秒，为人民多办好事、实事、平凡事，这才像个共产党员。

二、利玛窦与中国明清钟表业

（一）意大利传教士利玛窦

他是“西学东渐”第一人，沟通中西文化第一人。1552 年 10 月 6 日，利玛窦生于意大利马切拉塔城的一个药剂师家庭。他的父亲当过省长，16 岁时，父亲送利玛窦去罗马学习法律，希望他将来也能从政。可 19 岁时，利玛窦违背父意，加入了耶稣会。

1577 年，利玛窦被派往东方传教。1578 年，利玛窦到达印度果阿，在那里停留了四年，传教的同时，也学习了机械制造和印刷工艺。利玛窦学习的以小型、有弹性、带钢卷绕式发条驱动部件的钟表制造和修理技术，是当时欧洲技术革新的产物。这种实用技术的掌握，为他后来利用钟表同中国士大夫交往提供了便利。

1582 年，利玛窦抵达澳门。1583 年 9 月 10 日，他和前辈传教士罗明坚一起来到广东肇庆，从此开始了在中国毕其一生的传教事业，也开启了中西文化交流的大门。

（二）第一座国产机械自鸣钟

利玛窦来到肇庆后，在仙花寺安装了一个从西方带来的自鸣钟，这钟不需用手敲击也能发出声音。当地人被这个西洋玩意儿所吸引，支持利玛窦和罗明坚在肇庆传教，与他们关系不错的肇庆知府王泮，对自鸣钟也非常喜爱。王泮托罗明坚在澳门代购一座可装在木匣子内的自鸣钟。罗财力有限，无力在澳门买回价钱昂贵的自鸣钟，但又觉得不能令王泮失望，他想到利玛窦是一位非常优秀的机械师，又熟谙制造钟表的原理，可以叫他动手造钟。于是，罗在澳门物色到一位印度制钟工匠，还买了造钟表所用的齿轮、发条、链条等，叫工匠随船带回肇庆。在利玛窦的带领下，印度制钟工匠和两位中国工人几经失败，终于制作出中国内陆第一座国产机械自鸣钟。利玛窦制作机械钟表的水平有了质的飞跃，也为他在北京成为朝廷御用钟表修理师打下了基础。

（三）三次进京

从肇庆到韶州（今韶关），再到南昌、南京，利玛窦一路北上，他将进入中国权力中心北京看作“自己最大的努力目标”。利玛窦认为，只有得到皇帝的允许，中国人才会大批皈依基督教。

1598 年，利玛窦随升任南京礼部尚书的王忠铭一同北上，9 月 7 日到达梦寐以求的北京，第一次与京师的朝廷有实质性的接触。但此时，中国援朝抗倭战况正酣，任何外国人都受到怀疑，利玛窦也未被允许进宫。11 月初，他离开了北京。1600 年的 5 月，利玛窦等从南京再次向北京进发。但在山东临清遇到督税太监马堂的讹诈和阻挠，马堂因私利扣下利玛窦一行，一直羁留在天津。1601 年初的一天，万历皇帝忽然问起：“不是说有几个洋人要进贡什么自鸣钟吗？怎么还没送来？”于是，羁留在天津的利玛窦终于接到了诏旨，即刻启程进京。1601 年 1 月 24 日，利玛窦以向皇帝进贡的远夷使者身份进入皇宫，进奉给万历皇帝一批佛教用品和自鸣报时钟两座。这时距利玛窦 1583 年从澳门来到肇庆，已过去整整 18 年。

（四）长居京城安葬北京

在利玛窦所送的礼品中，万历皇帝最喜欢的是小巧玲珑的自鸣钟，他时常拿在手中把玩。后来皇后想借去玩几天，皇帝怕她不归还，就让太监将小自鸣钟的发条放松，皇后玩了几天，钟不走了，就又还给了皇帝。利玛窦献上的那座大自鸣钟，宫中无人会操作，万历皇帝就叫 4 名太监到利玛窦那里学习使用方法。当在宫中的御花园建好了钟楼，将大自鸣钟放进去后，中国宫殿内开始响起了嘀嗒嘀嗒的清脆节奏。

当时朝廷规定外国人进贡之后要限期离境，可是精巧奇异的西洋自鸣钟令万历皇帝爱不释手，他担心自鸣钟一旦损坏无人修理，遂特许利玛窦定居京城。利玛窦成了万历皇帝的正式门客，拿着皇家的俸禄在北京生活下来，主要使命就是每年进宫 4 次修复自鸣钟。利玛窦的理想是传播福音，但是他得先当一位钟表匠。

1610 年 5 月 11 日，58 岁的利玛窦因病去世。按照当时规定，西洋人士在中国去世，灵柩本应送到澳门归葬。但由于利玛窦在中西文化交流方面所做出的杰出贡献，万历皇帝亲自下旨，破例在北京阜成门外藤公栅栏（现中共北京市委党校所在地）赐地安葬。他是第一位获得在北京长久居住权的外国人，也是第一位被允许安葬在北京的外国人。

（五）被尊奉为钟表祖师爷促行业形成

对于统治着偌大一个中国的万历皇帝而言，自鸣钟虽然精致新奇，但也不过是番邦进贡的玩物。他没有意识到这种能够精细计时的工具在科技和商业领域的意义，更不会想到嘀嗒嘀嗒的钟表声会逐渐响彻人们的生活。利玛窦也不会想到，他坚定地想要传播的主的福音并没有被中华民族广泛接受，他自己却因为进献钟表且会修理，被后世钟表匠尊奉为祖师爷。在利玛窦之后，自鸣钟成为西方传教士以及外国使节来访觐见皇帝的最主要礼品。清朝历代皇帝对钟表的热爱和收藏也到了前所未有的高度，如何维护和维修成了一个无法忽视的问题。所以，掌握钟表修理技术成为了西方传教士的技能标配，他们除了布道，另一项主要工作就是制作、维修以及培养中国本土的钟表工匠。清朝的皇家贵族、各级地方官员以及民间商贾富人也兴起把玩、收藏钟表的潮流，这种巨大的需求迅速催生出了官方和民间的钟表制作和维修产业。从利玛窦第一次将钟表带入中国到清朝结束的 300 多年间，出现了很多与钟表发展有关的人物和故事。

三、康熙测日影推公历咏自鸣钟

清朝皇帝酷爱钟表，尤其是顺治、康熙、乾隆，三帝嗜爱钟表之程度，一代胜过一代。清帝嗜好钟表与前朝大明不无关系。从1552年到1699年的147年间，西方传教士开始历经险阻来到中国的东南沿海一带活动。西方的利玛窦向明朝万历皇帝进贡一只座钟，从此万历的钟声回荡在古老的大明王朝的红墙之内。

德国人汤若望给顺治写了一篇《天体自鸣钟说略》，顺治赞叹道："见所未见，闻所未闻。"

康熙八年一月，被鳌拜等大臣冤枉入狱刚刚获释的南怀仁向亲政的康熙奏报，以杨光先为首的钦天监所使用的历法错谬百出。年轻的康熙并没有轻率地处理这件事情，而是先调查事情的真相。他召集六部临时会议进行廷议，让南怀仁和杨光先两派都参加会议，各抒己见。由于参加会议的大臣们对天文历算知识一窍不通，对两派的观点不置可否。南怀仁提出了一个实地测量检验的建议，请求康熙让他们两派各自实地测算正午时分日晷的投影位置。康熙凭着对西方近代科学知识的粗浅认识，认为南怀仁的建议合理，命令二月二十六日两派代表在午门外用日晷测算，确定正午时分日影的位置。检验结果证明，南怀仁倡导的测算方法和实际现象完全一致。康熙亲眼看见了西方天文历算的先进之处，由此做出决定，恢复采用西方历法，并且任命南怀仁为钦天监的副监，解除了杨光先在钦天监的职务。

康熙为钟表着迷，还曾赋诗赞颂《咏自鸣钟》："法自西洋始，巧心授受知。轮行随刻转，表按指分移。绛帻休催晓，金钟预报时。清晨勤政务，数问奏章迟。"

显然，康熙的生活节奏是被钟表时间所支配的。"绛帻休催晓"，天已经亮了，但表上的时辰还没到呢，还可以再睡一会儿，但如果看表到点了，文件就必须准时送来。两百多年前的皇上更像一个现代人，他摆脱了自然节律的羁绊，直接皈依于钟表所标示的物理时间。

葡萄牙耶稣会传教士安文思和徐日升是直接为他效力的两位钟表匠。徐日升建造了一座大型报时钟，安置在北京的基督教教堂。安文思尤擅复杂时钟制作，他曾向顺治进献复杂时钟，其后又为康熙打造了更为复杂的一座。这座时钟不仅可以报时，还能自动奏乐，康熙皇帝非常喜爱，下令将它安置在自己的寝宫中。

康熙曾在徐日升牙金扇上作《戏题自鸣钟》诗："昼夜循环胜刻漏，绸缪宛转报时全。阴阳不改衷肠性，万里遥来二百年。"利玛窦和汤若望等西洋人后来供职北京天文台即古时钦天监。

四、"钟表控"乾隆皇帝

要论对钟表最痴迷的清朝帝王，非乾隆莫属。据现存进贡清单不完全统计，乾隆收到进贡的各类钟表多达3000多件，是清朝不折不扣的"大表哥"。此前成立的清宫做钟处在乾隆时派上了大用场。

（一）乾隆初登基即爱自鸣钟

从乾隆登基的第一年（1736）开始，即"做过自鸣钟百拾件"，第二年已"所造自鸣钟甚多"，以至于使"作坊窄小"。乾隆对西方钟表的改进颇为用力，在他的带动下，产生了多种多样的"中国风"钟表，在繁忙的政治生涯中，他还持续对钟表的制造提出具体意见。现在故宫保留的钟表，绝大部分都是乾隆时期的产物。

（二）乾隆指导制作中西合璧钟表

在乾隆朝的文献中，乾隆对钟表的改造意见比比皆是，将这个本来是记录时间的冷工具注入了大量的个人性格色彩。在选料上，乾隆追求高度精致，如铜镶金錾花荷花缸钟，錾花铜缸和奏乐的八音器件分别由广东和法国制造，缸上镶的钟、荷花及坐在花上的牙雕白猿、童子、西王母和控制荷花瓣开合的机械则是清宫做钟处制造的。乾隆对此非常重视，负责的官员丝毫不敢草率。

乾隆六年，负责做钟的官员将一个紫檀木架钟进献给乾隆，乾隆提出“着西洋人将此钟顶上想法安镀金莲花朵，逢打钟时要开花，再做些小式花草配上”。在制造期间，乾隆不放心，不断过问并增加新的想法：“莲花着做红铜色，其小式花草做象牙茜色，瓶做珐琅，配紫檀木座。”

（三）乾隆彩漆嵌铜活鼓字盘钟

乾隆八年，乾隆特意传旨“要做钟处西洋人做一件玩意钟”，并在谕旨中指出：“外面楼做杉木彩漆，栏杆做木头扫金，再里面山子、树木、楼台……再画样呈览，准时再做，钦此。”这个完美主义者在创造新的钟表艺术时，对老钟表还要过问。一次，乾隆忽然想起库存的一个老钟机芯找不到了，就叫人将其改造，折腾数月才让乾隆满意。

（四）工艺复杂的乾隆钟表

乾隆将钟表这种“玩意”当作不断变换玩法的艺术品。在乾隆的带动下，一批批中西合璧的钟表不断被注入个人特色，同时这些钟表普遍附带机关，如转花、变花、跑人、跑船、鸟音等，实为不乏童趣的乾隆内心世界的折射。所以，当时的一些西洋人都得出了“盖皇帝所需者为奇巧奇技，而非钟表”的结论。乾隆时期，做钟处的主要技术人员大多为西方传教士，乾隆在这些人“奇技淫巧”的诱惑下，不断产生各种想法，因此，制作出许多工艺复杂的钟表。

其中，铜镀金四豹驮人打时刻钟铸造精致，其工艺令人叹为观止。其设计为每到正点，造型逼真的“敲钟人”便会敲击手中的锤子，而钟声随即响起。左侧圆盘如现在的手机闹钟一样，可以调整至静音状态；而右侧的表盘可以拨弄指针来选择作为铃声的四首歌曲。

乾隆时期铜镀金写字人钟

（五）乾隆是世界上最大的钟表藏家

乾隆皇帝不遗余力地收集各种奇钟异表，并多次下旨广东海关官员，让他们不惜重金购买西洋钟表，并在宫中亲自指挥制作，使钟表的收藏和制作达到了清代的高潮。那时，授意购买、制造、改造钟表的谕旨比比皆是。乾隆二十二年，粤海关总督李永标、广州将军李侍尧进贡了“镶玻璃洋自鸣乐钟一座，镀金洋景表亭一座”。不到端阳贡时，李侍尧等人就按特旨传办的方式，又进献“大小自鸣钟十三架、金镶洋景钟一座”。为满足乾隆皇帝喜好，沿海各地官员也购进稀奇的高档西洋钟表，争相进贡给皇帝。这让乾隆很快就成为当时世界上最大的钟表收藏者。今天故宫博物院珍藏的许多钟表，大多是当年乾隆帝收藏或令人制造的，它们造型美观，制作精巧，件件都堪称绝世珍品。

五、名人钟表趣事N则

（一）不知疲倦的“钟表修理工”

克莱米·狄克逊·斯班格尔，银行大亨，是美国银行的大股东，花费大量时间修复旧钟表。“我的生活中大部分时间都花在与人相处，人具有不确定性和不可预测性。”他说，“我喜欢时钟的规律或可预测性。”斯班格尔整修老钟表的兴趣开始于1965年，妈妈送给他一座18世纪后期生产的“威拉德”。一天，大钟停止了摆动，斯班格尔动手修理它。从那以后，他成了一名“钟表修理工”，经常在他办公室附近的工作间修理钟表。“我相信使用你的手和你的眼睛是放松。”他说，“我认为真正好的领导者可以花几分钟时间做自己喜欢做的事情。”因此，一些富豪选择用他们的金钱和时间去享受更多意想不到的体验。

（二）赵树理的“三勤牌”表

“文革”中的一天，几个年轻人闯进了赵树理家。为首的一个说：“赵树理，把你的手表摘下来!”赵树理摘下手表。“什么牌子?”“三勤牌——勤拨、勤对、勤修。”表被拿走了。没过几天，又被送了回来。那年轻人脸红红地说：“这表就当我借着戴了几天，现在还给你。”“嫌不好吗?”赵树理一眼看透年轻人的心理，含笑说，“拿去吧，这表，就算是我送给你的。”“不，我不要。”年轻人流着眼泪说，“有人批评说，像你这样的精神贵族花钱像流水，没想到你生活这样俭朴。”赵树理会心地笑了。

（三）高尔基的银表丢了

“是谁偷走了高尔基的银表?”这是莫斯科公安人员曾经努力要

侦破的一桩大案。

某年5月22日，高尔基博物馆的讲解员叶廖米娜同往常一样，向观众介绍文学巨匠高尔基和大作家契诃夫的友谊。当她提到契诃夫1899年送给高尔基的一块银表时，突然发现展览橱窗里的银表不翼而飞。这块表是件无价之宝，高尔基在世时曾引以为豪，把这看作是一件珍贵的礼品。

（四）列宁赠李卜克内西的怀表

列宁赠送给德国革命家卡尔·李卜克内西的一块怀表，在慕尼黑赫尔曼希斯托里卡拍卖行的一次周末拍卖中，以19万马克的高价出售给科隆的一位工艺品商人，这一卖价是原估价的13倍。卡尔·李卜克内西是国际工人运动活动家，德国共产党的创始人之一。这块由沙皇时代宫廷钟表匠制造的银质怀表，是列宁在1918年10月底送给刚获释的李卜克内西的礼物。这块怀表上原来刻有沙皇的象征——鹰，后来又在鹰上加了苏维埃的镰刀和铁锤标记。

（五）萨马兰奇赞沪表

国家体委曾专门写信给春蕾手表公司，转达了国际奥委会主席萨马兰奇在西班牙巴塞罗那称赞“魔力牌”保健手表的口信：“非常高兴，我真没想到此表不仅能降低血压，而且还能计时。”此前，国家体委派人到上海找到“魔力”生产厂家春蕾手表公司，给萨马兰奇送了一对“魔力牌”保健手表。春蕾手表公司研制的手表，后盖发出的磁力线可通过手腕经络作用于人体，起到解痉止痛、调节植物神经系统的作用。

（六）赵秉钧修好一台座钟，改变人生

赵秉钧，字智庵，河南汝州人，同治三年生人，家境非常不好。张曜为清末名臣，曾担任过河南布政使。一天，张曜家的座钟坏了，赵秉钧到张曜家居然把座钟修好了。张曜觉得这小伙子是人才，就说：“小伙子，以后跟着我吧!”能得到当官的赏识和器重，赵秉钧也很高兴。时隔不久，张曜应召回京，把赵秉钧也带了去。从此，赵秉钧的人生轨迹发生了转变，后来成为清末民初政坛上的一代枭雄，在袁世凯担任中华民国大总统期间，被提拔为第三任国务总理。他曾拟定警务章程，创设警务学堂，是中国近现代警察制度的创始人。

（七）光绪皇帝“发配”瀛台苦钻修表

光绪皇帝在轰轰烈烈的戊戌变法失败后，被慈禧太后打入紫禁城瀛台囚禁。但皇帝不愿虚度光阴，他决定掌握一门实用技术——修理钟表。故宫有许多精美钟表足以让他静心磨炼技术。其实，皇帝迷恋于修理钟表，原因有四：一是皇帝找不到别的什么嗜好度日；二是掌握一门技术不至于成为无用之人；三是他认为林则徐“师夷长技以制夷”的话有道理；四是他希望能够在时间上熬过年龄比他大得多的慈禧。于是，每当修好一座洋钟表，他便把耳朵贴在钟盘上，“欣喜地听着时间前进的声音”。这位皇帝苦苦钻研学习修钟表，相信他的钟表维修技术比赵秉钧要强很多，只是光绪皇帝怎么也不会料到，会修钟表的赵秉钧在他死后不过数年，就代表袁世凯到金銮殿逼宫，把他的侄子——溥仪皇帝赶下了龙椅。

第七章　钟表科技

一、钟表分类与科技进步

一切科学都把“时间”作为最重要的基本概念，时间计量的技术代表着总体科学技术的水平。用漏刻计时必须有人看管，而且做得越精细费用就越高，所以只有皇宫、政府机关、寺庙等使用。同时，漏刻的准确程度低，不是理想的计时工具，人们在实践中发明了机械钟。

（一）机械钟是人类科学技术进步的象征

公元717年，著名的天文学家、僧人一行（张遂）在长安主持修订历法时，制成了黄道铜仪、浑天铜仪等天文仪器。浑天铜仪上安装了自动报时器，其中的平衡联动装置就是最早的擒纵器，是世界机械钟的前身。

公元1088年，宋人苏颂、韩公廉制成更为先进的天文仪器——水运仪象台。它利用一套齿轮，在漏壶流水的推动下使仪器以恒定的速度（与地球运行的角速度一致）运转，既能演示天象，又能计时。水运仪象台的枢轮为水力推动的原动轮，顶部附设一组杠杆装置，相当于钟表里的擒纵器，控制枢轮定速转动，与17世纪欧洲的锚状擒纵器极为相似。水运仪象台含有150多种机械零件，是已知的以机械运动周期作为计时标准的最早尝试。

到13世纪，欧洲人发明了塔钟。这种钟架在高塔上，利用重锤下坠的力量来带动齿轮，齿轮再带动指针走动，是利用重锤驱动的钟。1335年，意大利米兰设立了公共钟，按一天24小时报时。此后各大城市纷纷建立起钟塔，不但使钟声传遍各处，而且还通过精巧的装置，在报时时出现武士敲锣等景象。这种钟的驱动轮受到动力机械中摩擦力变化的影响，因而精度较低。据说一天相差30分钟的时钟就算上等的了。

1500年，德国人彼得·亨兰发明发条代替重锤驱动的钟，使机械钟的体积大为减小，可以在普通家庭中使用。1656年，荷兰惠更斯根据伽利略的摆原理，制作了一个钟摆机构取代塔钟里的平衡轮，成功制作出第一座实用摆钟。后来改良了摆轮，使钟摆误差每天不超过两分钟。机械钟表的核心是摆和擒纵器，其精确度要尽可能减轻载荷及摩擦，并不断补充能量。钟表的摆以其精确的周期分割时间单位，而擒纵器则起发动计数系统的机键作用。

机械时钟给人类带来了无穷的利益。马克思在1863年1月28日致恩格斯的一封信中，把时钟和磨称为"为机械工业做好准备"的"两种物质基础"。李约瑟教授的同事李斯顿赞美欧洲14世纪的机械时钟是"从天文学界下凡的天使"。

（二）机械钟表及其五大结构

机械钟表靠机芯的发条为动力，带动齿轮进而推动表针。机械钟表由原动系、传动系、擒纵调速器、指针系和上条拨针系五部分组成。机械钟表工作原理是利用发条作为动力的原动系，经过一组齿轮组成的传动系来推动擒纵调速器工作；再由擒纵调速器反过来控制传动系的转速；传动系在推动擒纵调速器的同时还带动指针机构，传动系的转速受控于擒纵调速器，所以指针能按一定的规律在表盘上指示时刻；上条拨针系是上紧发条或拨动指针的机件。

此外，还有一些附加机构可增加钟表的功能，如自动上条机构、日历（双历）机构、闹时装置、月相指示和测量时段机构等。

1. 原动系

原动系是储存和传递工作能量的机构，通常由条盒轮、条盒盖、条轴、发条和发条外钩组成。发条在自由状态时是一个螺旋形或S形的弹簧，它的内端有一个小孔，套在条轴的钩上。它的外端通过发条外钩钩在条盒轮的内壁上。上条时，通过上条拨针系使条轴旋转将发条卷紧在条轴上。发条的弹性作用使条盒轮转动，从而驱动传动系。

2. 传动系

传动系是将原动系的能量传至擒纵调速器的一组传动齿轮，它是由二轮（中心轮）、三轮（过轮）、四轮（秒轮）和擒纵轮齿轴组成，其中轮片是主动齿轮，齿轴是从动齿轮。钟表传动系的齿型绝大部分是根据理论摆线的原理，经过修正而制作的修正摆线型。

3. 擒纵调速器

擒纵调速器是由擒纵机构和振动系统两部分组成，它依靠振动系统的周期性震动，使擒纵机构保持精确和规律性的间歇运动，从而取得调速作用。叉瓦式擒纵机构是应用最广的一种擒纵机构。它由擒纵轮、擒纵叉、双圆盘和限位钉等组成。它的作用是把原动系的能量传递给振动系统，以便维持振动系统做等幅振动，并把振动系统的振动次数传递给指示机构，达到计量时间的目的。

4. 振动系统

主要由摆轮、摆轴、游丝、活动外桩环、快慢针等组成。游丝的内外端分别固定在摆轴和摆夹板上；摆轮受外力偏离其平衡位置开始摆动时，游丝便被扭转而产生位能，称为恢复力矩。擒纵机构完成前述两动作的过程，振动系在游丝位能作用下，进行反方向摆动而完成另半个振动周期，这就是机械钟表在运转时擒纵调速器不断和重复循环工作的原理。

5. 上条拨针系

其作用是上条和拨针。它由柄头、柄轴、立轮、离合轮、离合杆、离合杆簧、拉档、压簧、拨针轮、跨轮、时轮、分轮、大钢轮、小钢轮、棘爪、棘爪簧等组成。上条和拨针都是通过柄头部件来实现的。上条时，立轮和离合轮处于啮合状态，当转动柄头时，离合轮带动立轮，立轮又经小钢轮和大钢轮，使条轴卷紧发条；棘爪则阻止大钢轮逆转。拨针时，拉出柄头，拉档在拉档轴上旋转并推动离合杆，使离合轮与立轮脱开，与拨针轮啮合。此时转动柄头使拨针轮通过跨轮带动时轮和分轮，达到校正时针和分针的目的。

（三）电子钟表的分类和结构特点

电子钟表的工作原理是用电池做能源。电池输出电能到电子块和电动机或者数码显示上，精确度比较高。电子钟表分为四代：

第一代晶体管摆轮游丝式，是以晶体管和摆轮游丝作为振荡器，以电池为能源，通过电子线路驱动摆轮工作。通过快慢针调节游丝的工作长度，可调节振动周期。摆轮通过计数机构驱动齿轮传动系统和指针系统，以指示时间。可带闹时机构和日历机构，并可与收音机结合构成钟控收音机。

第二代音叉式，是以金属音叉作为振荡器，用电子线路输出脉冲电流，使机械指针系统转运指示时间的钟表。

第三代指针式石英钟表，是利用石英谐振器作为振荡器，通过电子分频器后驱动步进马达带动轮系和指针。石英晶体传感器的核心是石英晶片。其工作原理是压电效应。若在石英晶体上施加交变电场，则晶体晶格将产生机械振动。其振荡能量损耗小，振荡频率稳定。

第四代数字式石英钟表，它也是采用石英谐振器作为振荡器，不同的是，它经过分频、计数和译码后，利用显示器件以数字的形式来显示时间。

前三代电子手表均带有传统的机械指针机构，而第四代采用大规模集成电路，完全脱离了传统的机械结构的全电子钟表，直接用数码管或液晶显示时间，具有时、分、秒、日历、周历、月历等多种功能。

（四）其他形式的电子钟表

电波钟表也被称为无线控制计时钟表，由标准时间授时中心将标准时间信号进行编码，利用低频（20KHz～80KHz）载波方式将时间信号以无线电长波发播出去。电波钟表通过内置微型无线电接收系统接收信号，由专用集成芯片进行时码信号解调，再由计时装置内设的控制机构自动调节钟表的计时。所有接收该标准时间信号的钟表都与标准时间授时中心的标准时间保持高度同步，进而全部电波钟表显示严格一致的时间。

子母钟是由一台母钟和多台子钟组合成的系统，具有走时精准、操控方便、同步运行等特点。子母钟系统均采用智能模块化设计，更突出了操作简单、安装方便、运行可靠、使用寿命长、性价比高的特点。母钟接收来自 GPS 的标准时间信号，通过传输通道，将标准时间信号直接传给各个显示子钟，为工作人员提供统一的标准时间。子母钟时间系统应用于城市重要公共建筑，如车站、高校、交通路口、标志建筑等场所和电信行业的移动及固定电话报时等方面。它提供了准确的公众时间，为人们的日常生活提供便利，避免了因时钟不准确而带来的不便。

（五）TSL 型太阳能石英钟简介

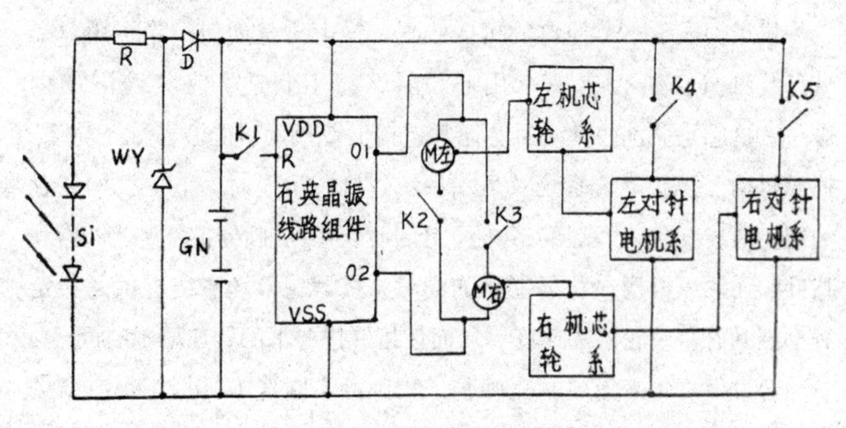

双面太阳能石英钟原理图

太阳能钟表又叫光能钟表，这种钟表内部带有太阳能电池，太阳能电池使用高纯度硅片制成，当阳光或灯光照射到硅片表面，就能把光能转变为光电流及光电压，给钟表电池充电。

1983年，洛阳钟厂设计生产的TSL型双面太阳能石英钟工作原理如下：硅片电池将太阳能转换成电能，通过限流电阻R和隔离二极管D，加在钟表工作电路里，石英谐振器和钟表集成电路组成频率稳定的高频振荡，经电路内部多级分频为一正一负的秒脉冲，分别输送到左右两个钟表的步进电机中，然后通过转动轮系带动指针指示时刻。稳压器WY可提高工作电压的稳定性，镉镍蓄电池GN储存多余的电能，以备夜晚和阴雨天供电。K1接秒信号集成电路复位端R，作为停止输出进行精确对时使用，K2至K5为调整对时控制开关。当分别断开K2、K3时，左右两个机芯将分别停走。当接通K4、K5时，可分别控制左右两个机芯快速对针。此项科研成果曾发表在《钟表》杂志1987年第一期上。

二、机械钟表设计及上海7750机芯

（一）机械钟表现代设计理论

机械钟表是一个经典的机械装置。钟表质量如何，除了用料和外部装饰外，是否有一个用心设计、精工制造、完美镶嵌的内脏——机芯是关键。基础机芯通常包括上链机构、能源系统、轮系、擒纵机构、摆轮游丝系统及显示系统。机芯运作时，上链机构储存的能量通过发条以力矩的形式经主传动轮系同时传递给擒纵机构和指针，而擒纵机构在获得能量的同时，按摆轮游丝系统提供的稳定频率控制着整个轮系的速度，从而使指针按要求的转速显示时间。

经过数百年来无数制表师与工程师的不断努力，每年都有新的设计推出，工程设计方法也在不断进步，机械钟表的设计已日臻完

美。如何利用新的工程方法来辅助设计机械表芯，是手表现代化生产的关键。

首先设计一般选用计算机辅助设计（CAD）软件，一个机芯有上百个部件，部件之间的关系可以在三维模型中展示出来。按照现代设计理论，设计应从产品功能要求开始，逐步深入，直到每一个部件、每一个尺寸。机械钟表设计可以从分析现有的成功设计出发。机芯的设计是一个系统工程，尤其是需要批量生产时，设计师对机芯的原理以及各部件的制造工艺、装配、质量控制等各个环节都要有深刻的认识。

机芯的定型主要包括以下几个方面：机芯尺寸、功能及摆频。这些选择之后才能进一步设计。主要的机芯尺寸参数包括机芯的直径和厚度，直径越小，厚度越薄，越难以实现。机芯的设计要有一系列标准，才能使机芯制造与成表制造接轨。

摆频指摆轮游丝系统的振荡频率。擒纵系统的嘀嗒声除用 Hz 来表示外，还采用每小时的嘀嗒声数量，常见的摆频有 18000、21600、28800、36000，其对应的频率为 2.5Hz、3Hz、4Hz 与 5Hz。摆频越高，机芯受外界影响越小，准确度也就越高。但摆频越高，零件尺寸越小，加工难度越大，整个系统运作速度提高，磨损和疲劳加剧，对零件的要求也相应提高。难度最大的是擒纵系统和主传动链。目前萧邦表已开始向 72000 的高频冲击，擒纵系统采用硅材料，具有更好的耐磨性和吸震能力，能够在高频条件下长期稳定地工作。传统的擒纵轮齿数为 15 或 20，由于加工方法和精度的限制，难以进一步提高，用硅材料加工突破了其瓶颈，能加工成任意形状的零件，且精度更高，能做出更多齿数的擒纵轮，将高频变为现实。

擒纵机构和摆轮游丝系统是整个机芯最关键最复杂的部分，是决定机芯计时的基准。布局从发条盒和摆轮游丝系统的位置开始。发条盒和摆轮游丝系统是整个机芯中尺寸最大的两个动件，其中发条盒越大，所能安装的发条也就越大，储存的能量也就越多，机芯运作的时间就越长。现在许多厂家采用双发条盒甚至多发条盒设计，占用更多的空间。另外，摆轮的直径越大，转动惯量就越大，受外界影响就越小，准确性就越高，但大的摆轮也占据了大的位置。发条和摆轮位置大体定下来后，沿径向可根据机芯功能确定主传动链及上链条机构的位置。

走时精度是机芯最主要的评价指标。按照ISO 3158&NIHS 93-10的标准，日差15秒之内的机芯是优秀机芯。根据相关的计算公式，千分之一点摆轮转动惯量误差或游丝刚度误差就会造成10秒以上的日差，对应到零件尺寸上所允许的误差都是在微米级，可见走时精度对于加工误差是极其敏感的。因此，摆轮和游丝的加工过程都包含了数十道工艺，以保证要求的尺寸精度，并且在装配前要用灵敏度极高的仪器分别对摆轮的转动惯量和游丝的刚度进行测量和分档。装配时，用转动惯量大的摆轮配刚度大的游丝，以求让误差降到最低。另外，外部因素包括温度、磁场、重力等都对摆轮游丝产生影响。根据摆轮游丝系统、擒纵系统和传动系统的损耗，可以确定所需的发条力矩，进而确定发条的参数。其中发条的圈数和主传动链的传动比共同决定了机芯上满条的工作时间。

设计的最后一个步骤也是最重要的步骤就是校验。由于机芯零件很多，排布又很紧凑，因此需要进行非常仔细的校验，从而保证机芯能够正常工作。

（二）影响手表走时的八大因素及对策

外部影响。来自钟表外部的工作环境。应对措施：防震、防水和防磁设计；保护外壳等。精密航海钟采用万向节，在颠簸中能够保持水平。

摩擦影响。摩擦会导致传动效率的降低和零件的磨损，影响计时。解决方法：改善润滑条件，选好润滑油；采用宝石轴承或垫片；改善齿轮的齿面条件，包括采用科学的共轭齿形和提高表面光洁度等。

调节摆轮快慢针。会影响系统等时性，也可产生位差。解决方法：尽量减少内外快慢针间距或不用快慢针，用调节摆轮惯量调节快慢。

擒纵机构。擒纵机构能量传递接近摆轮平衡点时影响会减小。解决方法：采用精密擒纵机构，如爪式擒纵机构，它的能量传递过程发生在平衡点附近，传冲的角度和影响比较小。

温度影响。温度变化会改变游丝的工作长度和摆轮惯量，影响润滑油黏度而影响计时。对策：采用开口双金属摆轮游丝系统；采用特殊合金材料制作游丝和摆轮；采用移动快慢针和标准润滑油。

磁场影响。磁场影响最大的是游丝，可改变其弹性模量，使游丝变形，产生附加应力，严重时，磁场可导致游丝粘连影响走时。解决方法：采用防磁材料。

游丝平衡荡框。游丝在重力作用下产生位置误差。解决方法：采用中心收缩游丝，重心不随摆角改变；采用菲利普末端曲线的圆柱游丝并上下对称使用；采用直线游丝。历史上有人用过球形游丝，性能优越，但工艺性很差，很少实际应用。

摆轮平衡。摆轮的平衡直接影响位元差，摆轮元件的静平衡是一个基本要求。通过手表的动平衡，可综合改善走时性能。当摆轮摆幅达 220 度时，各种传递到摆轮上的冲力对频率无影响，采用安装在擒纵轮上的恒力机构控制摆幅在 220 度附近，是个好方法。

（三）上海 7750 机芯

从 2008 年起，全球最大的基础机芯厂商 ETA 机芯对外供应限制，很多厂商拿不到 ETA 机芯，转而寻找其代替品，因此，上海 7750 机芯就成了很好的选择。上海 7750 机芯在国内和亚洲都有不错的口碑，此款机芯是仿制 ETA7750 多功能计时机芯，是个“万金油”，在很多复杂的表款中都有用到，比如万国葡萄牙计时、飞行员

上海 7750 机芯

计时等。上海 7750 机芯一直以稳定性著称，因其游丝卷数、厚度和 ETA7750 相差无几，但上海 7750 机芯的游丝材质是镍基合金而且宽度偏宽，与 ETA7750 的专利游丝不一样，精确性上会弱一些。ETA7750 的精准和稳定，大部分靠游丝的独家专利取胜，并且由于专利保护导致无法复制。

上海 7750 机芯属于多功能复杂机芯，优势在于最大限度地仿制了 ETA7750，材质稳定性尽可能在法律允许的范围以内，外加自己的创造和修改，打造出了一只相对便宜的国产强芯。该机芯巧妙地用三条杠杆组合取代了传统计时机芯的导柱轮，让机芯加工成本大幅降低，稳定性增强。

2003 年，中国实现了载人航天，杨利伟当年戴的飞亚达航天表还是石英机芯。到了 2008 年的“神舟七号”，研制机械航天表机芯的任务由飞亚达委托给上海手表厂。上海手表厂全面拆解一枚 ETA7750 机芯，并进行了细致测绘后就研制出了所谓上海 7750 机芯。“神舟七号”之后的每一次载人航天任务，航天员和辽宁舰的舰载机飞行员佩戴的都是装配上海 7750 机芯的飞亚达航天表。

三、各类原子钟最高精度 160 亿年误差 1 秒

（一）很准确的时钟——铯原子钟

把时间的计量精确到尽可能高的精度，是当今时间计量的重要

课题之一。其中铯原子钟是近几年来发展的一种新型原子钟，是很精密的计时器具。

20世纪30年代，在美国哥伦比亚大学实验室拉比设想的时钟里，处于某一特定的超精细态的一束原子穿过一个振动电磁场，场的振动频率与原子超精细跃迁频率越接近，原子从电磁场吸收的能量就越多，因此经历从原先的超精细态到另一态的跃迁。反馈回路可调节振动场的频率，直到所有原子均能跃迁。原子钟就是利用振动场的频率作为节拍器来产生时间脉冲。二战后，美国国家标准局和英国国家物理实验室宣布，以原子共振研究为基础来确定原子时间的标准。1956年，摩尔登公司生产出了第一个原子钟。铯-133的共振频率为每秒9192631770周，自1967年以来，便由铯-133的原子振动频率决定秒的定义，这种测量方法类似监控落地式大摆钟的钟摆摇摆。今天，名为NISTF-1的原子钟是世界上最精确的钟表，这架时钟没有指针和齿轮，只有激光束、镜子和铯原子气。它不能显示钟点，仅提供“秒”时间单位计量。1999年建成的这座钟在2000万年内误差不超1秒。这一计时装置安放在美国科罗拉多州博尔德的国家标准和技术研究所（NIST）物理实验室的时间和频率部内。

（二）冷原子钟

1995年，在法国研制成功的冷原子钟（铯原子喷泉）利用了“激光冷却和囚禁原子原理和技术”，使原子钟的水平又提高了一个数量级。冷原子钟是把原子某两个能级之间的跃迁信号作为参考频率输出信号的高精度时钟，同时利用激光使原子温度降至绝对零度附近，使原子能级跃迁频率受到更小的外界干扰，从而实现更高精度。在微重力环境下运行高精度原子钟则具有更重要的意义，不仅可以对基本物理原理开展验证实验，也可发展更高精度的导航定位系统。之前，在太空中运行的原子钟都是热原子钟，精度最高对应

300 万年误差 1 秒。目前，世界上只有法国、美国、中国、德国等少数几个国家研制成功。设定国际时间的仪器就是铯原子喷泉钟，它可在 1 亿年内维持时间误差在 1 秒之内。

（三）“天宫二号”空间冷原子钟 3000 万年误差 1 秒

2016 年 9 月 18 日，成功发射的中国“天宫二号”搭载了中科院上海光机所研制的“定时神针”——空间冷原子钟，约 3000 万年误差 1 秒，在空间微重力环境下，进一步使时间精度提升 10 倍，这将是国际上首台在轨运行和最高精度原子钟。有了这个基准，就可以把天上其他原子钟同步起来，让全球卫星导航系统具有更加精确和稳定的运行能力。

冷原子技术还可开展深空导航定位。如果我们在太阳系中不受引力影响的拉格朗日点各放置一台冷原子钟，人类就可以超越近地范围，在太阳系这个更大的范围内实现准确定位，开展大尺度时空研究，包括广义相对论在大尺度情况下是否成立等。同时，空间冷原子钟还能测量引力红移。根据广义相对论，时间没有统一的概念，在火星、月球等不同的引力场里，时间都是不一样的。如果天上有个原子钟，地面也有个原子钟，那么一比较，就知道时间相差多少，然后利用这个时间差就可以测量引力红移。在不远的将来，空间冷原子钟的发展或许能让科幻世界的诸多猜想得到明确的解答。

（四）北斗导航铷原子钟

2017 年初，举世瞩目的“北斗二号”卫星导航系统的 26 台星载铷原子钟（简称“铷钟”）实现稳定可靠在轨运行，标志着我国已经成为继美国、俄罗斯之后完全自主建立导航定位系统的国家。铷钟是北斗卫星导航定位系统的“心脏”，目前可以实现每 3000 年仅 1 秒钟的误差，它的精度决定了导航时间、位置的准确度。

（五）最精确的光晶格原子钟160亿年误差1秒

2003年，科学家们首次展示了精度更高的光晶格原子钟。首先，与捕获离子钟一样，这种光晶格原子钟测量频率也为微波数万倍的可见光频率。第二，它们测量数千个被捕获进一个光晶格内原子的平均辐射频率，而不是只测量一个原子的辐射频率，因此精度更高。2005年，日本东京大学香取秀俊副教授等研究的光晶格原子钟，它以获得2005年度诺贝尔物理学奖的"光梳"技术为基础。"光梳"拥有一系列频率均匀分布的频谱，这些频谱仿佛一把梳子上的齿或一根尺子上的刻度。"光梳"可以用来测定未知频谱的具体频率，其精确度目前已经达到小数点后15位。研究人员把用红色激光冷却的超低温锶原子封闭到被称为"光晶格"的"容器"里，这样，原子的各种外来扰动被消除，可以充当钟的振荡器。光晶格钟理论上每天仅误差10的负18次方秒，除用来测量时间外，由于其对重力的影响极其敏感，还可以用于验证爱因斯坦的广义相对论。

2019年1月，日本科学家发明了最精准的光晶格原子钟，160亿年误差1秒。这个精准时钟仪器是用光学晶格中的超低温原子制成的，比目前使用的计时原子钟精准1000倍。研究人员说，这种精准度将为科学家打开新的研究领域，因为引力强度的微弱变化将能够得到测量。

目前，我国正在研制的新一代铯原子钟有望实现1万亿年不差1秒。

（六）数十年中时钟精确度不断刷新纪录

2014年1月公布的锶晶格钟的精准度破纪录，50亿年不会差1秒。其精准度比之前的纪录保持者美国国家标准与技术研究所（NIST）的量子逻辑钟高50%，与NIST世界领先的镱原子钟相当。在锶晶格钟中，几千个锶原子被束缚在一列激光的光学陷阱中。科学家把这些原子浸润在非常稳定的红色激光中来检测钟的嘀嗒声——每秒430万亿下，而激光触发器的精确频率引发了能级之间的切换。

2015年4月公布了新光晶格原子钟精准度150亿年不差分秒纪录。现在与锶原子配合使用的实验性光学钟已被证明更加精准。锶原子的光频高于铯钟使用的微波频率。最新研究使用的时钟由侦测锶原子在红光激光中的自然振动或“嘀嗒”摆动计时。

（七）其他原子钟

康普顿钟。2013年1月，加利福尼亚大学物理学家证明，用一个原子的高频物质波足以测量时间。基于此，我们可以说一块石头就是一座时钟，称为“康普顿钟”，因为它是基于物质波的“康普顿频率”。

镱原子钟。比铯原子钟精准100倍。它的精准超越了其他原子钟，以至于其制造者无法测量其精准程度，直到他们制造了第二个这种钟，两个钟能够互相比较，才拥有了该钟准确性的数据，钟表物理学家称之为“钟表的稳定性”。镱原子是一种稀土元素，新生代原子钟可以在地球上测量相对论的效果。镱原子钟将在更高光频段下运转，将时间分割成大约10万份，用以获得更高的精确度测量宇宙基本常数。镱太空原子钟组合系统于2016年发射升空，进入国际空间站，确定物理学中的精细结构常数是否在任何地区都保持不变。

蓝宝石时钟。2018年9月15日，澳大利亚公布了研究人员用20年时间研制出的一种蓝宝石时钟，4000万年不需要校准。蓝宝石时钟可让超视距雷达生成比现有技术条件下纯净1000倍的信号，更精准定位远距离的船只和飞机。该时钟还可用于民用机场雷达和量子计算机，并能为5G通信网络提供高精度计时。

四、智能手表与“生命时钟”

当你躺在床上时，你的机器人助手会帮你准备培根和鸡蛋并帮你遛狗，这更像是对 2035 年的预言。你也可能会在腕表的呼叫中醒来，而不是被床头柜上的手机叫醒。

本书第三章“千奇百怪的多功能手表”一节介绍了许多智能手表。智能手表使人们能够立即查看信息，无须从口袋或包包中拿出手机。其心跳传感器和运动传感器使我们更容易监控自己的健康状况，还能记录人们每天的锻炼情况。

（一）智能手表更智能

专门研究可穿戴计算机设备的前福里斯特研究公司指出，2014 年发布的苹果智能手表已经部分改变人们与手腕互动的方式，就像苹果 2007 年改变了手机产业一样。“智能手表”未来的诸多思考中，人们正逐渐达成共识：时机已到。科技巨头苹果、三星和谷歌的智能手表已经存在了至少 10 年，微软在 2003 年时就有过一款。智能手表已经能够与手机进行无线连接，提示用户有新消息，并能提供有限的网络功能，位置 App 也获得广泛应用。智能手表的发展促使应用程序开发者研发新功能。2018 年，智能手表和其他可佩戴电脑设备年增长 4.85 亿部。

（二）儿童老人跟踪手环定位防走失

2010 年前后，网络公司和手表企业纷纷推出儿童老人定位手环。比如“360 儿童卫士”的核心功能为远程监护，可通过手机随时查看孩子及老人的位置，防止儿童和老人走失。这些穿戴设备手环，基于儿童和老人的安全需求，具备定位、安全预警、单向通话等功能。手环的智能识别功能还可自动标记孩子常去的地理位置，一旦孩子超出安全范围，手环会立刻向家长的手机报警。小孩戴上定位器，遇到困难或紧急情况时，按下“求救键”，定位器将自动打通父母的手机，可以进行通话。外出旅游或登山爱好者戴上定位器，可以知道自己所在的位置，家人可以知道你的位置，省去家人的担心。

（三）能呼救能定位的手表

河南省和谐慈善基金会拟免费发放一万台总价值1000万元的防走失安全监护手表，帮扶对象就是全省的贫困的阿尔茨海默病老人。手表内可以安装手机卡，边侧有“SOS”等三个按键，可以设置三个紧急呼救号码，需要时方便老人自救。

（四）可穿戴设备和手表让你“全身上网”

传感器的普及将帮助可穿戴技术进一步融入主流应用。几乎每个大型生产商都计划研发各种能戴在手腕上或佩戴在身体其他部位的移动技术，它们将随时监控用户的活动和健康状况。大多数设备将成为和智能手机一起使用的附件，有的智能手表安装SIM卡，能够独立连接移动网络。

2014年，苹果公司发明了一款戴在手腕上的计算机苹果手表。它跟踪记录你的动作，倾听你的心跳，被叫作“可穿戴设备”，具有强大的吸引力。你可以容易地想象出这个设备为你的医生提供了一份有用的日常活动报告。

（五）“生命时钟”手表可预测人寿命长短

2013年8月，英国兰卡斯特大学发明一种特殊手表，可以计算一个人的寿命，被称为“生命时钟”。该“生命时钟”所显示的数值范围在0~100之间，其中“0”表示死亡，“100”表示非常健康。将该“生命时钟”佩戴在手腕上，便会向人体发射一种无痛的激光脉冲，能深入皮肤表层，对血管内皮细胞进行分析，能对所有人体内部器官的复杂活动做出反应。

（六）生命倒计时快乐手表

瑞士科学家发明了一款可以为你的生命倒计时的“死亡手表Tikker”，引起众多人关注。用户在使用Tikker之前先填写一张健康表格，内容涵括个人病史、年龄、是否抽烟喝酒和运动频率等资料。据此Tikker能够大致算出使用者的寿命，即可得到用户离死亡还有多久的数据，从而显示在手表上进行“倒计时”。显示屏中第一行显示用户剩余寿命的年月日，第二行是时分秒，第三行则是正常时间的显示。对于发明这款手表的初衷，发明者称，祖父的离世使他感到人生苦短，希望世人把握时间。

“死亡手表Tikker”其实是“快乐手表”，人们可以知道自己还可以快乐生活多久，也希望通过这只手表提醒人们珍惜有限的生命。

五、动听悦耳的三问打簧表

问表即打簧表，泛指可以通过表壳上的按钮或拨柄来启动一系列装置从而发出报时声音的表。18世纪时主要流行的是两问表，通过不同的音调来报出当前的时、刻；此后三问表成为主流，能够报出时、刻、分。最早的报时三问手表并无声音，只能通过整点重击表壳来报时。此后大多是用音锤敲后盖附加的表铃来发声。到19世纪初，三问表采用音簧替代表铃，从而大大节省了空间，并且能够发出不同的报时音调，这才标志着现代三问表机械结构开始走向成熟。

（一）三问打簧表具有很高的功能和艺术价值

打簧表是古董表中的佼佼者，其装饰一般都很精致，外壳常用金、银制成，有的还施珐琅工艺、镶珠嵌宝，豪华富丽，是古董表爱好者追求的珍品。

宝玑三问报时陀飞轮表

三问表的三种报时声音，一般低音为“时”，高低相配合的是“刻”，即15分钟，音调较高的是“分”。比如，现在发出“当当当当”“叮当叮当”“叮叮叮”，即是四时两刻三分，也就是4时33分。这悠扬的报时声确实妙不可言。

三问表很考验制表技术，是对制表技艺的挑战。为了使音色更加悦耳，制表大师在有限的空间装置三套甚至更多的锤簧组合。三问表有300多个零部件，功能再多一些的甚至达到500至600个零件，有的零件如头发丝一样轻小。三问表的机芯装置极为复杂，小表壳里除走时零件外，还要加一个发条盘、三种击锤和多个齿轮。江诗丹顿、积家等国际知名品牌的三问表的价格几乎都在50万元以上。拥有三问功能的百达翡丽3939拍卖到了140万欧元，标价之高惊动业界。

（二）留住大本钟完美的悦耳

报时音质成为判断三问表品质的决定性因素，是三问表的灵魂，决定了一款问表的价格高低。报时声音清脆如莺、浑厚如钟、扣人心弦的关键在选择的材质。大多三问表有两个音簧，制表师为调节音色共振和谐，要单独调节每个音锤。其中最有名的是四锤机械模仿大本钟钟声的西敏寺钟乐报时，是一组能发出4个不同音阶的铃铛声乐钟，是问表的极致报时音调。

（三）自鸣表与问表的区别

自鸣表能够自动报告时间，当然也多了一组自动报时的发条作为动力来源，所以自鸣表可以看作是自动打簧表。两问、三问功能与自鸣表的结合在怀表上就已出现，主要是在表壳上多了一些按钮或拨柄来控制不同的功能操作，包括“静音”的转换装置，以便在不适合自鸣的环境中使用。当然，如果想知道更加准确的时间，还可以通过表壳上的按钮或拨柄，使问表的功能得以实现。自动鸣响表可以自动报告时间，有大自鸣表和小自鸣表之分，两者都可以在时钟和刻钟的时候发出声响，不同的是后者在自动报刻的时候不再重复整点报时。这也可以作为“大”与“小”在字面上的理解吧。

2006年，中国有一系列优秀的问表和自鸣表面世。海鸥曾在瑞士巴塞尔钟表展览会上推出中国人制造的第一只两问手表，成为国内钟表业的一大亮点。同时，五分问手表、十分问手表都具有三问、自鸣功能。

六、陀飞轮——对抗重力的时光之轮

真正让人心醉神迷的计时工具是“陀飞轮”高级机械钟表。重量不足0.3克的“陀飞轮”是钟表的核心技术，钟表依靠它对抗重力的干扰，在一种奇妙的“失重”状态下提供最精确的计时。2004年底，北京赛特店新开张就售出一块全球仅有的两只高价表，人民币600万元。透过表盘上黄金和钻石之间的镂空，可以窥视到手表的神秘心脏——“陀飞轮”。

（一）搅乱秒针的地球致旋转“失重”

没有任何计时器能做到永远分秒不差，机械表都有一个误差范围。通常机械表上满弦，每天误差不超30秒就合格。误差是由于无处不在的地球重力，它让钟表的振荡器频率不稳定，游丝和摆轮受重力干扰，手表水平放置轴承受的压力与竖直时不一样，游丝的摆动会有快有慢。经过多级传递累积，最后到表盘上时误差就变得明显了。

在2005年瑞士钟表展上，一只仿佛悬浮在透明表壳内、不到小指甲大小的自转小飞轮刮起了一股风暴。它自顾自悄无声息地翻滚着，自转、公转、转向、空翻，多重咬合的圆弧不停歇地做着三轴匀速转动，看上去就像一颗小小的地球仪，这是新一代“三轴陀飞轮”。陀飞轮就是高精度手表的“心脏”，用以挑战万有引力对人类掌握时间欲望的捉弄。

（二）陀飞轮的诞生

陀飞轮有旋涡之意，是一种回转式擒纵机构。陀飞轮的主要部件和普通擒纵机构一样，有摆轮、游丝、擒纵叉、擒纵轮、叉夹板等“老臣子”，多的是回转框架和摆夹板，以及使陀飞轮转起来的齿轮。传统的擒纵机构不能克服地心引力的影响，1795年，瑞士制表大师宝玑发明了陀飞轮。

1747年，宝玑出生在瑞士的纳沙泰，那时候钟表界的最高难题，就是消除地心引力对钟表精确误差的影响。宝玑属于那种一见螺丝齿轮就两眼放光的天才。他把擒纵机构的所有部件统统安装到一个框架内，让它们随着框架一起围绕摆轮的轴心做360度不停的旋转。

在陀飞轮诞生之前，擒纵机构都是固定不动的。表的位置变化了，擒纵机构却不变，因此擒纵零件本身就因受力不同而产生误差。但当擒纵机构也以360度不停地匀速旋转起来时，即便轮摆某一位置受到重力的影响，另外一段也会同时受到相对的影响，从而将产生的误差互相抵消。即使没能阻挡万有引力，仍能巧妙地将引力场的影响化解于无形——小小的陀飞轮竟比人类早了几百年体验到“失重”状态！

很快，酷爱旅行时钟的拿破仑成了新发明的第一位买主。当时他还未成为法国皇帝，却已毫不掩饰对人类新智慧的渴求。从此，他不论征战到什么地方，都不再担心自己的表因重力影响而产生时间误差，他的表几乎成为19世纪初走得最准的计时器。

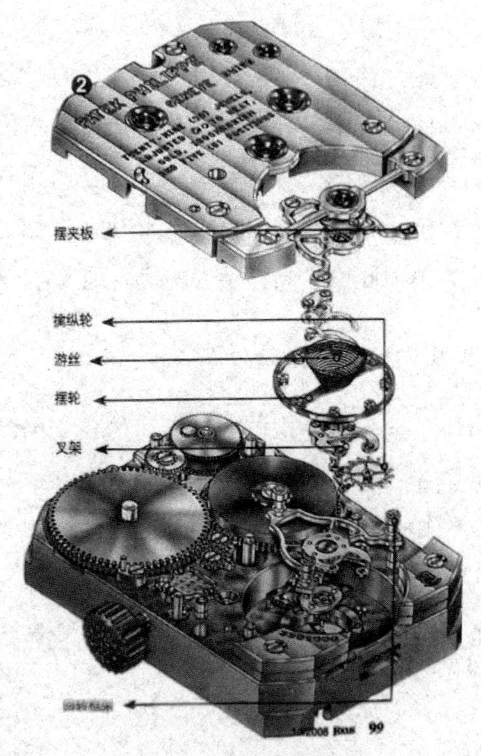

陀飞轮手表机芯分解图

作为精密机械时代的巅峰之作，陀飞轮不再掩饰自己的骄傲。在怀表时代，陀飞轮手表还将陀飞轮装置隐藏在表壳内，现在陀飞轮总是被安置在除指针之外最显要的位置——一如被挖开了的秘密心脏，将机械手表里最高的智慧和技艺随着飞轮的旋转和指针的走动，精确无误地展现出来。

200多年来，陀飞轮技术始终曲高和寡，无人超越。直到21世纪初，独立钟表设计师 Thomas Prescher 终于陆续发表了取消框架限制的多轴陀飞轮手表。对手腕上三度空间移动的手表，主要应对垂直引力的单轴陀飞轮已失去意义，全新的多轴陀飞轮却直指这一核心。在直径37毫米的机芯内，他设计并制造出来的三轴陀飞轮笼架，分别以一秒钟、一分钟和一小时旋转一周的三个轴运行，如同航天飞机上的陀螺仪。

（三）手艺决定价格

陀飞轮的总重不超过0.3克，相当于一片天鹅羽毛的重量，却固定了游丝、擒纵轮、轮摆和夹板等70多个零件。这些细小精美的零件，每一个都经过设计师的反复计算，哪怕差上0.001毫米，也会使钟表无法运转，绝对是几何美学的极致。陀飞轮对制作工艺的要求相当高，所以只能手工制作，无法量产。几乎每只陀飞轮手表都因珍稀而编号出售，而且往往在摆上货架前就被预订一空，陀飞轮也因此成了高档手表的代名词。

（四）山寨高仿陀飞轮

北京的秀水街或者上海的襄阳路经常可见叫卖廉价瑞士名表的商贩，数千元的名表经过讨价还价，只要几百元就能成交。如今的盗版表很难被一眼识穿，秒针的空格要借助显微镜才能看清。表壳上的碳原料被换成塑料材料，不仔细触摸也觉察不到。表盘上的玻璃是不是缺乏抗反光元素也要反复观察，内行也难辨其真假。

（五）中国的陀飞轮手表

继矫大羽1991年在香港研制出陀飞轮手表之后，1995年，许耀南技术小组在北京手表厂研制出中国大陆第一只陀飞轮样表，摆轮被设计成一只飞燕形状，被命名为“中华灵燕”。

陀飞轮

“海鸥表”的机械腕表制造已有50年历史，拥有自主知识产权的海鸥多功能镂空双陀飞轮ST8083GK的诞生，结束了长期以来被瑞士手表集团技术垄断的局面，并以技术水平高、设计与投产时间短、附加值高创下中国手表的新纪录。同时，也以大气精美的外观设计赢得了广大手表爱好者的追捧。

七、“高精尖”超级复杂腕表

（一）“时间之旅”名表巡展

2010年12月3日，“时间之旅”名表巡展在郑州拉开序幕。展出的表款，有对复杂功能的强调，如计时码、万年历、陀飞轮、逆跳功能的革新运用；有对精湛工艺的坚持，制作工艺更臻完美，精细零件手工打造；还有材质组合的创新，高贵的钻石与色彩缤纷的宝石、铂金、陶瓷等不同材质镶嵌搭配。

“多功能手表”的机芯是手表设计制造技术和精密工艺的极品之作，除了显示时间之外，它更是集中了其他多种功能，如显示月相和季节，可设定每小时、每十五分钟响闹报时，具有万年历等。这种表的结构繁密，其设计就像房子，是层叠式的。最底层是时间装置，显示时、分、秒；第二层是报时打簧装置，精密的可以在每一刻钟后逐分报时。机芯多至1400~1800块零件，小的仅千分之一毫米大小，每一部分均经顶级师傅切割、打磨和琢造。

（二）超级复杂腕表的主要材料和功能

宝石机芯中的宝石用于手表的功能钻。常见的是红宝石机芯，也称为红宝石轴眼。一只机械表机芯有许多齿轮，用红宝石轴眼固定在夹板上，镶嵌在表中发挥轴承的作用。之前手表中部件转轴压力和高速摩擦损伤都令机芯难以承受。1700年，人们发现钻孔的红宝石做表的轴承可降低摩擦力和损伤，显著提高机芯寿命，从此红宝石被广泛用于机芯内。

50米防水。很多消费者以为50米防水手表就是只能在水下50

陀飞轮镂空通透手表

米以内防水。事实上，所谓防水手表是指手表具有一定的抗水压力，这个抗压值并非在水下得出，是通过抗大气压值换算出的。这种压力测试是静态的，并非专指手表能够在50米以内水下运动。50米防水是日常生活防水的加强版，即手表不仅可以经受住洗手、洗脸、淋浴等溅到的水珠，还可以戴着手表洗澡，可以用少量的冷水去擦洗手表，但是不能将手表浸泡在水中，更不能戴着表游泳或潜水。

防炫镜面。防炫镜面是手表表镜的一种类型，分为单层防炫玻璃表镜和双层防炫玻璃表镜。防炫镜面就是在镜片上电镀多层膜，使其附着于镜片上以防止光线折射，常用于专业航空、潜水表或镜面弧度很大的表上。

通透表是手表设计中的高峰。通过透明表盘和夹板，看起来所有零件好像仅由极细的发丝联系着，储运器怎样转动、摆轮怎样振动以及擒纵杠怎样前后摆动等，均一目了然。这种奇妙的设计使人仿佛看到了生命内部的脉动，并觉悟到一个世界的秘密，不由叫人叹为观止。

（三）巴塞尔表展上的超级复杂腕表

2016年巴塞尔表国际钟表珠宝展为期8天的展览中，各家品牌都推出了新品。

百达翡丽大师弦音腕表 Ref. 6300，这款双面腕表具有20项复杂功能，包括采用三音簧的 5 种报时装置（大自鸣、小自鸣、三问报时、报时闹钟、日期鸣报），其中两项专利功能属世界首创，此外还包括第二时区时间、昼夜显示、瞬跳万年历、月相等。这枚腕表采用白金表壳，配备专利翻转装置，可令表盘的任何一面朝上佩戴。腕表搭载百达翡丽史上最复杂的腕表机芯，光零件就有 1366 个。

宝玑三问报时陀飞轮腕表，亮点是打造卓越音色的报时表。开展多达 20 万种音频合成实验，并依据心理声学标准进行分类。对这些声音进行反复聆听和评估，最终选定最合适的目标音色。音簧是三问报时装置中的核心部件，为了达到预期的音色，宝玑的设计师将音簧固定于表圈上，由音锤沿垂直方向击打，以确保蓝宝石水晶表镜和表圈垂直振动时可产生最佳的鸣音效果。这款腕表汇集了腕表报时机械领域前所未见的六项全新专利技术和五大创新元素。

雅克德罗迷人的时光之鸟，表盘图案从传统的剪纸技术汲取灵感，与手工雕刻和上彩珍珠母贝表盘底面相互呼应，展现了传统瑞士田园风光。腕表搭载 47 毫米直径红金或白金表壳，每款限量发行 8 枚。

宝格丽三问腕表，享有“全球最小”美誉的三问腕表，将错综复杂的镂空超薄机芯和充满当代气息的酷黑色调相结合，打造全球最薄陀飞轮装置，机芯的厚度只有 3. 12 毫米，而平均表壳厚度亦只有 6. 85 毫米。表壳采用钛金属材质，除了质感轻盈外，其低密度性质亦确保了声响的扩散。报时机关的按钮确保腕表持续 50 米的防水深度。醇厚而清澈的报时音调伴随整齐划一的节奏悠然响起。

八、月相表和月亮同步

（一）可以和月亮同步的手表

月亮给了人类一个亘古不变的参照物。月相自古与人们的生活息息相关。古人没有日历，光凭月相就能识别一个月的每一天。月亮不只对地球气候有影响，它在时间层面对人的作用也很大。一些顶级工匠们在制作一些精密计时器的时候，从来都不会忘记加入“月相”功能。

很早雅典表便凭借拥有月食以及月亮坐标显示的“天文三部曲”表而名噪一时。世界首款同步月相的机械表来自瑞士著名的奇葩手表制造商马克布瑟。这一款完全手工打造的维多利亚时代风格的纯机械月相表，一下把一个“天文计算装置+时间装置”一起装进那么小的空间里，还能保持精准，价值连城。

（二）太阳、地球和月球三相表

2009年，雅典以“月之狂想”命名的全新天文表，标志其在月相技术上的进步。其设计理念集中于太阳、地球和月球之间的天体系统，以钟表形式科学地描述月相盈亏、月球和太阳地球之间的万有引力所引起的潮汐变化。在机芯中，两个月相旋转盘合而为一，可模拟新月、满月之间的交替变化；同时，地球环绕太阳转动的轨迹在另一转盘以每24小时转动一次呈现。

（三）南北半球月相腕表

万国南北月相腕表解决了南半球月相与北半球月相成镜像显示的难题。万国南北月相的奇想原本纯属偶然，是设计师在解释月相机制原理时冒出的遐想。该创新机制不再依照原先月相机制的传统观念，而是令表盘上两个相对的圆形视窗在黑色圆形的平面上滑动，进而营造出南北成相反状的月相盈亏显示。

（四）月亮基因手表

自1965年起，欧米茄超霸表便成为美国宇航局每一次载人航天任务的重要一员，并在1969年7月20日建立起卓著声望。这一天，阿波罗11号登月舱着陆月球表面，巴兹·奥尔德林踏上月球，固定在宇航服外面的超霸专业腕表便拥有了一个特别的名称——“月球表”。它不仅带有超霸腕表系列著名的全部计时功能、月相功能和日期指示，更特别配备带有月亮基因黑化砂金石表盘，形象地展示出“月球表”的风貌。

（五）瑞士月亮手表

瑞士制作了一种月亮悬挂在群星闪烁的夜空中图案的手表。当“月亮”移动过表盘上的月牙形缺口时，与月球本身每28天周而复始的运行完全同步，使人们的时间概念与大自然更加吻合。

（六）艺术家多功能月相表

这款水滴形表耳的江诗丹顿月相表，月相盘以鲜艳的蓝色代表宇宙，布满金色的点代表星星，两个金色的圆形代表月亮。日历显示盘及面盘由一道金色的环形当界线。左边有星期显示窗，右边为月份显示窗，6点方位有月相盈亏显示窗，并有扇形的农历29.5天标示；在面盘最外围有一圈铁轨形分刻度标示，日历指示盘由一尾端月形的K金指针指示，笔形的K金时分针及精致的面盘看起来典雅大方。

艺术家多功能月相表

（七）积家月相功能精准度创历史

2015年1月27日，在日内瓦高档钟表国际沙龙上，积家推出3款月相腕表，将月相功能精准度提升至最长3887年才产生一天误差，成为世界上最精准的月相功能腕表。新品腕表，首先是双翼立体陀飞轮月相腕表，它是在双翼立体陀飞轮模仿地球自转和公转的基础上，同时在腕表右侧搭配月相功能，宛如月亮围绕地球运转；第二个是约会系列腕表，积家首次将天空最真实的月相呈现出来；另外一个是麦秆镶嵌空气钟，它的外壳用罕见的麦秆镶嵌。

九、大自然时钟及其技术应用

（一）宇宙最精确的时钟脉冲星

2016年6月23日，正在平塘县建设的被誉为“中国天眼”的世界最大500米单口径射电望远镜FAST工程主体完成，经过精心调试，“天眼”视力越来越好，脉冲星的批量发现也随之开始。2017年10月10日，中科院国家天文台曾公布，FAST已经探测到59颗优质的脉冲星候选体，其中已经有44颗得到认证。特别是2018年4月18日，中国科学院国家天文台500米口径球面射电望远镜（FAST）首次发现的毫秒脉冲星得到国际认证，这是FAST继发现脉冲星之后的另一重要成果。通过跟踪伽马射线点源，FAST于2月27日首次发现这颗毫秒脉冲星，并通过FAST与费米伽马射线卫星大视场望远镜（Fermi-LAT）的国际合作认证了此次新发现。新发现的脉冲星自转周期5.19毫秒，估计距离地球约4000光年，由FAST使用超宽带接收机进行一小时跟踪观测发现，是至今发现的射电流量最弱的高能毫秒脉冲星之一。

脉冲星由恒星演化和超新星爆发产生，因发射周期性脉冲信号而得名。脉冲星是高速自转的中子星，密度极高，每立方厘米重达上亿吨。自转速度快，周期精确，是宇宙中最精确的时钟。其准确的时钟信号为引力波探测、航天器导航等重大科学及技术应用提供了理想工具。通过对快速旋转的射电脉冲星进行长期监测，选取一定数目的脉冲星组成计时阵列，就可以探测超大质量双黑洞等天体发出的低频引力波。

毫秒脉冲星是每秒自转上百次的特殊中子星，对其研究不仅有望对理解中子星演化、奇异物质状态起到重要作用，而且稳定的毫秒脉冲星是低频引力波探针。脉冲星搜索是进行引力波探测研究的基础，脉冲星计时阵是观测超大质量双黑洞发出的引力波最有效的方法。脉冲星计时阵依赖数十颗计时性质良好的毫秒脉冲星，其样本的扩大、性能的提高起始于脉冲星搜索。自 1967 年发现第一颗脉冲星的 50 年里，已发现脉冲星家族至少有 2700 个成员。研究脉冲星有望解决许多重大物理学问题。

（二）测定碳酸铅年代，确定远古物品年龄

2018 年 7 月 2 日，法国科学家通过直接测定碳酸铅年代，来确定古希腊和古埃及时期物质的年龄。考古学家或将能借助这一方法，判断远古艺术品和化妆品的年代。自然界中碳元素由 3 种主要同位素组成，其中碳 14 为天然放射性同位素，碳测年法就是利用生物体死亡后体内碳 14 含量随时间减少的规律进行年代测定的技术，主要用于测定生物物质，例如动植物遗骸，也可以测定木器、竹器、牙骨器、纸张、纺织物等含碳有机物的年代。此前虽然碳酸铅含有放射性碳，可惜长期以来，科学家们一直没能找到直接测定碳酸铅年代的方法。

新的测定碳酸铅年代的方法测定了古埃及和古希腊墓穴（前 1500—前 200）中化妆品样本的年代。这一方法检测的是制作碳酸铅时混入空气中的碳，可以区分自然颜料和人造样品。这一新方法的

问世，为考古学家测定古代物质的年代提供了有价值的手段。由于19世纪前使用的白色颜料中常含有碳酸铅，这一方法或许还能用来测定艺术品和画作的年龄。

（三）大自然的“石英表”——石英光释光测年

1969年，日本精工公司成功将石英晶体制成音叉，出现了第一块石英电子表。然而，大自然还有另外一块“石英电子表”授时于我们过去的时间，这就是石英光释光测年（OSL）。石英光释光测年技术从热释光现象发展而来，即矿物受热发光的现象。1663年，英国化学家第一次发现并描述了热释光现象，他把钻石放到口袋里走到一间没有光的屋子，钻石发出了微弱的光芒。直到1985年，加拿大科学家用激光取代加热来获取释光信号，称其为“光测定年代”。

光释光测年仪技术可应用于考古研究文物年龄测定。文物埋藏时间越长，在文物中产生的电子和空穴越多，因此热释光越强。利用热释光技术还可制成辐射剂量计。光释光测年仪断代工程适用于陶器及其他火烧黏土样品测定，年代的范围可达数十万年。

光释光测年仪还可以应用于考古和地质年代测定、环境剂量测量、辐射食品检测、荧光研究，等等。

十、体育竞赛中的电子计时器

（一）体育竞赛中时间的测量

2004年8月27日晚，雅典田径赛场刮起“中国旋风”。首先是中国选手刘翔在男子110米栏比赛中以12秒91打破奥运会纪录获得冠军。紧接着中国小将邢慧娜以30分24秒36夺得女子1万米金牌。2013年的北京马拉松为所有参加全程马拉松的选手提供感应计时服务，实现了净计时。埃塞俄比亚的男子运动员托拉·沃尔德格贝里尔以 2 小时 7 分 16 秒的成绩打破了尘封 27 年的赛会纪录。

（二）0.01 秒？奥运计时器何以明察秋毫

2008 年 8 月 17 日，菲尔普斯以 0.01 秒优势赢得男子 100 米蝶泳决赛。很多人质疑，但裁判却斩钉截铁："这是电子计时器显示的成绩。"电子计时器就是那么牛！塞尔维亚官员打消了上诉念头。

游泳运动员到终点时由"触摸板"确定，北京奥运会是欧米茄在"水立方"8 条泳道设置的"触摸板"，可感应运动员触摸计时，精确到百分之一秒。"触摸板"技术在 1968 年墨西哥城奥运会上投入使用，之前的游泳计时是：每条泳道出发台前站 3 个裁判，每人拿一个秒表计时。一场游泳比赛，运动员只有 8 个，可计时裁判却有 24 人。

（三）秒表从手按到电子捕捉

在强调"更快更高更强"的奥运会上，如果没有计时器的不断发展，"更快"就成了空谈。1896 年第一届奥运会，使用浪琴手动计时怀表，只精确到 1/5 秒，倒计时极限是 30 分钟，所以，那届奥运会马拉松比赛只有名次，没有成绩。1912 年斯德哥尔摩奥运会，首次使用电子眼和终点摄影。1924 年巴黎奥运会计算时间精确到百分之一秒。1932 年洛杉矶奥运会进入全自动电子计时时代。1972 年慕尼黑奥运会，严谨的德国人把计算单位精确到千分之一秒。2004 年雅典奥运会，光终点的摄像机就可以每秒拍摄 1000 张照片，杜绝了出现争议的可能。2008 年北京奥运会，负责场馆计时的技术人员多达 700 名，各种器材重达 400 吨。而 1932 年洛杉矶奥运会，负责整个奥运会计时的技术人员只有 1 名。

（四）"码表"按了指针才会走

一般三眼手表最大的指针"码表"按了才会走，就像小时候体育老师让我们跑步，起点时按一下开始，终点时候按停止，这样可以计算出速度。

（五）从抢跑到取消资格

在田径和游泳比赛中，怎样判断抢跑？田径起跑器和游泳起跳台装有电子压力板，发令枪响后，选手在1/10秒内出发就算抢跑（抢跳），人听到发令枪响后的反应不可能超过1/10秒，如果超过就是提前启动。刘翔在西班牙室内田径锦标赛上跑出0.105秒的起跑反应，已接近人类反应的极限。

（六）一指之差屈居亚军

电子计时钟无情地显示着时间。日本队野口智博触壁“7分30秒34”，中国队谢军触壁“7分30秒44”。“0.1秒”，电子计时钟终于将这肉眼难以分辨的差距做出了评判。中国队以这看不见的一指之差屈居男子4×200米自由泳接力赛亚军。

（七）NBA新型计时器颠覆传统

NBA在1954—1955赛季推出24秒计时器，以后联盟一直不断完善计时技术。2016年10月8日，上海NBA与天梭共同推出专为NBA设计的计时系统，拥有了最先进的LED显示屏计时器。该款无线缆无导体式计时器采用全透明设计，外表简洁大气，显示比赛时间的同时还能计测24秒违例和暂停时间。高精准数据可

篮球比赛电子计时计分器

帮助裁判和 NBA 回放，大大减少可能出现的误判。可把比赛时间同步反映在 NBA 赛场所有大屏幕和记分牌上，使球迷能实时掌握赛场动态。

（八）田径教学和训练钟

可用于测量短跑、跳远、三级跳远、标枪等直线运动的步幅、步频、支撑时间、腾空时间、瞬时速度、平均速度及运动总计时和每项运动十米分段计时等。诸参数和运动曲线均可由仪器配备的打印机迅速打印，用以对运动员的运动情况进行综合分析、改进，提高教练水平。

（九）腕表与体育赛事的不解之缘

劳力士：每年获得劳力士赞助的大型体育与艺术活动已经超过 150 个，它的“运动触角”遍及网球、航海、赛车、马术、高尔夫等多个领域。劳力士与赛车和速度的紧密联系始于 20 世纪 30 年代。2013 年，劳力士正式成为一级方程式赛车的全球合作伙伴和大赛时计。1978 年，劳力士成为温布尔登锦标赛的官方计时至今。2002 年起，劳力士成为全球顶级马术赛事 FEI 世界马术运动会赞助商。

宇舶表：自 2008 年首次与 UEFA 欧洲足球协会联盟合作以来，宇舶表先后成为第 13 届和第 14 届欧洲杯的官方计时和官方手表，2016 年法国欧洲杯官方计时是宇舶表和欧洲杯的第三次合作。2008 年欧洲杯，宇舶表将赛场广告看板用于宣传“拒绝种族歧视”，彰显品牌对公益的大力支持以及独树一帜的市场策略。作为第一个与足球运动关联的奢侈品牌，宇舶还成为国际足联首次委任的 2010 和 2014 两届世界杯官方计时。

欧米茄：在 1932 年洛杉矶奥运会上，欧米茄被委以重任，成为第一家担任奥运会指定计时的公司。当时欧米茄为 28 个夏季体育项目和 14 个冬季体育项目世界锦标赛同时提供计时和测量服务。2016

年欧米茄继续担任里约热内卢奥运会官方计时器和指定腕表。

泰格豪雅：为了庆祝2015超级杯，泰格豪雅和德国足球甲级联赛宣布双方开启合作伙伴关系。著名的德国全国性比赛今后将以泰格豪雅作为官方计时器，泰格豪雅也将成为德甲历史上首个官方计时器和官方指定腕表。

浪琴表：全情投入马术运动已近百年，有着180年悠久历史的浪琴表，长期鼎力支持优雅的马术运动，高贵独特的风格与优雅特质恰恰与浪琴制表传统与制表哲学中的精要完美吻合。

雷达表：与网球赛事的渊源可追溯到20世纪80年代中期。由于在多次赛事中的非凡表现，雷达很快成为国际网坛官方指定计时器，在众多不易磨损手表的制造商中独占鳌头，成为各项网球赛事举足轻重的合作伙伴。

十一、天文学钟

（一）所有可以显示时间和天文学信息的钟都可以称作天文学钟

这些信息可以包括天空中太阳和月亮的位置，月亮的盈亏、日食、晚上的星空、恒星时，还有其他的天文信息等。天文钟以地心说模型表示，钟面中心常为一个圆形或球形的标记表示位于太阳系的中心的地球，常以一个金色的球表示绕地转动的太阳。

（二）中国的天文钟

北宋苏颂与韩公廉在元祐三年制成水运仪象台，由水流为动力推动报时系统、浑象（用于演示夜空状况）与浑仪（用于天体测量）的运转，由于其具有完善的自动化动力与演示系统，1956年被英国科学史学者李约瑟称为“中国的天文钟”。中国历史博物馆和英国科技博物馆等博物馆收藏了等比例复原的水运仪象台，是世界上最早的天文钟。

（三）欧洲的天文钟

布拉格天文钟

圣奥尔本和帕多瓦的天文钟。欧洲圣奥尔本修道院在14世纪早期建造的一座天文钟，以不同的齿轮演示月相与月食，并留下技术说明；帕多瓦在1364年亦独立建造了一座天文钟，除显示时间外，亦演示行星轨道的运行情况。这两座钟也是欧洲最早出现的天文钟。18世纪，随着天文学的兴起，越来越多的天文钟在那个时期建造。天文钟最大的困难在于制作钟的人必须不停地维护它，这不仅需要制造技巧，也需要很多金钱。因此，拥有一座天文钟也是财富的象征。

斯特拉斯堡大教堂天文钟。自14世纪以来有三座天文钟，第一座建于1352年，16世纪初停止运行；第二座钟建于1547年，于1788年停止运行；大约50年后，又建造一座新的天文钟，这座钟增加了很多天文和日历的功能，被认为是第一座完全用机械方法计算日历的钟。

布拉格旧市政厅天文钟是最著名的天文钟之一。钟的核心部分完成于1410年。钟盘上画着代表地球和天空的背景，有4个主要的移动圆盘，分别是黄道十二宫圆盘、老捷克时间表、太阳和月亮。1870年，在钟的下方增加一个日历盘。第二次世界大战期间，这座钟几乎被纳粹战火烧毁。1948年钟被修复，1979年再次修理。

瑞典隆德大教堂天文钟建造于1424年左右，1837年被收藏起来，1923年经过修理又放回原处。当它运行时，可听见曲子从教堂里最小的管风琴里传出来。钟平时每天演奏两次，时间为中午12点和下午3点。周日第一次演奏在下午1点，而不至于打断了周日的早礼拜。钟上部是天文学钟，表示不同阶段的月亮和太阳落下的位置；钟的下部是一个日历板，可显示从1923年到2123年的日历。

哥本哈根市政厅天文钟。该钟放置在一个玻璃小橱内。这座钟设计了50年，由业余天文学家和职业制钟匠简斯·奥尔森设计。设计参考了斯特拉斯堡天文钟，在1948年到1955年组装成功并开始运行。1995年到1997年，钟被大规模重修。

挪威拉斯马斯·泽尔讷斯设计的天文钟。设计复杂精确，包括太阳和月亮的位置、儒略历、格里历、恒星时、格林尼治标准时间、当地时间，还包括闰年、日食、月食、当地日出日落的时间、潮汐、太阳黑子周期。它还显示一些其他恒星，如周期为248年的冥王星运行轨道和周期为25800年的地球轴线岁差。所有的齿轮都是由黄铜制作并镀金，钟盘镀银。该钟是机械时代的象征，曾被美国伊利诺伊州罗克福德时代博物馆和芝加哥科学工业博物馆收藏，2002年被人收购，目前下落不明。

（四）其他天文钟

很多欧洲的城市都有天文钟。法国里昂有一座14世纪的天文钟，位于Gros-Horloge街上。法国里昂的圣琼斯大教堂也有一座14世纪的天文钟。瑞士首都伯尔尼的Zytglogge钟楼有一座16世纪的天文钟。

（五）天文座钟的特点

17世纪奥古斯堡的学徒想成为制钟高手，必须设计和制作一个高级天文座钟。伦敦大英博物馆保存了一些天文座钟。巴黎凡尔赛宫华丽的洛可可风格天文座钟，由一个制钟师和一个学徒花费 12 年制作而成，于 1754 年献给路易十五。尽管每一座天文钟各有不同，但是它们有一些共同的特点。

时间显示：大部分天文钟表盘外圈是一个 24 小时指针式表盘，从罗马数字 I（1）到 XII（12），然后再从 I（1）到 XII（12）重复一遍。当前的时间由一个指针指示，通常在指针的尾部有一个金色的球或者太阳的图片。本地的中午通常在表盘的正上方，子夜在表盘的正下方。分针基本不使用。

太阳的方位角和地平纬度：从方位角看，表盘的上方表示南方，两个 VI（6）表示了东方和西方。从地平纬度看，表盘上方是天顶，两个 VI（6）决定了水平线（这是从地球的北半球来设计的）。当然，这种设计在春分秋分，即昼夜平分之际是最准确的。

月亮：钟盘上有一圈数字从 1 到 29 或 30 表示月亮的周期，新月是 0，满月是 15。通常用一个黑色的半球来指示月亮的位置。

小时线：不等长计时法通常把白天分成 12 个等长的小时，黑夜分成另外 12 个小时。在欧洲，夏天白天的时间要比晚上长很多，所以白天的小时要比夜晚的小时长一些。同样的情况，在冬天，白天的小时比夜晚的小时短。这些不等长的小时用钟盘中间的曲线表示，夏天长的小时在圆盘的外周。

（六）工业用天文钟

经纬时控器也是一种天文钟，用于路灯照明、广告灯、楼宇照明等，用于设定的经纬度下跟随日出日落变化改变开关灯时间的场合。

（七）天文台考

回顾人类天文台的历史，可追溯至公元前。至 18 世纪末，国家级天文台已遍布世界，为首的四大家乃瑞士纳沙泰尔天文台、瑞士日内瓦天文台、英国天文台、法国天文台。此外还有英国格林尼治天文台、德国格拉苏蒂天文台、德国海军天文台、美国海军天文台等。

十二、航空表和宇航表

（一）航空表为飞行而生，飞行员的忠实伙伴

墨镜、夹克、头盔……作为御风而行的空中骑士，战机飞行员光有一身帅气十足的外衣还不算完整，所谓行家一出“手”才知有没有，注意他们的手表了吗？这已不是单纯的计时工具，而是穿云破雾记录航空史上一个个经典时刻的航空表。

在众多航空先驱中，巴西的阿尔伯特·桑托斯·杜蒙最具明星派头。他不仅自制气球乘坐升空，还驾驶飞艇环绕埃菲尔铁塔，在重于空气的飞行器上创下多项纪录。1904 年，在巴黎一次宴会上，杜蒙向他的朋友——法国著名珠宝商路易·卡地亚抱怨飞行中要掏出怀表实在麻烦，希望在双手操纵飞机的同时也能方便地查看时间。卡地亚为此特制了一块可用皮带固定在手腕上的方形手表，这是第一款专门打造的航空表。杜蒙戴着这块表在飞行竞赛和社交场合中大出风头。尽管 1911 年以后改良过的型号已不是飞行员专用，但以 8 颗螺丝固定的方形表壳、黑白分明的表盘和刻度这一风格被延续下来。

1927 年，独自不间断飞越大西洋的查尔斯·林德伯格在完成越洋壮举后，想到要改进他的瑞士浪琴手表，能在飞行途中根据时间测算出所处方位，并把设计草图交给浪琴公司。浪琴自 1919 年起就为国际航空联盟提供计时工具，在 20 世纪二三十年代的一系列极地探险和环球飞行活动中都出过力。按照林德伯格的构想研制出的“时角表”于 1931 年面世。后来浪琴又结合海军军官菲利浦·威姆

斯发明的导航系统，在手表上加入能按无线电信号同步校准时间的功能。

早期的飞行员们要待在简陋而敞开的飞机座舱里，不得不穿着厚重的外衣和手套。为了便于查看时间，他们所佩戴的手表个头都不小，如浪琴时角表的直径就达47.5毫米，表盘、指针和刻度采用对比鲜明的颜色，就算在气流颠簸下仍可对时间一目了然。表上配有加长的皮带或金属链，可直接扣在衣袖外甚至是绑扎在大腿上。用于上弦和调校的球形表冠也特意做得相当粗大，让飞行员不必摘下手套也能操作。经过一个世纪的演变，这些基本特征仍被一脉相承地保留着。

（二）多功能飞行助手

随着航空技术的突飞猛进，航空表的功能也在不断增强。走时已从显示单一时间，扩展到可同时显示出发地和目的地两个时区的时间、格林尼治标准时间或国际协调时间，并带有24小时制式刻度，便于飞行员在不同地点和环境下掌握正确时间，还可单独记录某段航程耗时多少。

利用航空表内外圈的相关刻度可快速计算出所在方位和飞行高度。当飞行员获知当地的修正海平面气压后，通过查看气压值所对应的正负高度差，即可根据标准大气压下的海拔高度得出实际的飞行高度，从而有效保障飞行安全。

（三）生产航空表的钟表企业

万国公司是由一位美国钟表匠于1868年在瑞士沙夫豪森创办的。万国公司于1936年设计出第一种飞行员专用手表，外径37.5毫米，内置防磁机芯，采用黑底白字表盘和荧光指针，带有可旋转表圈用于校时。二战期间，万国公司同时为德国空军和英国空军提供不同型号的手表。在表盘的12点位置以显眼的三角符号（有时还

百年灵航空腕表

带两个圆点）代替数字的做法也是从这一时期开始流行，成为飞行员用表的专属标志，战后被英国空军选定为导航专用手表，服役超过 30 年。

瑞士百年灵。1941 年，百年灵取得“环形滑尺”的发明专利，使航空表具备了计算功能。1952 年起推出带有环形滑尺的系列航空表，以多功能和可靠性大受欢迎，很快就被飞机拥有者及飞行员协会选作指定用表。1979 年，飞行员出身的欧内斯特·施耐德接掌公司后，更是以“专业人士的仪表”为宗旨扩展产品线。从适应超音速飞行、带数字显示到能够发射求救信号，百年灵的多个系列满足了飞行员的各种需求，并成为唯一一个全线产品均通过瑞士官方天文台认证的手表品牌。

德国格拉苏蒂。二战期间为德国空军生产“观测表”，这批特制手表的外径统一为 55 毫米，省去了多余的装饰，使得表盘清晰醒目、容易辨读，并带有夜光功能，在各种飞行状态下都能稳定运行。德军将其列为精确导航仪器，主要配备给远程轰炸和空运部队。在使用期间，每只表都要定期精心调校，以保持每日误差 5 秒以内，其技术规范后来还被战胜国用作参考标准。

（四）莫斯科第一手表厂生产宇航表

苏联在 1930 年建厂生产机载计时器和空军用表，二战胜利后以获得的德国技术又研制出“领航员”牌手表专供军队飞行员佩戴。1961 年 4 月，尤里·加加林在人类第一次地球轨道飞行中就戴着这种表。此外，该厂的“箭”牌也是苏联宇航员和飞行员普遍使用的手表。到 20 世纪 70 年代又开始生产多功能计时码表。其中，“飞行”牌航空表的知名度最高，早期版本设在 9 点位置的表冠可用于旋转内圈，表盘上印有文字或图形标明所配发的军兵种或使用者的飞机型号。

（五）宇航手表异地计时是重点

航天英雄杨利伟载誉归来，激发出中华儿女空前的航天热，人们很感兴趣宇航员在太空戴什么手表。航天器对时间要求极其严格，精准的钟表必不可少，航天器的主控制电脑本身也内置精准时钟。为满足日常计时要求，宇航员佩戴的是精准的多功能手表。宇航员乘坐航天器，每天绕地球飞行数十圈，历经数十回日出日落，宇航手表解决快捷异地计时是重点。瑞士天梭公司把刻有各时区代表城市名称的表壳与表盘做成可调拨式，宇航员可以按照地理位置的变化来调拨使用。

（六）欧米茄宇航火星表

4 种不同的超霸专业 X-33 表的原型在休斯敦航天城和太空航行中接受测试。欧米茄专家们认真听取“太空旅行者”提出的需要不断改进。如宇宙飞船在飞行中的振动噪声和回声较大，普通闹钟的闹响很难听清楚，于是欧米茄就开发出闹响音量达 80 分贝以上的闹钟。欧米茄“火星表”在宇航员们的配合下设计出来，可显示格林尼治标准时间、星期、时、分、秒及百分之一秒的时间，并有倒计时。只需轻按表冠和相关的功能钮，即实现数字显示。表身带有荧光屏，在黑暗中可一览无余。休斯敦太空中心可通过卫星与正空间站的宇航员进行对话，询问他们的太空生活。在大屏幕上，两位俄罗斯宇航员展示了佩戴的欧米茄超霸专业 X-33 表。从漫步月球到登陆火星，天上人间一“表”牵。几十年来，欧米茄超霸系列表伴随着宇航员，在太空飞行中度过不寻常的分分秒秒，为人类宇航事业做出独特贡献。

十三、航海钟与军用表

（一）航海需要催生航海钟

海上的颠簸和摇晃使得摆钟的钟摆失效，航海船上要有准确而可靠的钟。1713 年，英国用 2 万英镑奖金奖励能造出可测经度 1/2 度以内的经线仪（即精密航海仪钟）的任何人。约翰·哈里逊是英国钟表工人，他花 40 多年时间发明了能克服海洋颠簸、温度变化和咸水溅射的经线仪。1761 年，哈里逊的儿子威廉被派遣航行牙买加试验这种仪器，尽管暴风持续了几天，令船远远偏离航线，但经线仪却被证明很准确，几个月内偏离连 1 分都不到。哈里逊的经线仪采用半个多世纪后，由一个熟练钟表工人完全用手工制成了一个相似的航海仪钟，这

哥伦布航海钟表

是一种极有价值的装在船上的最重要设备。

航海钟和天文台表的“三针一线”。大航海时代要求准确的钟表为水手指示正确时间，“三针一线”布局的钟表易于调校且准确，满足了这个要求。这种布局时、分、秒运行互相不影响，因此会更加准确，保证调表精确到分。航海天文钟设有动力储存，预防大海航行钟停问题。

（二）中国军用计时仪器的发展历程

说到军用计时机构，一般包括炮弹引信，定时炸弹的定时机构，航天器里的时间机构，航海天文钟，飞机上的航时钟，坦克及装甲车辆用的摩托小时计，记录各种电子设备、武器装备的工作时间的计时器等。在新中国成立之初，1956 年，上海金声制钟厂研制出国防用风速风向仪。1957 年，烟台钟表厂开始研制国家急需的舰船用钟。1959 年，上海手表厂承担了国产航空时钟的研制。1960 年 4 月，轻工业部在南京召开了国内首次军用计时仪器会议，会议确定承担军用计时仪器生产厂家，安排了研究与试制的品种规划，开始有组织、有定点安排特殊计时仪器的科研和生产。这期间，我国共有 16 家钟表企业承担了军用计时仪器及其元配件的研制和生产，共研制出 30 多个品种的军用计时仪器和仪表。至 20 世纪 60 年代末，我国基本形成了以军用计时仪器为主要对象的特殊计时仪器的科研和生产体系。

（三）中国救生钟完成载人深潜训练

“救生钟水密、绝缘情况良好，主副液压源准备开机运转……”2018 年 6 月某日，中国东部战区海军某防救船大队崇明岛船一路向南疾驰，抵达南海某海域，成功进行了海军某新型机动救生钟极限深度载人深潜训练。救生钟是用于营救失事潜艇艇员出艇的钟形援潜救生设备。一般为高约 3.5 米、内径约 2.5 米的钢制耐压壳体，分上、下两室，以密封耐压人孔盖相隔。上室为救生室，用于运载失事潜艇艇员；下室为通道，用以引导救生钟与救生平台对口连接。救生钟用脐带式管缆与工作母船连接，并由工作母船的专门设备控制和监视救生钟吊放。援救失事潜艇艇员时，由救生船吊放入水，救生钟内操纵人员操纵推进装置和机械手，完成失事潜艇的艇员援救。

1939 年 6 月，美国海军潜艇“斯夸鲁斯鱼”号在朴次茅斯海域因事故造成沉没，营救船只使用救生钟营救出艇员 33 人。1988 年 8 月，秘鲁海军潜艇“帕科查”号在利马港外的卡亚俄海区碰撞沉没，17 小时后，从美国圣迭戈空运“麦卡恩”救生钟前往营救，在失事 23 小时后，幸存的艇员 22 人被营救出艇。

（四）免受无线电干扰，俄军恢复机械表

2016 年 7 月 18 日，俄国兹拉托乌斯特钟表厂开始为国防部潜水和特种部队供应潜水表。当年，兹拉托乌斯特表曾是苏联海军潜水部队军人的标配和象征。它的优点在于不受无线电干扰，重获国防部重视。军方定制表产量有限——每月只生产 100～150 块。这些表使用更昂贵的机芯。手表可在深达 700 米的水下工作，一天误差在 60 秒以内，动力存储时间为 29 小时。机械表在现代军队中发挥着重要作用。当今任何一场重大军事冲突都始于电子对抗系统的干扰，因此，俄军所有的装甲设备和飞机控制台上都安装了机械钟。各级军官和指挥员的初级地形测量培训也必然是从对表开始的。而后可以用机械表实地定位和校正电子导航仪。

十四、钟表造型设计

（一）计时产品造型设计以人为本

随着现代城市的发展以及人们审美水准的提高，计时产品已成为创造、点缀和丰富人们生活的重要元素。与其他产品设计一样，

计时产品与人的生活息息相关。生活节奏日益加快，人们更关心情感上的需求、精神上的慰藉。对于设计师来说，产品设计始终是“以人为本”的设计，设计是对情感的表现，产品是表现情感的载体，通过它的形式将情感系统地呈现出来以供我们认识，所以情感是影响产品造型设计的一个重要因素。在计时产品造型设计的过程中，消费者本人的职业、社会背景、国度及个人的情绪状况也对情感活动有着一定的影响。人总是在寻求新的生活，追求美好的理想，求新、求异、求变的欲望是人的天性，正是这些不断的追求推动着人类文明不断进步和发展。

我国虽然已成为钟表生产大国和出口大国，但主要以低档产品为主，在国际名牌方面才刚刚起步。中国制表企业还需要学习如何培养消费者对品牌具有感情，需要注意细节，加强计时产品造型设计的研发工作，把人类的情感注入计时产品造型设计之中，设计出造型精美、色彩宜人、富有人情味甚至让人感动的产品。

（二）计时产品造型设计情感因素探究

钟表开始发达起来，以由大到小、品类繁多和工艺革新为特征。以往造型多强调实用性，图案少而简单，形形色色的动物崇拜，是人们在长期生活实践中所建立起来的一种感情的表现。经过人格化以后，动物便成了有神灵的物体，为了祈求保佑，便出现了各种各样的动物崇拜形式，象征不可知的

宠物狗闹钟

神秘力量。在这个过程中，人的情感始终与此相伴随。

见到可爱的太空猫闹钟，就算不知道它的用途，也并不影响人们看到它时就想拥有它的愿望。此时，产品的功能性被忽视了。太空猫闹钟从功能性设计到对设计美的自觉追求，正是生活的写照，也象征着人们期盼富足的美好愿望，代表了我们将设计文明向前推进了一大步。追求趣味性、娱乐性的造型设计，首先我们要探讨趣味的含义，如能自由摆造型且方便携带的机器人腕表等。在种种思潮冲击下，人们的思想观念产生了巨大改变。也许有些人会受不了这样的“时尚”，但它毕竟拥有年轻一代的拥护。

（三）钟表体系中的金雕

金雕，源自传统雕刻，而雕刻起始于人类文明形成之初。手工微雕是复杂的雕刻法之一，机械钟表的雕刻在很大程度上运用了手工微雕。金雕在钟表之中的运用非常丰富，不仅可以在钟表的表面进行雕刻，还可以在钟表的机芯上雕刻。比如直接在钟表的外观部件（包括表盘）上雕刻，也有先在金属板上雕刻，刻好之后再使用镶贴工艺将金雕成品嵌入腕表之中。

2016 年 8 月，百达翡丽 175 周年时推出的表外壳纹路就是手工直接雕刻。还有十分热闹的生肖表金雕作品。首先是绘制草图，确定要雕刻的图案，然后在部件上刻画图案轮廓，之后用雕刻刀、锉刀等工具制作，最后用其他工具进行润饰。好的金雕作品如此之少又如此之难，原因就在于不是所有人都能够轻松掌握这项手工艺。

宝珀金雕的形与神。相比起在腕表的外部结构上进行金雕，在腕表的机芯上动刀子要更加谨慎。为此，宝珀创立了自己的艺术工坊，融汇世界上纯正和富有魅力的手工艺，创制宝珀艺术传奇。2011 年荣获“法兰西手工技艺最高奖”的玛丽女士，通过精湛的雕刻技艺，将极为细微的自然风光和宏大的自然场景浓缩在宝珀腕表之中。宝珀 Villeret 金雕纹饰私人定制腕表，通过细致的雕琢，充分还原了瑞士、法国、日本、中国等国家的城市风貌。

为庆祝创立260周年，2015年，江诗丹顿推出一款机芯雕花艺术大师陀飞轮腕表，机芯夹板的主要部分均雕饰有藤蔓花纹，卷曲的叶子茎络分明。

将雕花工艺作为传统不断传承的朗格，从复兴到今天，摆轮雕花夹板已经成为品牌独特工艺的一部分，因为这些雕花全部由朗格的工匠们手工雕刻，并且每一款都独一无二。正是这些曼妙的花纹，带给朗格腕表浪漫主义的艺术气息，让人沉醉。

十五、太阳系、"一带一路"和两地时间手表

（一）太阳系手表，转一圈29年

2016年11月，梵克雅宝诗意星象系列腕表就像午夜天文馆，把太阳系装进了表盘。这款腕表每个星球都按照公转周期旋转：水星88天，金星224天，地球365天，火星687天，木星12年，土星29年。表盘上的流星就是这块表的时针，代表时间相比于宇宙的浩瀚，只是流星划破天际的一瞬。

100万元的太阳系手表，转一圈29年

手表使用的是自动上链机械机芯，配备有计算天体运行周期的组件，精确度不容置疑。表盘上白色的小星星能够设定日期，按照时间比例显示在蓝宝石水晶镜面上的可以是生日、纪念日、幸运日。每一个组件都是高品质，玫瑰金的太阳，玫瑰K金的流星，黄金表

壳和沙金表盘以及黑色鳄鱼皮表带。每一颗星球都用宝石打磨而成：蛇纹石的水星，暗绿玉的金星，绿松石的地球，红碧玉的火星，蓝玛瑙的木星，还有杉石的土星。

（二）显示“一带一路”65 国时间的手表

这个发明重新定义了世界时间钟表。在中国（深圳）国际钟表展览会上，深圳发明学会创新产品“一带一路”全球时礼品表，仅用一只指针表就可以显示全球时间，为“一带一路”沿线国家人民增进相互交流带来极大方便。

“一带一路”沿线有 65 个国家，横跨十几个时区，这种时差给国际商旅人士、外交使团、旅行爱好者带来很多困扰。显示世界时间的钟表很早就有，大多是采用多个钟表机芯、多个结构，复杂的操作加上人脑的配合，才能换算出世界各地的时间，这需要使用者会计算世界各地的时差，看懂复杂的说明书。这种钟表的生产企业会增加成本，由于结构组合工艺更加复杂，良品率低，世界时间概念钟表的装饰功能大于实用功能，是少数人使用的奢侈品。而“一带一路”全球时间钟表，用最简单的结构实现仅用一只指针表就能显示全球各地的标准时间。

全球时间手表的发明用最小改变来解决复杂问题，彰显了大国工匠精神。全国各地举办的“一带一路”论坛、研讨会、企业峰会等用“‘一带一路’国礼表”作为赠品，不但契合主题，而且也会为会议主办方增光添彩。除了作为礼品，这种全球时间钟表还可以用于中小学辅助教学的教具，帮助学生直观掌握时区概念，启发创新思维。

（三）显示当地与出发地时间的手表

阿斯顿·马丁与积家推出的 AMVOX3 腕表以陶瓷精制而成圆形表壳，内部搭载积家 988 型自动上链陀飞轮机芯，并配有两地时间装置。设计独到的日期指示还能在每月底 31 日转换至次月 1 日时，完成长距离转跳，完全不会遮盖到下方精美的陀飞轮。手工细腻的镂空表盘，令拥有者能将镀钌夹桥和主夹板以及中桥处采用黑色阳极灭活铝合金打造的 AM/PM（昼/夜）指示尽收眼底。

机芯能自动上链，采用造型新颖的全新摆陀，有效提升了上链效率。比起一般传统摆陀，由铂金与铱金属（无毒加工的最高密度金属）熔铸而成的摆陀重量减少了 28%。摆臂由碳纤维制成，借此减轻重量、提高硬度，有效降低了腕表厚度。运用在摆陀中的陶瓷滚珠轴承则能够有效减少摩擦。无论是零件的设计概念、还是它们所采用的材质特性，都大大提升了机芯抗震与耐用的特性。

陀飞轮两地时间腕表同时拥有两地时间功能。一根副时针专门显示第二地时间，而且与 12 时位置的 AM/PM 指示同步；主时针则能够以一小时为单位，透过表冠前后来回调校。最后，为了完美呈现陀飞轮精彩生动的运转，腕表自动上链机械机芯完全由手工制造与装饰，夹桥及夹板经镀钌处理，每小时振频 28800 次，动力储存 48 小时，323 枚零件组成，35 颗红宝石，厚度 7.49 毫米，自转陀飞轮，配有大型可变惯性摆轮，美轮美奂，价值无限。

十六、钟摆和“秒”的由来

（一）机械摆钟的传说趣话

从古老的挂钟、座钟到现代戴在手腕上的小巧手表，里边都有一个摆，摆是钟表的心脏。那么摆是怎么发明的呢？据说，早在 1583 年，意大利人伽利略在比萨大学读医学，当时他才 20 岁。一天，他到教堂去参加宗教仪式，忽然，一阵风吹来，使得悬挂在天花板上的吊灯来回摆动，发出轻轻的响声。伽利略抬头仔细观察，发现摆动的吊灯晃动一次所用的时间似乎相等。回家后，这个贫苦的大学生用最简单的材料做了一个机械摆，利用沙漏计时，深入研究摆的运动。由于伽利略对钟摆的研究，使得时钟的精度在17世纪再次得到提高。1642年，荷兰人克里斯蒂安·惠更斯利用钟摆原理发明了一种每天只误差1分钟的钟表。

（二）叔本华的钟摆理论

叔本华断言，人在各种欲望（生存、名利）不得满足时，处于痛苦的一端；得到满足时，便处于无聊的一端。人的一生就像钟摆一样在这两端之间摆动，这被称为叔本华的“钟摆理论”。某些人带着几分忧郁气质，经常怀着一个大的痛苦，但对其他小苦恼、小欣喜则生出蔑视之心。这种人比之那些不断追求幻影的普通人要高尚得多了。

能够超越叔本华钟摆理论的只是极少数有天赋、有艺术气质的幸运儿。他们超越了世俗生活中的小苦恼（比如没钱啊、没评上职称啊、没升官啊等）、小欣喜（比如有了钱啊、评上职称啊、升了官啊等），从纯粹认知（科学的事业）当中得到快乐，从美的享受（艺术的创造与欣赏）当中得到快乐。

要想摆脱叔本华钟摆理论，除了纯粹认知和美的享受外，还要“经常怀着一个大的痛苦”，那就是直面生命的残酷——它是那么无可救药的短暂，就像朝生夕死的蜉蝣，短短的几十年过后就消失得无影无踪。

（三）秒的提出和定义

人类需要一个永恒不变、人人认可而且循环不息的计量单位，最后选择以秒为基本单位。秒的使用可追溯至苏美尔文化。早在4000年前，苏美尔人已经开始采用60进制的数算系统。自然界的计时单位是地球自转一周所花的时间，被分为24小时，每小时分为60分钟，每分钟60秒，一日就有1440分钟，也就是86400秒。他们还把 1 年分为 12 个月，每个月分为 30 天。

在人类观察到的自然现象中，以天空中发生的现象最为明显，也最有规律，所以，时间的量度以地球自转周期作为基准，这就是太阳日。1 秒 = 1/86400 平均太阳日。但是由于地球自转并不均匀，也不稳定，1960 年国际计量大会确认，把时间基准改为以地球围绕太阳公转为依据，即把秒定义为在 1900 年地球沿轨道绕太阳运动一周所需时间的 1/31556925.9747。这一数据结果是通过为期数年的天文观测获得的。然而，根据这个定义很难对“秒”本身进行直接比较。1967 年第 13 届国际计量大会重新规定时间单位的定义：“秒是铯 - 133 原子基态的两个超精细能级之间跃迁所对应辐射的 9192631770 个周期的持续时间。”

（四）光晶格钟有望重新定义秒

更好的原子钟有望成为基础科学的福音，这一最新研究有望让科学家们重新定义秒。目前，测量这一频率最精确的方式是铯原子钟。铯原子钟又被人们形象地称作“喷泉钟”，因为其工作过程是铯原子像喷泉一样地“升降”，这一运动使得频率的计算更加精确。

中国计量科学研究院“高准确度原子光学频率标准仪的研制与开发”课题掌握了锶原子光钟和光纤光梳研究的关键技术，为锶原子光晶格钟和光纤光梳的进一步研究奠定了技术基础。与现行的铯原子钟比较，光晶格钟具有实现更高准确度的潜力，被公认为下一代时间频率基准。用光晶格钟替代现行的铯原子喷泉钟来重新定义秒，可以显著提高卫星导航系统的定位精度。

（五）关于闰秒

20 世纪中叶，人们发现地球自转、公转的速率并不稳定，时快时慢，一天的长度并非恒定不变。随着量子物理理论的发展，科学家发现，某些量子现象的时间稳定性远远优于天文现象，于是出现

闰秒示意图

了利用量子现象测量时间即国际原子时（TAI）。铯原子钟的误差为140万年1秒，基本上可以忽略不计。这不同步的两个时间开始渐行渐远，两个时间积累的差异大了，会给人类生活带来不便。于是1972年有了一个“折中”的时间——协调世界时（UTC），作为全球通用的标准时间。闰秒的概念来自UTC，当设在巴黎的国际地球自转局通过原子时与天文时的监测数据，发现两者之差达到0.9秒时，就会向全世界发布公告，会在下一个6月或者12月最后一天的最后一分钟，对协调世界时拨快或拨慢一秒，闰秒就这样产生了。当要增加正闰秒时，这一秒是增加在第二天的00:00:00之前，效果是延缓UTC第二天的开始。当天23:59:59的下一秒被记为23:59:60，然后才是第二天的00:00:00。如果是负闰秒的话，23:59:58的下一秒就是第二天的00:00:00了。自1972年协调世界时正式使用至今，全球已经进行了25次闰秒调整，而这25次都是在等待赶不上趟的地球自转。

从长远看，地球的自转速度是在不断变慢的，原因来自地球和月亮构成的地月系统：地月之间的潮汐力会造成潮汐加速现象。

航天发射对时间精度要求很高，飞船1秒钟可飞行将近8公里，如果无规律地差了1秒，可能造成飞船偏离原定轨道，威胁其安全。为了保持系统的连续性，美国GPS、中国北斗系统、欧洲伽利略都采用了不闰秒的时标，即GPS时间系统=协调时+（闰秒次数）秒。

GPS 的时间被转化后被用作协调时供全球使用。

（六）秒的重要性

就以最基础的时间为例，目前全球统一使用的世界时间是协调世界时。而协调世界时又依据全球主要国家守时钟数据加权平均，并经过闰秒调整得出。守时钟又依赖于各个国家的国家时间频率基准。国家时间频率基准又取决于一个国家对秒的复现能力，哪个国家的铯原子钟更稳，优势就更大。目前，我国使用的铯原子钟，可以做到 3000 万年不差 1 秒，而这一能力将直接影响北斗系统的竞争力。

（七）“原子时”秒的起点

1967 年，第十三届国际度量衡大会定义和引进了原子时系统，将 1958 年 1 月 1 日 0 时 0 分 0 秒作为“原子时”的计时起点，并与“世界时”重合。精确的“原子时”与以地球自转周期为基础和标准的“世界时”逐渐不同步且差异逐渐增大，从 1958 年以来，两者之间已经存在 68 秒的“钟差”。通过“闰秒”来协调“世界时”和“原子时”，“协调世界时”的概念被引入，并从 1972 年 1 月开始正式成为国际标准时间。

第八章　钟表趣事

一、决定命运关键时刻时钟停摆

（一）大钟在决斗时停摆

第一次世界大战期间，士兵克鲁斯在敌人俘虏营待了三年，受尽折磨。一天，他终于找到机会夺得一把手枪，击毙看守逃出来。克鲁斯历尽千辛万苦，越过边境回到祖国。他想，妻子玛丽和儿子一定在翘首盼望自己回家，离家上前线时，儿子托尼还不满三岁。经过一片树林时，他从一伙劫匪手中救出母子三人。女人叫薇拉，丈夫已经阵亡，她想上北方去找活干，希望克鲁斯能和他们同路。克鲁斯一路保护着薇拉一家，两个孩子把克鲁斯当成自己的父亲。

一个月后，克鲁斯回到家乡，把薇拉安顿在镇上旅馆后匆忙回家。他推开自家的院门，看见一个男人牵着托尼的手出现在门口。“克鲁斯，你还活着?”那男人不敢相信自己的眼睛。他是克鲁斯的战友和最好的朋友威尔逊。两人曾经约定，如果谁不幸先死在战场上，那么另一个人将负责照顾对方的妻儿，威尔逊显然已鸠占鹊巢。看着克鲁斯眼里升腾起的怒火，威尔逊连连解释：“我们都以为你已经死了。我负伤回家后，发现我的家已毁了，于是我就来照顾玛丽和托尼。”克鲁斯握住手枪，玛丽冲出来：“克鲁斯，如果没有威尔逊照顾，我和托尼早就死了。”克鲁斯说：“现在就让你来选择我和威尔逊，你选哪一个?”玛丽捂着脸哭了起来。克鲁斯把手伸向托尼：“来，儿子，跟爸爸走!”托尼却躲在威尔逊身后，小声说：“我爸爸在这儿，你不是我爸爸!”克鲁斯伤心地说：“那我们用男人的方式来决定吧！明天12时，在啤酒馆外的广场上决斗!”

第二天，克鲁斯早早来到啤酒馆外的广场。那里已经聚集很多人，镇上的神父也来了。10时到了，威尔逊没有出现。11时的钟声敲响了，威尔逊仍然没有出现，人群开始窃窃私语。当教堂钟楼的大钟指针指向11时55分时，威尔逊出现了。他拄着一根拐杖，一瘸一拐地走到克鲁斯面前。“我以为你不敢来了呢!”克鲁斯讽刺道，“你的腿怎么了，你昨天不是还好好的吗?”“对不起，玛丽把我的假腿藏起来了，我找了一上午也没找到。”威尔逊指着自己左腿空荡荡的裤管说。克鲁斯心里不禁升起一丝怜悯。但是，得知玛丽藏起假腿不让他来决斗，这又让克鲁斯嫉妒得发狂。“威尔逊，亮出你的枪吧!”克鲁斯冷冷地说。威尔逊恳切地说：“老朋友，我们就不能坐下来心平气和地谈谈吗?”克鲁斯拔出手枪：“威尔逊，拿出你在战场上的样子来，我不想和一个孬种决斗！要不然，你就躲到女人的裙子下面去吧!”威尔逊拔出手枪。二人各退后十步，只等教堂的时针指向12。时间一分一秒地过去，广场上的人都屏住了呼吸，等待着钟声和枪声响起。“10、9、8……”克鲁斯在心中倒计时，手指准备扣动扳机，可是钟声没有响起。“大钟停走了!”人群里有人喊道。大家纷纷抬头去看钟楼。克鲁斯和威尔逊都瞟了一眼大钟，果然，指针停在了12时只差那么一点点的地方。“威尔逊，别放下枪，那也许只是一点小故障，它马上会走到12。”克鲁斯冷冷地提醒威尔逊。于是，两人继续举枪对峙。不知过了多久，神父走到两人中间，他说：“你们都是最出色的男子汉，敢于用生命维护自己的荣誉。可是大钟真的停了，这是自本教堂建立以来从未有过的事，这是上帝的旨意啊！如果你们还是上帝子民的话，就请服从上帝的旨意，放下枪吧！”“放下枪吧！请遵从上帝的旨意！”所有的人都高喊起来。威尔逊首先放下枪，紧接着，克鲁斯也放下枪，人群欢呼起来。

人们散去以后，克鲁斯向钟楼走去。走到钟楼，他发现大钟的指针在微微抖动着，但始终不能前进。他突然明白了什么，沿着楼梯冲上钟楼。钟楼内大钟的齿轮发出令人心惊胆战的“咯咯”声，巨大的齿轮挡住了克鲁斯的视线，克鲁斯听到一个孩子带着哭腔的声音：“妈妈，我就要撑不住了！”一个女人说：“孩子，要坚持住，不能让时针到达12点。”是托尼和玛丽！克鲁斯的心里升起了怒火，拔出了手枪。就在这时，又传来了另一个女人的声音：“孩子们，坚持住！否则你们就看不见爸爸了！”竟然是薇拉的声音！转过一个巨大的齿轮，克鲁斯被眼前的一幕惊呆了：一根粗大的绳索套在一个巨大的齿轮上，玛丽、薇拉和三个孩子正拼命地拽着绳子，阻止齿轮转动。地板上有殷红的鲜血。克鲁斯的手枪掉到了地上。薇拉的两个孩子最先看见了克鲁斯。“爸爸！”他们放下绳子，扑到他怀里。克鲁斯张开双臂揽住他们。这是他第一次听到两个孩子这样叫他，心里不由升起了一股暖意。“你们怎么都在这儿？”克鲁斯问。“你昨天睡着后，我去拜访了威尔逊和玛丽，”薇拉答道，“去了以后我才发现，威尔逊其实就是我那个已经‘阵亡’的丈夫。他曾经寻找过我们，可是没有找到。玛丽藏起了威尔逊的假腿，可是我们都知道这个不管用。后来还是孩子想到了这个办法。托尼不想失去威尔逊。现在，一切都不可能再回到从前了，我们不想失去更多……”克鲁斯把薇拉和两个孩子都揽到怀里，对玛丽和托尼说：“回家吧，威尔逊在等你们。”就在这时，教堂的钟声响了起来。

（二）日内瓦协议最后一刻，万国宫时钟停摆

关于朝鲜和印度支那问题的日内瓦会议于1954年4月26日至7月21日举行，中国和美、英、法、苏等国的20多位外长会聚日内瓦，讨论在上述两地区停止战争、实现和平。6月下旬以后，会议转而全力解决印度支那问题。随着日内瓦会议的进程，中国总理兼外

长周恩来一跃而成为中心人物，所有难题都要经过他来协调化解。这位外交巨匠折冲樽俎，一步步在会议进程中消除威胁东南亚的安全因素。在他的引导下，日内瓦会议最后就越南停火达成了协议。其间的外交斡旋进程波诡云谲。7月20日午夜12时，到了日内瓦会议签字的最后一刻，但局势仍有反复。紧要关头，戏剧性的一幕发生了。张闻天根据周恩来的指示会见英方代表，强调：如果对方再不接受，我们只能买飞机票回家了。有关各方就越南停火初步达成“最后方案”。法国总理有言在先：到20日午夜12时如果不能达成协议，就辞职。

晚上11时19分，英国、法国、越南、老挝和柬埔寨代表也表示对协议赞同。万国宫大厅里的记者和各国官员无不关注大厅墙壁上的时钟。令他们惊讶的是，这只时钟在接近午夜12时的时候停摆了！原来，大会服务人员在这个时钟上做了手脚。这说明即使是万国宫的普通工作人员也希望日内瓦会议最终获得成功。凌晨3时20分，双方军事代表会聚大厅，马蹄形长桌摆好了第一份文件：《在越南停止敌对行动的协议》。签字仪式开始，德尔泰伊代表法国印度支那远征军总司令埃利签字，谢光宝代表越南签字。万国宫新闻大厅里响起欢呼声。周恩来终于放下心来。7月21日清晨来临，远处法国勃朗峰被白雪覆盖的顶端抹上一缕曙光。老挝和柬埔寨代表签字时，大厅的时钟指针仍然指向7月20日午夜12时，晨光洒进了万国宫。周恩来出席日内瓦会议的使命终于圆满完成了。

二、火山喷发，钟表快进；时钟倒退，男篮丢冠

（一）火山喷发现异象，钟表“快进”15分

2011年7月9日，意大利西西里岛埃特纳火山爆发，熔岩随即喷向东南坡，随风而至的火山灰导致卡塔尼亚的范塔纳罗沙机场关闭。奇怪的是，当地许多电子钟表和电脑内部时钟等计时装置突然

变快了 15 分，当地许多民众比正常上班时间提早 10 多分钟。不少人认为，这种奇怪的现象是火山爆发所致。也有人认为，计时装置因太阳风暴或海底电缆产生的电子干扰而出现异常。还有人说也许是外星人作祟。

这是埃特纳火山当年第 5 次爆发，虽然持续时间短，但威力强大。火山高 3295 米，是欧洲最高的活火山，上一次爆发在 5 月。火山喷发引发异象并不是第一次出现。埃特纳火山数年前爆发时，周围地区的电子设备突然自动着火。

（二）计时钟倒退 3 秒，美男篮痛失王冠

在 1972 年的第 20 届奥运会上，美国队以 1 分之差屈居亚军，结束连续 32 年保持奥运会篮球冠军的历史。同美国争夺冠军的是苏联队。美、苏决赛临终场还有 3 秒，苏联队以 49∶48 领先。接着美国队利用罚球机会得分，以 50∶49 超出。此时距离比赛结束还有 1 秒。美国队继续罚球，苏联队要求暂停，裁判员未同意，苏联队场外队员就大声吼叫并包围场边计分员，要求退回最后 3 秒重新比赛。国际篮球官员们居然答应了苏联队的要求，计时钟真的倒退 3 秒。退回 3 秒的变化使美国队员心理受到影响，结果投篮未中。苏联队得球，立即进攻，反以 51∶50 获胜。美国队事后提出抗议，但被裁定无效。就这样，苏联队便获得第 20 届奥运会男子篮球比赛冠军。

三、金表传奇见诚信，百米摔表看质量

（一）金表传奇见证诚信社会

1941 年，英国海军上尉泰迪·培根在皇家海军“击退号”军舰上服役，当时该军舰停泊在直布罗陀海港。一天，当泰迪在军舰上向一名船员示范如何将锚绳抛向海岸时，他佩戴的一块宝路华自动金表突然从手腕上滑落，掉进 12 米深的海水中。金表遗失后，泰迪

曾到当地政府登记并留下在英国的住址。后来泰迪退役回到英国，至于那块金表，他觉得再也见不到它了。

谁都没有料到，2007年，在海底沉睡数十年之后，那块金表竟然被直布罗陀海港的挖泥工人打捞上来。让人惊讶的是，那块表非但不曾锈蚀，反而走时准确，分秒不差。由于当年泰迪曾对金表进行登记，当金表被打捞上来时，直布罗陀政府官员立刻就知道金表的主人是谁。他们找到当年泰迪留下的家庭住址，然后将金表包在一个牛皮袋中寄去。世事沧桑，几十年里泰迪搬了无数次家，可那块金表在辗转多次后，仍然回到了年近90岁的泰迪手中。

金表落水66年后物归原主，让人看到传奇。是谁成就了这个传奇呢？首先是挖泥工人。一块沉睡海底数十年仍能准确报时的金表，其价值自然不菲，诚实的工人让金表迈出了走向传奇的第一步。接下来是直布罗陀政府官员，对60多年前的旧事毫不陌生，所以能够迅速找到地址，将金表寄出去。就这样，金表踏上了传奇之旅。最后，还有英国的邮政服务人员。对“查无此人”邮件退回理所当然，但他们没有那样做，而是不断找寻收件人的新地址，直到邮件最终送达收件人。若没有他们的认真负责，那块金表又怎么能够物归原主呢？正是他们的诚信和责任感，使金表的传奇画上了圆满句号。

（二）100米高空摔下的上海手表

一架直升机高悬在100米上空，机舱打开，300块手表瞬间坠地。搜寻到298块，除去几块表壳破碎外，所测手表运转全部正常，人们惊叹不已。这是上海手表厂邀请各界消费者进行质量检测的一幕，这就是上海手表的质量。20世纪60年代起风靡华夏的上海表，经历过单调男表型产品积压几十万元的低谷。现实给上海手表厂上了一堂市场课。决策集团制定了“大换血促新活力，新面孔引八方客”的战略目标，实施了“巩固一批，优化一批，开发一批”的产品方针，全厂以每年一个品种系列的速度，相继开发了女士坤表、电子手表、儿童表，形成款式新、品种全的崭新格局，使手表品种达6个系列、上百个款式，在全国35个同类企业中领先。他们根据消费者对买手表一劳永逸的心理，推出“旧表换新表”的销售办法，以高于回收废旧物资几倍的价格买进该厂几十年的旧手表，以低于市场的价格出售各类新手表，加速了企业“新鲜血液”流动。回收的手表在众目睽睽之下，整筐满袋倒在马路上，压路机隆隆驶来，将它们碾得粉碎。随之又出现高空摔表的一幕，这一创举，令消费者为之振奋，上海表又一次轰动了华夏。

新中国初创时期，代表中国制造业水平的上海生产出了手表，那时的工艺水平和科技含量还有限。1990年10月，上海手表厂已跨越累计产量1亿只的里程。

四、草帽让劳力士出名，劳力士令部长丢官

（一）让劳力士手表出名的草帽

1905年，在德国巴伐利亚的一座小城里，没有人不知道一位叫菲尔德的钟表匠，因为他的手表做得非常好。这个消息被同城的钟表商汉斯·威尔斯多夫知道了，于是他急忙找到菲尔德，并看了他那些纯手工制造的手表。惊讶之余，威尔斯多夫说：“菲尔德先生，我想聘请您到我的公司当技术总监怎么样？”见菲尔德半天不吭声，威尔斯多夫又表示，只要菲尔德出个价钱，他愿意购买菲尔德制作手表的技术。“不！”菲尔德拒绝道，“我不会因眼前的利益放弃自己的追求，我的理想是做出世界上最好的手表。”

钟表匠菲尔德的理念居然与自己的如此接近，是威尔斯多夫没有想到的。但他知道，一旦菲尔德在自己之前做出那款手表，自己的公司将会受到前所未有的威胁，只有抢在菲尔德之前做出那款手表才是公司唯一的出路。但是，菲尔德显然在技术上更胜一筹，要抢在他之前做出那款手表谈何容易。

就在威尔斯多夫苦无良策时，他得到消息：菲尔德在做手表的

同时兼做草帽生意。威尔斯多夫立即让助手去向菲尔德订购草帽。助手莫名其妙："您要的是他制表的技术，现在却订购他的草帽?"威尔斯多夫微笑着说："如果出售草帽的利润超过手表，菲尔德还会费力气去研制手表吗?"

果然，菲尔德在收到草帽订单后，决定将手表的事情暂时放一放，先去赶制草帽。就这样，威尔斯多夫为自己尽快做出新手表并抢先上市赢得了时间。他给那款有防水和自动功能的手表取名为"劳力士"。当劳力士手表占领市场成为世界品牌后，威尔斯多夫才指着后院的草帽告诉菲尔德，那是他的订单。恍然大悟的菲尔德悔之晚矣。

（二）劳力士"坑爹没商量"，意大利部长丢乌纱

儿子收劳力士把爹拉下马，意大利基础设施与运输部长毛里齐奥·卢皮 2015 年 3 月栽了。他的儿子因涉嫌接受他人工作安排并收下价值不菲的劳力士手表而卷入一桩公共工程腐败案，把老爸拉下了马。卢皮 20 日宣布辞职，但坚称问心无愧。他说，自己主动请辞"只是不想让政府的信誉继续蒙受伤害"。因内定中标使这些项目的成本高出近 40%，令纳税人蒙受损失，检方指控官商勾结收取回扣、虚列开支、商业贿赂等多项罪名。而这桩案件与卢皮扯上关系，要从他的爱子卢卡·卢皮说起。这些项目运作期间，因卡尔扎曾授意同样涉案的商人斯特凡诺·佩罗蒂为卢卡送上一块价值 1 万欧元的劳力士手表。此外，佩罗蒂还涉嫌应卢皮的要求，把刚毕业不久的卢卡安排进自己亲戚的工程公司担任施工现场经理。卢皮曾称，知道儿子收手表的事，但没有让他送回去。

五、国会大钟倒转等钟表趣事几则

（一）"把翊坤宫的钟打破"

2013 年 5 月 4 日上午，一位身穿白色 T 恤和牛仔裤的精瘦小伙

进入翊坤宫，直穿庭院进入正殿，此后进入监控“死角”消失。才几秒钟，又见其离开正殿，但白色T恤明显沾着血迹。正是在消失的瞬间，这个年轻人徒手击碎正殿原展室一块窗玻璃，致使临窗陈设的文物跌落受损，前后不到半分钟。6日凌晨，犯罪嫌疑人汪某被警方刑事拘留。

受损文物名为清代铜镀金转花水法人打钟，这回真变成“人打钟”了。这件清代铜镀金转花水法人打钟是国家二级文物，18世纪英国为中国市场特制，故宫收藏完整一对，与故宫所藏2200多件西洋钟表一起，成为故宫博物院的骄傲。

此事经微博曝光，立即引起网友围观，部分网友更是将此事与不久前热播的电视剧《甄嬛传》结合起来调侃：“把翊坤宫的钟打破了，快叫华妃赏赐他一丈红！”

钟主体结构未受到大的破坏，主要是局部损伤。依照故宫钟表修复师一流的修复能力，短期内可修复好。

(二) 2008只啤酒瓶制成“太阳时钟”

2008只啤酒瓶做的太阳时钟

2008年1月，南京商业区新街口地区某商场前竖起一座“太阳时钟”，该钟由2008只啤酒瓶搭建，直径8米。在阳光照射下，中央“时针”产生的阴影落在“时钟”上。“太阳时钟”以新奇的创意引来众多南京市民观看。

（三）乐队床边当闹钟

或许每个人都有过赖床时被爸妈“狠心”叫起的经历。2015 年 8 月某日，美国一位老妈就“狠狠恶整”了一把自己爱赖床的女儿——在当地一个电台的帮助下，用一个爵士乐队叫女儿起床。这位妈妈有个 10 岁的女儿苏菲，每天早上她都要费九牛二虎之力才能把苏菲从床上拉起来上学。为此，她试了很多招数：扯她的被子，挠她的背，甚至让家中的宠物狗跳上她的床，但都毫无效果。

后来，这位几乎绝望的妈妈想出了一个大绝招，在当地一家电台节目的帮助下，她邀请了一个爵士乐队来到苏菲的床边，向她献上一首“早安曲”，看起来非常奏效。睡眼惺忪的苏菲在梦中被音乐声惊醒，看上去有点儿不好意思。但她并没有承诺以后会按时起床，而表示自己需要一个新耳塞，让人啼笑皆非。

（四）日本建世界最大沙漏

位于日本岛根县大田市的“仁摩砂博物馆”的沙漏计时装置“砂历”被吉尼斯世界纪录认定为世界最大沙漏，该博物馆的证书已刊登在 2015 年 9 月 10 日发行的《吉尼斯世界纪录大全》上。

“砂历”高 5.2 米、直径 1 米，一吨响沙掉落完为一年。“砂历”在 1991 年 1 月 1 日 0 点作为该博物馆的标志正式启动，曾在 2008 年的同名电影《砂时计》中亮相。此前美国人制作的高 1.06 米、直径 38 厘米的沙漏入选吉尼斯世界纪录。一名与家人一道从大阪府前来参观的日本游客笑着说：“之前就一直想来看看，很高兴能在获得认定后来看。”

（五）指针倒转的玻利维亚国会大钟

钟表自诞生以来，一直都是顺时针转动。然而，玻利维亚国会大厦上的钟表一反常态，开始逆时针转动。这不是钟表出现故障，而是玻利维亚强调自己南半球国家身份的象征之举。对于南半球而言，时钟指针的转动与北半球相反，是逆时针的。因此，在玻利维亚外交部长乔克万卡的提议下，玻利维亚国会大厦上的时钟改为逆时针转动，并且将表盘上的罗马数字替换成阿拉伯数字。近日，在玻利维亚中部城市圣克鲁斯召开的 77 国集团峰会上，玻利维亚还将一批逆时针转动的钟表作为礼物赠送给各国与会代表。不过，不是所有的玻利维亚人都支持这一举措，有人认为这种改变打乱了他们原本的生活。

（六）塔钟设密码，停钟惹官司

钟表制造商为避免用户不履行合同，提前在产品中设置密码，用户不兑现协约便“指令”钟表停走。2001 年上半年，青岛当代商城的塔钟便因钟款问题屡次停转。2001 年 1 月 21 日，青岛当代商城的塔钟停止了运转，电告制造商烟台持久大钟派人处理。经过双方协商，商城方面偿付一部分尚欠钟款，来人将该塔钟“修”好。4 月 28 日，塔钟“旧病”复发，双方仍旧重复了你付款我“修”钟的一幕。但最终由于钟款仍未付清，一周后塔钟再次停转。

原来，制造商在塔钟里设置了密码，目的是敦促用户履行货款合同。对此，商城认为制造商偷设密码属欺诈行为，遂于当年 10 月 18 日将其告至市北法院。

六、海马想“看”潜水表等手表趣事

（一）手表也有高原反应

一游客戴着一块手表踏上了新疆游的旅程。这是一块普通的双日历石英电子表，走时极为精准。当汽车出青海湖翻越湖南面的山脉时，大家都由观湖看花时的兴奋转入了低潮，车厢里一片安静。就在这时，突然听到“嘣儿”的一声轻响（类似于开啤酒瓶盖和汽水瓶盖的那种声音），他循声低头望去，手表玻璃已掉落车厢地板上，捡起仔细观察，没有任何破损。他联想到身边颈枕的膨胀，突然明白手表遭遇高原反应了。随着海拔升高，表内外产生了压差，加上表蒙安装不牢固，爆掉了。

（二）饭煮熟了表无恙

有这样一个趣事。浙江海宁市淡桥粉乡东庄村一农民淘米做饭时，因表带断落，手表掉入米中而未发现，到吃饭时才从饭中找到，手表仍在照走不误。“手表落饭锅，饭熟表无恙”，人们纷纷赞扬这块由杭州手表厂生产的西湖牌手表质量过硬。

（三）印度为女性配反强奸手表

印度政府为女性配备可在紧急情况下向警察呼救的“反强奸手表”。这款手表配备内置GPS定位系统和摄像头，有的表内还配有可测量戴表人紧张程度的传感器，并具有向施暴者释放电流、令其丧失5~10分钟行动能力的功能。

（四）恐龙粪便化石手表

2010年3月，瑞士著名钟表设计师扬·阿尔帕表示，将推出一种用生活在1亿年前的食草恐龙的粪便化石做外壳的手表，售价至少在1.1万美元。

（五）潜水员夏威夷遇好奇海马盯表看

海马是一种颇具神秘色彩且外形酷似马的海洋生物，因难见其踪迹而闻名。有一组展现夏威夷毛伊岛海域海马世界的图片，这些极为罕见的海马形态各异，有的似乎在拖着瘦骨嶙峋的尾巴与潜水员“牵手”，有的在海底疾走时突然停下来盯着潜水员的手表，仿佛在“看”时间。

海马好奇地盯着潜水表

（六）美国手表中国造

社会发展进步，出国旅游的人越来越多，多数人想给亲友带外国礼品，有人买回的美国手表却是中国造。2008 年 1 月一次聚会上，张先生告诉朋友们，他在出游美国时购买了一块精致的手表送老婆，老婆在表带搭扣内侧却发现一行细微的小字：“Made in China.”

（七）“情绪手表”问世，老板监控下属

2008 年 3 月，科学家研制了一种监测人喜怒哀乐的便携式情绪手表，能自动获取人的情绪信息。它通过测量人所处的方位、心跳速度、体温、皮肤干湿水平等，追踪得知其情绪状态并加以量化，并可把获取的数据通过蓝牙发送给中央数据库，传达给有关人员。从事客户服务要小心了，你即便喜怒不形于色，情绪手表也会将你出卖。你与顾客沟通按捺不住向人发火或精神不振时，老板会收到情绪手表的“密报”。火气太大了，你恐怕会被“炒鱿鱼”。

这种新产品原本是为了老年病人监测心率、体温和不自然的皮肤反应等，不过同时也可据此判断使用者的行为与情绪。如果有监控参数超标，会以电子邮件或短信等方式通知家属或医护人员。情绪手表一推出，人们热捧与冷淡兼而有之。

（八）山寨手表时间奇葩显示28：59

一般手表的时间显示只有“00”至“23”等数字，而于先生的手表屏幕上，却突然出现“28”“29”等数字。这款手表是在一家手机店购买的，花了几百元。“便宜没好货，都是山寨机捣的鬼！”于先生自嘲道。他试着想把时间调到正确数字，但却失败了。

（九）首相女儿表不报关遭盘查

1991年12月11日，卡罗尔·撒切尔由于从海外返回英国时戴着一块价值昂贵的手表而受到海关拘留盘问。

两个星期前，首相的这位35岁从事记者工作的女公子在伦敦希思罗机场经过“无可报关”的绿色通道时，遭到海关盘问。海关官员看到这只估价1500英镑的手表，请她出示证明，说明此手表不是非法进口的。撒切尔小姐是在采访贝娜·布托总理后从巴基斯坦回国时受到盘问的。她告诉官员，手表是一年前一位朋友送给她的。但她不能提供表明这是私人礼物而不是非法进口物品的证据，因此被没收。经过15分钟的谈话后，海关允许她离开。几天后，她交了100英镑的税和附加增值税后取回了这只手表。

（十）日本人求职手表成“砝码”

按照日本传统，学生在升入高中时，通常会得到一块手表做礼物。这块手表将一直陪伴他们直到大学毕业。不过，由于手机应用日益广泛，越来越多的学生不再戴手表。随着求职“赛场”上的竞争日趋激烈，年轻学子们重新关注起手表。他们认为，上班掏手机看时间很丢脸，佩戴手表看起来更有计划性、更具组织能力，能增加求职胜算。

统计显示，求职学生通常会花10万日元（约合1102.8美元）置办“求职装备”，其中包括职业装、包、鞋和手表。精工公司估算，学生花在手表上的钱大约为2万日元（约合220.5美元）。

七、智能手表寻婆婆，军营使用会泄密

（一）智能手表寻婆婆

2017年2月15日下午，洛阳市民杨女士发现患有阿尔茨海默病的婆婆走失。一番寻找无果后，杨女士一边报警，一边追踪婆婆身上可定位的智能手表。一个半小时后，在距家近20公里外的地方找回婆婆。

杨女士今年54岁，婆婆77岁。从2012年开始，婆婆的记忆力开始减退。2014年，婆婆因脑梗住院，阿尔茨海默病逐渐加重，出去走远了记不住回家的路。从那以后，杨女士不敢再让婆婆一个人出门。15日17时许，杨女士下楼取快递，婆婆想和她一起下楼，杨女士就让婆婆在楼下转转别走远。取完快递后不久，杨女士发现婆婆不见了，找遍整个小区也没找到，打她的电话也不接。婆婆下楼时没穿外套，没带钱，也没带公交卡，杨女士立即联系丈夫回来一起找。

元旦时花130多元给婆婆买了一块儿童智能手表，有定位功能，每10分钟手表会向杨女士的手机发送一条定位信息。寻找婆婆的路上，杨女士的手机收到的第一条定位信息显示婆婆在小区附近，后来定位信息显示婆婆在新区。杨女士判断，婆婆应该是坐上了公交车。杨女士拨打110，向市公交集团求助，联系司机在某路公交车终点站留住婆婆。后来杨女士拨通婆婆的手机，接电话的是一个女子，告知了婆婆的具体位置，杨女士和丈夫终于找到了婆婆。算下来，婆婆当时所在的地方离家有近20公里，好在有惊无险。

（二）“智能手表”军营使用会泄密

2015年5月10日，原南京军区某防空旅六连新兵小张收到女友

寄来的生日礼物“智能手表”，想在战友们面前“秀一秀”。“手表还能拍照？会不会泄露军事秘密？”班长曾涛当即予以制止，并决定将情况逐级上报。经旅保密委员会鉴定，该手表具有上网、定位和通话等功能，在军营使用违反安全保密规定。小张知情后吓出一身冷汗，赶紧把经保密委员会审查并脱密后的手表寄回家。后经军队科研院所专家针对“智能穿戴设备”给部队安全管理带来的隐患进行调查分析：“智能穿戴设备”多配置高清摄像头和麦克风，具有拍照、摄录和独立数据处理、传输功能，官兵们一旦戴上这种手表，极有可能被窃听、窃照，在军事行动中暴露部队位置坐标，危及军事行动安全。军人要严格落实军队各项保密规定，不能佩戴跟踪类手环手表。

（三）智能手表可能泄露隐私，当心被“黑”

2015 年 9 月，相关研究人员发表的一份报告说，他们可以用智能手表的运动传感器来获知使用者正在从键盘上输入的内容。置入智能手表的一个伪装应用程序就能帮助黑客获取键入邮件、搜索引擎或保密文件中的信息。所有使用运动传感器的可佩戴式设备，如苹果手表、Fitbit 运动手环等，都同样薄弱。

2014 年 2 月 23 日，《焦点访谈》报道儿童智能手表存在安全漏洞，可导致儿童被黑客实时监控，获取儿童的日常行走轨迹，以及实时环境声音。国家网络安全反馈机构测试，技术人员只需几步，就对儿童手表本身的监听功能进行了破解，模拟自己是孩子家长，向手表发出监听请求，手表会主动打电话到技术人员的手机上。只要手表处于正常使用状态，黑客就可以在家长和孩子完全不知情的情况下进行窃听和监控，相当于在家里放了定位窃听器。黑客有能力通过技术手段攻破并控制智能设备，家长的手机显示孩子在附近，其实孩子已经被抱走。

八、多种奇葩闹钟，弹射打脸或“爆炸”

人生一大难题就是早上起床，不设几个闹钟根本起不来。为克服起床困难症，人们脑洞大开，发明了千奇百怪的闹钟。

（一）高压弹射床闹钟

2018 年 2 月，一个英国小伙发明了一种高压弹射床，闹钟一响，床就会弹起，把人甩出去，要是你还起不来，算它输。而且这小伙还懒出了新高度，穿着衣服睡觉，裤子套在小腿上，被床弹起时就能顺便穿好衣服。如果你不想被床甩出去，还有美国小哥设计的床震闹钟，如果闹钟响了你还赖在床上，整张床就会像一匹欢快的小马来回晃，保证让你睡意全无。

（二）打脸闹钟

要是担心这些床会让你骨头散架，可以考虑美国小姐姐的打脸闹钟。闹钟一响，海绵手就不停地打你的脸。不过长发姑娘可要小心，要是头发被卷进海绵手里就悲摧了。

（三）会飞枪弹的闹钟

会飞的闹钟，它一响，上面的小球会飞起来，在房里横冲直撞，不捉住它就停不下来。另外还有枪靶闹钟，它一响，靶子就弹起，关掉它要用激光枪射靶心，估计等你射中它，整个人也清醒了吧。

（四）人脸时钟

素来脑洞清奇的日本人也不甘落后，他们发明了人脸时钟，会动的五官来给你报时，左眼代表分针，右眼代表时针，嘴还吧唧吧唧地模拟秒针的嘀嗒声。这么诡异的时钟，估计小偷都要被吓跑了。

（五）酷似炸弹的电子闹钟

2008年7月，日本某厂商推出一款奇异电子闹钟，早上不起床就会爆炸。当然只是外形酷似炸弹装置。想要关掉它，必须要将三条线拔掉，再依照一定顺序接回来，如果不成功便会发出爆炸声，这对于正睡意蒙眬的人来说可是一个很大的考验。有位DIY达人自己动手将闹钟改装成了一个“定时炸弹”的外观，并将它偷偷放在贪睡朋友的床头，当朋友醒来发现身边有颗“定时炸弹”后，很快改掉了赖床的习惯。

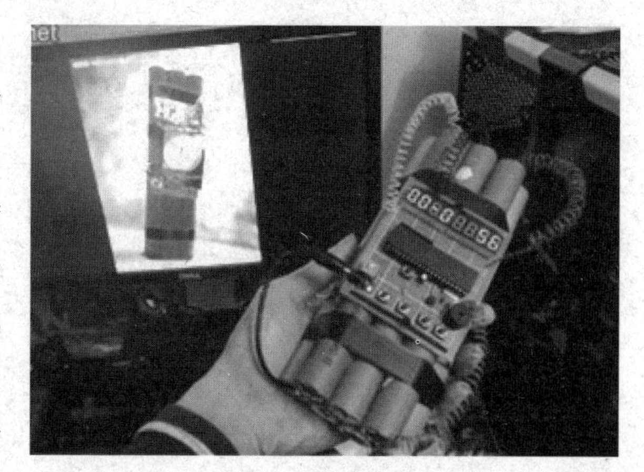

疑似定时炸弹闹钟

九、人工闹钟新职业，男孩制钟被羁押

（一）新潮职业人工闹钟

世界变化就是快，职场上各种新鲜、奇葩职业浮出水面：陪跑师、微信朋友圈“包装师”、失意倾听师、晚安问候师、人工闹钟……光听这些名字就够新潮吧？

“怕上学上班迟到、重要的会议迟到，妹子帮起床困难户起床吧！”“店主是Girl，声音甜美温柔；若是需要Boy的声音，我们也有哦，拍时请注明哦……”你可能想象不到，打个电话提醒起床居然也能赚钱。

在网上搜索栏，只要输入“叫早”一词，就瞬间弹出上千件“宝贝”。这一服务是当作商品出售的，价格多在10元以内，还可以包月付费……服务人员就像是“人工闹钟”，提供电话、约会、生日、吃药、纪念日提醒等服务。

在郑州一所高校上大二的小周就经营着这样一家网店。他介绍说，自己是起床困难户，爱赖床。偶然跟朋友说起来，朋友开玩笑说：“每天给我1块钱，就负责叫你起床。”这句话让小周萌生开店想法。“花几块钱请个‘人工闹钟’，如果对方声音很好听，一起床就有好心情，这就是商机。”

就这样，小周跟身边的同学一起做了这个小生意，既锻炼自己的好习惯，还能挣点小外快，何乐而不为？因为身边有声音温柔的妹子，也有暖男的重低音，很快店里就收到不少订单，最好的时候，一个月卖出了上百件“叫早”宝贝。

（二）14岁男孩自制时钟，被误当炸弹遭羁押

2015年9月18日，美国得克萨斯州14岁男孩艾哈迈德·穆罕默德带着自己制作的时钟到学校，被误认为是炸弹而遭逮捕。

艾哈迈德喜欢工程课，在家自制了一个时钟带到就读的麦克阿瑟中学给工程课老师看。老师对他的手工制品很满意，但建议他“不要向其他老师展示”。然而，艾哈迈德的时钟在其他课上发出了响声，继而被老师发现并误认为是炸弹。这名授课教师随后把时钟没收并通知校方负责人，负责人叫来了警察。他被从课堂上揪了出去，接受校长和4名警察的问讯。问讯过程中，艾哈迈德坚称自己只是做了一个时钟，但没有就时钟的用途做出“更为清楚的解释”。

后来，艾哈迈德被学校勒令停课3天。然而，他只是个聪明的男孩，他只是兴奋地想和老师分享自己亲手制作的时钟。

十、如厕计时器惹风波，足联收名表责退回

（一）英国节能“如厕计时器”惹风波

2010年4月初的几天，英国西米德兰兹有数十名公务员“被困”政府办公楼厕所，窘境全因新启用的“如厕计时器”。西米德兰兹政府规定公务员每次上厕所不得超过10分钟，为此将“如厕计时器”安装在厕所电灯上，10分钟一到，传感器自动熄灭灯泡。这个计时器让政府工作人员叫苦不迭，公务员纷纷指责这一举措。

在安装计时器以前，人们已经按照要求一离开厕所就关灯。安装计时器让人尴尬和丢脸，如果在厕所小隔间正准备轻松“爽一下”，突然灯灭了，在伸手不见五指的黑暗中，你得摸索着尽快收拾残局，然后才能走到大门口重新开灯。这个时候你还得祈祷千万不要有人进来，否则他会看到你在黑暗中摸索，裤子还耷拉在脚踝。

英国财政大臣公布2010至2011年财政预算，包括削减政府赤字措施之后，西米德兰兹政府的公务员发现厕所里装上了“如厕计时器”。“如厕计时器”不光惹得员工怨声载道，纳税人也不领情。纳税人联盟女发言人向政府“开炮”：“靠一个荒唐的‘如厕计时器’来降低能耗？西米德兰兹政府的领导是哪个星球来的？说好听的，这给员工造成不便；说不好听的，这纯粹是浪费公众钱财的荒谬举动。凭空想出节约能耗的做法，看起来像是小学生恶作剧。”

（二）国际足联官员收名表被责令归还

2014年9月18日，国际足联发表声明说，巴西足协向2014年世界杯参赛国足协的代表、28名国际足联执委、南美足联各成员国成员赠送了礼包。国际足联要求足球官员退还作为世界杯礼物赠送给他们的65块奢华名表，不然，算违纪。国际足联并未说明作为执

委的足联主席布拉特是否也接收了这份厚礼，以及是否退还了手表。

巴西足协赠送的豪表来自赞助商帕玛强尼（瑞士顶尖钟表品牌），巴西方面称每块表价值 8750 美元。然而，国际足联道德委员会调查官员对此事进行调查后发现，这些作为礼物赠送的帕玛强尼表的市场价值约为 25000 瑞士法郎（约合 26600 美元）。

国际足联的道德准则规定，足球官员不能赠送或收受除“象征性或非名贵”礼物之外的任何礼物。收到礼包的人应马上查看包里的东西是否适当，发现名贵手表，要么退还，要么向调查小组报告。英足协主席格雷格·戴克说，他发现巴西方面有人把表留在了圣保罗宾馆他的房间里，他计划把表捐给慈善机构。

十一、手表与手枪的故事

智能手枪的前景正在变得越来越清晰。据北美知名科技博客 2014 年 2 月报道，全球首款智能手枪 iP1 已经在美国加利福尼亚州上架开卖。这是一把德国造智能手枪，它的精髓在于枪手只有植入 RFID 芯片，佩戴与之匹配的手表才能完成发射。iP1 智能手枪内置的无线射频识别（RFID）芯片可以让手枪和手表之间形成“协作和交流”，就好比门禁卡一样，没有卡就开不了门。当手表与手枪距离足够近时，枪柄上的绿灯将会亮起，此时枪手就可以开枪射击了。没有手表就意味着灯不亮，此时，iP1 手枪的扳机就会自动锁住，无法完成射击。

美国最大的枪支所有者协会 NRA 对这款智能武器感到不安，认为这种枪支不仅昂贵，而且其智能化水准并不值得信赖。

第九章　钟表收藏

一、每一座钟表博物馆都是一部时间简史

想要深入了解钟表，光靠多看几个系列的产品远远不够。有机会去看一看各地历史悠久的钟表博物馆，是你全面了解钟表文化最快速的方式。

（一）百达翡丽博物馆钟表之王的私人收藏

钟表界常说，“钟看北京故宫，表看百达翡丽”，可见两者在钟表历史中的分量。创立于 1839 年的百达翡丽见证了钟表的发展历程，博物馆内藏有 16 世纪以来的 2000 多件古董腕表、怀表，数量多、时间跨度大，也被钟表界称为“全球藏品等级最高、最有价值的钟表博物馆”。

百达翡丽博物馆位于日内瓦市中心。1975 年，百达翡丽总裁菲力·斯登收购一处珍宝大楼，1995 年将大楼全部整修，建立了一所有温暖感觉及私人藏馆特点的钟表博物馆，将其私人藏品在这里展出。2001 年 11 月，百达翡丽博物馆正式开馆，面向所有钟表爱好者，无须预约即可进入博物馆一探这位钟表之王的私人收藏。

一层是精心修复的古代制表工作坊，可看到 400 多件 18 世纪后期至 20 世纪初的制表工具和工作台，依照时间顺序参观便可大致了

解古代工匠的制表工序，观看百达翡丽早期制表工坊的场景。四层是图书馆和百达翡丽数据库，4000 多部著作几乎可以被制作成整个钟表业的大数据库，许多关于钟表历史的问题可在此找到答案。

三楼是菲力·斯登从世界各地收集的 16 至 19 世纪的古董钟表，让人看得津津有味。藏品丰富并分类清晰。比如，有路易十六时期宝玑以个人身份制作的怀表，产于 1530—1540 年的鼓形怀表，当然还有针对中国市场的怀表，这些怀表有的甚至是来自故宫——清末动荡，不少宫廷怀表流失于民间。从 1770 到 1840 年，中国和西方的钟表贸易达到鼎盛。中国皇家和达官贵人热衷于搜集制作精巧的西方“小玩意儿”——表；而西方制表商们眼见其中的巨大利益，便纷纷以中国人的审美趣味为导向，生产起专供中国市场的“中国表”来。

参观以二层百达翡丽 1839 年至今的作品作为终点。藏品令人目不暇接。比如，有世界上最精密复杂的便携式时计，历时 9 年完成，拥有 33 项超级复杂功能的 89 怀表，以及曾为皇室所有的珍贵钟表、复杂功能怀表和腕表等，近 1000 枚作品将百达翡丽的历史娓娓道来。在配备特殊装置的工作室，参观者可深入了解钟表修复技术。

（二）欧米茄博物馆记录一段段鲜为人知的历史

于 1984 年 1 月开设的单一钟表品牌欧米茄博物馆免费开放。人类历史上令人难忘的时刻几乎都被欧米茄一一记录。博物馆大楼也是欧米茄档案馆所在地。2010 年翻新修复时，发掘出许多未公开的古老藏品，其中有爱因斯坦曾经使用过的怀表。博物馆分为上下两层。入馆便能看到右手边的月球车模型，代表欧米茄曾与宇航员共同登陆月球的历史。二层展示欧米茄创立以来各个时期使用过的 logo，风格各异，十分有趣。玻璃柜中陈列的是创始人路易·勃兰特在 160 多年前使用的制表工作台。

展馆藏品按时间顺序一一陈列，可看到正式命名为欧米茄之前的先河作品，复杂古董怀表、装饰艺术风格的腕表、珐琅彩绘表盘，以及最早生产的女表系列。欧米茄曾经参与过美国宇航局载人航天所有 6 次登月任务。展厅内展出 4 只曾在月球上或近月球位置佩戴过的超霸腕表，以及当时人类在月球行走的模型、登月行动指令长理查德·高登在当时佩戴的飞行手套和手表。在此可看到许多名人佩戴过的手表，比如美国第 35 任总统约翰·肯尼迪在其就职典礼上佩戴的腕表以及许多被各国国王、皇后、探险家所使用过的计时器，4000 多枚藏品和各式各样的相片、雕刻、海报、标志、奖状的珍贵历史文件，讲述了一个完整的关于欧米茄和人类发展历史背后的故事。

（三）爱彼钟表博物馆展示钟表多彩时代

前身是品牌创始人之一的路易斯·艾德马的工作坊和住所，建于 1868 年。这幢四层老宅，如今既是博物馆，也是生产陀飞轮和复杂功能表系列的作坊。馆内收藏了品牌历史遗产中的 1300 多件时计作品，跨越 250 年历史。博物馆共展出 235 枚爱彼腕表，从最简单的工艺腕表到复杂功能腕表，按照制表工艺的复杂程度依次陈列。其中最古老的展品，是一枚由爱彼品牌创始人的祖辈在 1750 年前后制造的镌刻有“Piguetau Chenit”签名的怀表。

最吸引眼球的是该品牌在过去 130 年以来制作的女表。装饰艺术风格盛行的 1920 年代，被称为“多彩的时代”。这一时期，为了迎合女表更小巧的流行趋势，爱彼研发出微型机芯，所有的手表都小而别致，并镶嵌宝石，这种迷你造型的手表也成为当时的腕上风尚。1940—1960 年代，女性追求外观设计之外，开始注重内在的机械技术。到 20 世纪 70 年代，女性腕表外观也更显多元化：圆形、枕形、方形、不规则造型及椭圆形设计，丰富多彩。

（四）宝玑博物馆保存着世界上第一款女式腕表

宝玑巴黎精品店暨博物馆位于巴黎中心地段旺多姆广场 6 号，

收藏着公司的珍贵档案及 120 余款古董钟表。宝玑博物馆内的一张订单，是那不勒斯王后卡洛琳·缪拉于 1810 年 6 月 8 日在宝玑定制的世界上第一款女式腕表，订单内容为“椭圆形手镯报时腕表”，这枚腕表收藏于宝玑博物馆。宝玑巴黎博物馆展现了宝玑近 200 年来对世界高级制表工艺做出的贡献，从自动上链怀表、触摸表到一些最古老的无匙表、旅行钟、航海天文钟以及军用表，都可以在宝玑巴黎博物馆看到。

（五）在德国钟表博物馆可自制布谷鸟自鸣钟

有着 160 年收藏历史的德国钟表博物馆几乎是世界上收集钟表种类最多的博物馆——从日晷到原子表，从奢华的座钟到精致的小闹钟、墙表，从高档的怀表到精致的腕表，无所不包，拥有大约 8000 件展品。与其他博物馆不同的是，你可以在专业老师的指导下自己动手设计、制作一款全世界独一无二的布谷鸟自鸣钟。在约 3 小时的制作时间内，每个参与者会先学习了解钟表和布谷鸟自鸣钟的制作历史，随后在老师的帮助下，大家为自己设计、制作钟表，最后，为钟表加上德国黑森林石英，石英通过特殊的运动就可以发出布谷鸟的叫声。除了完成钟表需要的最基础零件外，你也可以根据自己的喜好装饰钟表。

（六）格拉苏蒂钟表博物馆为世界修复古董钟表

格拉苏蒂一直是德国重要的制表中心，170 多年以来，已经成为质量上乘、精密而奢华的“德国制造”产品的代名词。格拉苏蒂钟表博物馆位于一幢兴建于 19 世纪末期的宏伟大楼，1878 年，莫里兹·格罗斯曼就是在这所大楼里创办了格拉苏蒂镇的第一所制表学院。地理以及文化上的渊源，使得这座博物馆“卧虎藏龙”，馆内聚集了一批大师级的制表师。他们负责运用稀有罕见的高级技术修复自 19 世纪中叶起，在格拉苏蒂镇生产的具有历史意义的古董钟表。

同时博物馆还会进行制表工艺的研究和教学，确保本地独一无二的制表技术能够得以保存流传。2008 年 5 月 22 日，博物馆正式向公众开放。该博物馆以“时间的迷人魅力——让时间活起来”为展览主题，展示了 400 多件精挑细选的独特展品，描绘了格拉苏蒂制表工艺从 1840 年至今的历史进程。

二、收藏钟表的故事

（一）钟表的收藏魅力

钟表最初是人们的日常用品，随着时间的流逝，一些具有历史内涵以及艺术魅力的钟表收藏价值开始显现。首先吸引人们的是个性化外观以及精巧的内部结构。清朝时期的钟表外观处处表现了中国人精巧以及细腻的审美，受到国人青睐。如今很多藏友收藏钟表，一方面是为其艺术性及观赏价值，另一方面是因为其体现的投资价值。但凡那些年代久远、品相好的具有特殊纪念意义的钟表，其市场投资价格都很高。

（二）曹家大院藏金——火车头钟历经战乱

山西太谷曹家大院三多堂博物馆，位于太谷县城西南五公里处北恍村东北角，它原是晋商巨富北恍曹家的一处“寿”字形宅院，陈列着无数珍品，反映了曹家全盛时期的概貌。令人称奇的是在“珍宝馆”展出的清宫国宝金火车头钟价值连城。

金火车头钟由法国制造，是献给乾隆皇帝的礼品。钟由黄金、白金、乌金、水晶制成，重 42.25 公斤。车身上有一个较大的时钟，每到一个时点，车头顶上的白金铃铛便会自鸣报时。车头下部原本安有两条乌金制作的 1.5 米长的轨道，有上发条的金钥匙，拧紧发条后，整个火车头在轨道上可来回不停开动，带动时针、分针。旁边有铃铛，铃铛前面有气缸，倒上水，通过机械能转化为热能，可以从烟囱里冒出蒸汽，像一辆真的火车。车上镶有小晴雨表可预报天气。时至今日，外形完好，颜色鲜亮如初，其样式之新颖、工艺之巧妙、颜色之协调实属罕见，堪称一绝，1931 年此钟损坏。

此物原藏于圆明园，英法联军攻入北京烧毁圆明园时，一些太监、侍从将其从中抢救出来偷偷转卖，后金火车头钟被曹家“咸元会”商号买去。1941 年日军侵华，将“咸元会”钱庄吞并，“咸元会”掌柜将火车头钟等能拿走的小物件专程送往北京，当面交还曹家股东驻沈阳的曹师宪。

（三）老屋钟声充满生气，收藏大家只进不出

上海老城厢文庙附近一幢老房子有位钟表收藏家陈运尧，满屋子古老钟表让人大开眼界。在整点时，一座高达 2 米的落地大钟报时的前奏曲一奏响，满屋的古钟一齐敲打起来，叮叮当当，充满生气，充满希望。陈运尧今年 67 岁，广东汕头人，他与钟声结伴一辈子。13 岁时，吃旧货饭的哥哥经营一些古钟老表，引起他的好奇心。19 岁时，他到一家当铺学生意，接触钟表的机会更多，有幸觅到一块瑞士夜光“潜水表”，足足高兴了几天，从此他迷上了钟表。解放后，收藏钟表成了他业余文化生活的主体。老陈有他的收藏标准，一要品相好，东西要精；二只要看中，不惜重金。他的一座美国 19 世纪的“奖杯钟”是以高价收的，有人闻讯，要以高价求购，老陈谢绝了：“我是收藏家，只进不出，再高价钱也不卖！”就是凭着这种锲而不舍的精神，陈运尧已拥有近百件珍贵藏品，这些藏品都具有很高的欣赏价值和把玩情趣。例如瑞士的“打簧表”、德国的“瓷壳钟”、法国的“天使钟”、英国的“船钟”、日本的“玻璃钟”、意大利的“大理石钟”，以及我国清代细雕花的“南京钟”等。他本人被推选为上海收藏欣赏联谊会钟表专业委员会理事。妻子几十年如一日地支持他。二儿子也喜欢收藏钟表，而且精于修理。他的

小儿子在香港为父亲搜集钟表资料，带回了《投资古董表》和《古董表》等书籍，以支持父亲的收藏。老屋的钟声，是那么悦耳动听……

（四）收藏怀表展示怀表历史

国际藏表界将1930年作为一个分水线，此前为怀表时期，此后为手表时期，从这个意义上讲，怀表称得上是真正的古董表。怀表的出现，突破了机械计时器原先的形态，它便于携带，很快被人们所接受。最初的怀表作为装饰品，就像戴项链一样用金链、银链挂在颈项上。瑞士于1585年制造出怀表，英国则到1600年有怀表问世。18世纪是怀表大发展时期，机械表的第三支针——秒针出现在1750年。怀表的重要装饰——防尘盖，亦即表盖，发明于1748年，为珐琅画的施展提供了用武之地，从而怀表进一步艺术化。

20世纪80年代中后期，古董怀表收藏在日本、中国香港及欧美等地兴起，怀旧潮使不少人对古董怀表重新估价。近年来，随着古董表收藏热潮的兴起，具有很强时代特征的怀表开始大幅升值，惹人注目。国际拍卖市场甚至举行古董怀表拍卖专场。像19世纪生产的卡地亚和百达翡丽、劳力士等名牌怀表早已成为普通藏家不敢问津的天价藏品。古董怀表收藏的标准主要有：原装、品相好、罕见、名牌。如能达到一项就值得收藏。如果四项都有，那就算是表中珍品了，价值要高出10倍左右。

（五）香港人到上海抢购老旧表

20世纪60年代初期，年轻人结婚有自行车、缝纫机、手表“三大件”追求。当时一个普通工人的收入，一个月只有30元，一块手表就要上百元，需要几个月才能攒下一块手表的钱。国产老手表保存着一个时代的记忆，不可再生，年代久远损毁便多了，收藏的价值日益凸显。

2001年7月，当上海人纷纷到香港去选购世界名牌手表之时，香港人却特意到上海来寻觅国产老式手表。在陕西路73号门面不大的祥生贸易信托商店，几乎天天有香港人出入，专门买上海牌旧表，有的一买就是三五只，甚至十几只。他们的选择目标明晰，都要后面有“58年生产”的字样。这种1958年生产的上海牌手表依然走时准确。许多香港赶来的先生、小姐到上海来觅这种“土特产”用于自己收藏，更用于送人。

（六）瑞士表、德国钟更具收藏价值

评判机械钟的收藏价值看两点：机芯质量以及是否为限量版。钟表行业有一句话叫“瑞士表、德国钟”。目前公认最好的机芯是德国机芯。一些限量发行的钟全球仅一两百台，具有很高的收藏价值。此外，各品牌的钟还有每刻报时、日期显示、三音机芯、夜间止鸣等不同功能，精致的造型设计也能体现一台钟的特色。

机械钟按样式可以分为落地钟、壁炉钟和挂钟。现在人们对家居环境越来越讲究，在家里放置一台钟，既可以欣赏到优美的钟声，又可以作为整体装潢的组成部分。除了具有实用价值外，很多人喜欢在家里收藏钟，就是看重这种家族世代传承的意味。

三、古董表“藏”着的知识

古董表作为一种重量级的收藏艺术品，从20世纪80年代中期开始风靡全球。据拍卖记录及经营商的销售资料表明，古董表的市价不断攀升，巨大的潜力使世人刮目相看。从此，全球性的古董表收藏投资热兴起了。

（一）怀旧的怀表，情深的情结

在钟表世界里，钟和表是不同的，能够鸣响的叫钟，而只能看

不能响的叫表。

最早的怀表靠一条表链固定在身上，装在西装背心口袋里，十足的派头、昂贵的价格，成为一种身份的象征。1886 年，瑞士人改进了齿轮装置和擒纵器，便宜的怀表逐渐进入寻常百姓家。当时怀表的外壳有很多种，白银的、白金的、黄金的、钢的、铜的，各式各样。旧时的怀表都已经成为收藏的精品。

（二）值得收藏的各种手表

世界名表。有百达翡丽、卡地亚、爱彼、古柏灵、夏活、萧邦、积家、伯爵、劳力士、蒂芙尼、宇宙、江诗丹顿等。

专题表。根据古董表的用途或材质，选择一种门类收集，如以用途分，有运动表、航空表、军用表、水手表；以材质分，有白金表、镶金表、镀金表等。

艺术表。世界名表制造商设计出的各种手表或造型独特，或图案别致，艺术价值很高。

品牌古董表。专门收集某一品牌的古董表，若收集得当，就是一部该品牌表的生产发展史。

具有文物价值的表。有的人会专门收集一些名人使用过的古董表。

纪念表。纪念表具有一定的历史意义，代表各生产商的精髓。一些特殊编号常被收藏者竞相追逐，如 1997 年香港回归纪念表。

（三）古钟表收藏价值高

钟在拍卖市场上一直表现抢眼。2012 年，苏富比全球钟表拍卖总成交额高达 6.6 亿港元，较 2011 年增长了 43%，创历史新高。2013 年 4 月，香港苏富比春拍上，一台百达翡丽的喜鹊聚宝鸟巢座钟起拍价 250 万港元，最后以 1804 万港元成交。十年前少有人买钟，一台钟标价 5 万元大家都会很惊奇，几个月都没有一单生意。

现在一款20多万元的进口钟，一年可卖50多台。一天，在上海某信托商店，一位歌星买了近7000元的小巧的古董钟和别致的旧名表。商店里，还看到好些苏联产的手表，有的印有戈尔巴乔夫的头像，有的印有红五星、飞机、坦克图案。

（四）古董表收藏有讲究

古董表长期不上链，转动容易出毛病，存放不要过热、过冷，不要暴晒，要防潮湿。钟表依托与品牌的关系，要查询官方编号，鉴别真伪。一般同一款手表方壳比圆壳贵，长方壳又比方壳贵。指针字体，实心体阿拉伯字最值钱，次之是罗马字，再次是条状刻度。

收藏钟表还有一些基本常识：

首先弄清楚其产地、年代、质量、功能、款式及机械构造等，查看表盘和机芯后板以及表壳，表牌名称写法应一样。

其次注意其品相。选择式样奇特或镶有珠宝、彩绘以及珐琅等古董表，千万不可光看表壳。

再次选择专题。年代以收藏20世纪30年代至50年代的古董表为宜，这类古董表款式多，价格适中。

古董表收藏是好投资，要量力而行，收藏成功的关键在于对古董钟表本身好坏的鉴别。要看机芯，摆轮行走是否平衡，机芯及轮轴各部件的光泽度，外壳是否有裂痕，上下咬合是否紧密。看古董钟表应有的各种功能是否齐全，打簧表应能按时打簧报时。最后看古董钟表的造型、修饰的精细程度及镶嵌品的质地。

（五）古董钟表收藏的价值和种类

稀有的古老钟表、怀表、手表升值较快，都值得收藏。现代制作的、稀少的、定量定款的纪念表也具有收藏价值。20世纪20年代，百达翡丽钻石首饰表价值60万港元；20年代的卡地亚18K金高档表价值8万英镑；极品的劳力士王子表价值7万美元；1890年英国伦敦出品的18K金古老怀表，有金表盖、32钻、日月星、细三针，价值约80万港元；2008年5月12日，一款百达翡丽表在日内瓦克里斯蒂拍卖会上拍出710多万美元的天价。有百年历史的古董表大多由手工制作，几乎没有两只是完全相同的，其价格高昂。百达翡丽表厂20世纪20年代为一位欧洲富豪定制的一只有20多种功能的金表，当时花费约16000美元。60多年后，该厂用130万美元重金购回。除品牌和年份，复杂功能也是升值的条件，比如日月星、月相功能、万年历、转速计、摆动计、测深计等。

真正能够升值的名表，是那些限量制作且功能复杂的款式。2011年上海拍卖行春拍中，卡地亚万年历三问表集三问、万年历、月相等多种复杂功能于一身，加上贝母表盘与雕花透视表背，显得精美异常，最终以40.25万元成交。铂金版万国万年历三问表同样拥有三问、万年历、计时、月相等复杂功能，尤其让人心动的是该表是限量发售50只中的第一只，成交价达到了89.7万元。2011年在香港佳士得的春拍中，一款型号为5004的百达翡丽铂金腕表，配万年历、追针计时功能、黑色钻石表盘、月相、24小时及闰年显示，其成交价折合人民币为379万元。

（六）古董表陷阱多

在北京琉璃厂，稍不留神就会花上几千元买块假表当宝贝收藏。北京市有关部门曾对琉璃厂文化一条街的“古董名表”进行抽检，结果39块表竟有38块是假货。古董表生意充满了陷阱与风险，特别是在互联网上，鱼目混珠的事多有发生。

钟表是一门比较特别的收藏，投资人要有钟表背景知识与艺术鉴赏力，一定要了解市场行情和以往拍卖情况。要知道机芯是否原创、表带是否原配、表面是否经过翻新等。买回还要注重保养，顶级手表保养一次可能要花上万元。如果不保养，可能随时间推移掉价。

四、中国生肖腕表和西洋古董雕塑钟

（一）猴年生肖腕表尽赏匠心制表工艺

世界各地每年都会生产当年的属相手表。2008 年是鼠年，由香港生产的机灵活泼的老鼠手表，尖尖的头上镶有两只银色大眼睛，只要轻按眼睛，表面便会发光，方便在黑暗中查看时间。2015 年年底，为迎接 2016 中国猴年到来，不少腕表品牌推出猴年生肖腕表。猴在中国十二生肖中排行第九，寓意“灵动，伶俐”。不管是金猴摘桃还是灵猴祝寿，工匠大师们通过金雕、掐丝珐琅、莳绘工艺、贝壳浮雕等传统手工艺，巧夺天工地将形态各异的猴子展现在表盘之上，将工艺发挥到极致，精湛无比！

江诗丹顿推出的两款猴年限量腕表，每款发行 12 枚，均镌刻日内瓦印记。该款腕表内搭 2460G4 机芯，表盘无指针时间显示方式，通过 4 个显示窗分别显示小时、分钟、星期和日期。透过表底，清晰可见 22K 金摆砣上饰有品牌历史性象征的马耳他十字图案。金表盘上叶子装饰源自中国，直接雕刻而成。图案采用半嵌入式设计，突显的植物仿佛悬浮于表盘之上。手工雕刻的铂金或金质猴子图案，精巧地镶嵌于表盘中央。

江诗丹顿十二生肖系列猴年表

宝珀历经 5 年

对中华历法的钻研，对机芯装置开创性地将中华传统计时之道（生肖年、天干地支、五行、时辰、月相）清晰准确地呈现于方寸表盘之上，推出高级定制猴年腕表。鹅卵形表盘盘面通过手工雕刻形成多层浮雕，绘制出优雅灵动的顽猴盘踞中央。贝壳浮雕工艺勾勒出极致纤细的顽猴毛发线条，柔软厚实的猴毛让人忍不住伸手抚摸，感受其温暖细腻。18K 白金镶钻表壳与蓝宝石水晶镜面犹如为灵动的浮雕顽猴提供的绝佳庇护。水晶底盖的设计将手工镌刻并镶有天然贝母的金制摆砣展现无遗。

（二）西洋古董雕塑钟

欧洲文艺复兴时期正是机械时钟发展的时期。时钟已不仅是计时器，更多的像是雕塑艺术品。这个时期的时钟吸收了古希腊、古罗马、古埃及的艺术雕刻文化，许多雕刻艺术都体现在千姿百态的各种雕塑上。

雕塑女神钟。收藏家张继峰的西洋古董雕塑女神钟为法国 19 世纪末期的作品。表高 46 厘米，宽 32 厘米，铜质地，女神人物造型。上半部为镏金工艺，下半部为墨绿色金属防锈工艺，通体雕刻细腻，人物表现艺术观赏性极强。虽说已有百多年历史，但走时准确，表的盘脸为银盘，上满发条能走 10 天左右。女神神态温柔，爱抚着一只小羊，给人以美的享受。女神雕塑古希腊式宽大衣裙飘逸，透露出女神的优美，饱满丰腴，充满生命活力。

双鹿吉祥雕塑钟。法国动植物雕塑双鹿吉祥钟，不含托重 10 公斤，材质铅锌合金，镀漆，造型精美，栩栩如生，寓意吉祥。此钟产于 1890 年左右，走时、报时准确。雕塑本体带有法国制造徽章，铸有法文“巴黎”。钟体留有签名——AJACOB，为 20 世纪早期法国新风格雕塑重要人物。同期动物雕塑的价格高于人物宗教题材。

五、北京故宫钟表馆——名贵钟表大观

（一）北京故宫钟表馆让你大饱眼福

北京故宫有一座奉先殿，那里陈列着皇宫收藏的各式各样精美的钟表，琳琅满目，华丽多彩，是一座名副其实的钟表博物馆。这些钟表大多制造于18、19世纪，其中不少是舶来品，来自英国、法国、瑞士、日本等国；还有一部分是国产钟表，由清宫内务府造办处以及广州、苏州等地的中国钟表匠人制造。当年清宫收藏的钟表远远不止这些，那时皇宫每个角落几乎都摆放着钟表，嘀嗒、嘀嗒的钟鸣声响彻整个紫禁城，成为一道亮丽的风景。

清朝乾隆时期是宫廷收藏钟表的鼎盛期，钟表贸易量剧增。皇帝喜欢奢华的钟表，功能是次要的，所以，故宫所藏的钟表大多是大型且华丽的。

清朝皇帝对钟表非常有兴趣，他们想方设法收集各种各样的珍奇钟表，赏玩钟表成了皇室成员的时尚。外国使团和传教士知道中国皇帝喜爱钟表，都投其所好，携带精美的钟表呈献皇上，换取在华利益。乾隆皇帝尤其喜爱西洋钟表，更要求清宫造办处制作精美的御用时钟。康熙收藏钟表不单为赏玩，更是把钟表当作学习西方先进技术的实物。

中国皇室贵族喜爱提笼架鸟，外国钟表商就投其所好，制作了镀金鸟笼表。故宫收藏的西洋钟表品种有镀金的、嵌珍珠的、画珐琅的，外观华丽，制作精美。西洋人物、花卉珐琅怀表更是鲜艳夺目，有的绘有漂亮的侍女，有的绘着谈情说爱的情侣，有的绘有天真烂漫的儿童，有的绘有色彩斑斓的花卉，多姿多彩。有不少钟表是中国人自己生产的，无论造型、性能还是花样，都可以与西洋钟表相媲美，有些钟表的构思甚至超过了西洋钟表。

（二）精美而珍贵的钟表代表

铜镀金珐琅升降塔钟，广州制，高 111 厘米，底座 47 厘米见方。塔高 7 层，每层四面均有龛门。最下边一层龛内设 4 尊牙雕佛像，其他各层龛门彩绘寿星、仙猿、八仙等图案。珐琅底座正面有一二针时钟。钟的左侧是油画仕女图，右侧是仙鹤、寿星图。底座四角莲叶上各立有彩色牙雕童子做恭揖状。底座中有牵动塔升降、音乐及童子作揖的机械系统。塔的第 3~7 层可以升降。在底座上弦后，上面 5 层逐层升起，升到一定高度后停留片刻，然后因塔身重量的压迫，塔又从底层开始逐层下降，同时童子弯腰作揖。

铜镀金珐琅葫芦顶渔樵耕读钟，广州造，高 87 厘米，宽 46 厘米，厚 38 厘米。钟分 3 层，以 4 只铜镀金山羊为足。中层正面是二针时钟，钟盘周围放射性光环上饰彩色料石。上层铜镀金嵌珐琅葫芦上饰 6 个金色“寿”字，下腹部“大吉”二字两扇活动门内有转动人物。上弦后，伴随着乐曲，底层两侧水法转动似流水，鸭子循环游动。正面渔翁上下挥动鱼竿，樵夫、农夫在洞口出入，士人挥扇。同时，中层大吉门自开，里边人物转动。

铜镀金仙猿献寿麒麟驮钟，广州造，高 100 厘米，宽 40 厘米，厚 41 厘米。钟整体铜镀金，分三层。上层立一麒麟，中层正面舞台上方有幕布卷帘拱门，门两侧各跪有一捧桃赤面仙猿。底层内放置音乐箱及机械控制装置。钟上弦后，在乐曲伴奏下，伞盖转动，麒麟左右摇头。中层卷帘上升，仙猿走出拱门，向前探身下跪，双手前伸掰开仙桃，同时小猿猴也上下挪动胳膊做献桃状。四角由龙口而出的水法柱转动，好似龙喷水。底层正面转花由后向前移动，到既定位置后停止。此钟的独特之处在于底层的转花既能旋转又可前后移动，在故宫所藏钟表里独一无二。

紫檀嵌珐琅重檐楼阁更钟，面宽 70 厘米，高 150 厘米，厚 70 厘米。钟体为紫檀木制，重檐楼阁式样，须弥式台座。楼阁之雀替、栏板、柱头等处镶嵌珐琅和玉石。楼阁下正面两针钟盘，面板上有“乾隆年制”款。钟盘中心嵌珐琅上方二小盘，左为定更盘，右为节气盘，专为夜间打更使用。此钟有5组动力源发条，分别带动走时、打时、打刻、发更、打更5套齿轮传动联动系统。白日走时、报刻、报时，夜间打更，每夜起更和亮更都敲108响。更钟通过精确的机械结构，将中国传统的夜间计时方法应用在钟表上，这是清宫造钟处的创造。

铜镀金转皮球花三人打乐钟，英国制造，高77.5厘米，宽35厘米，厚20厘米。钟底座为乐箱，正面为光芒状的彩色料石，钟盘嵌于正中。乐箱4个委角处有头顶犄角、脸部有胡须的男士头像，头像下为铜镀金雕镂空花。乐箱上跪有3个敲钟碗儿童，3组钟碗被镂空花遮掩。儿童背后有1组屏风，为铜镀金藤蔓花，中央为1组彩色料石花纹，屏顶有8朵彩色料石花。启动后，顶端的7朵小花围绕中心花朵转动，同时自转，形似一个皮球。钟碗前金色镂空花转动，儿童敲打钟碗伴奏。

铜镀金绿鲨鱼皮天文表，德国制造，高169厘米，直径85厘米，由底座、星盘、钟表三部分组成。底座为六面体铜镀金饰绿色鲨鱼皮，三面嵌有西洋建筑、农田牧场、跑马游戏的活动图像。6个狮爪状腿上有6个铜镀金洋人，分别怀抱天球仪、手持望远镜等，神态各异，栩栩如生。底座上面有象征宇宙的星盘，星盘上用中文标明十二星座和月份，刻有清晰的南北回归线、南北极圈。在极圈顶端嵌着直径10厘米的白瓷盘小表，表底座有上弦孔。启动后，随着乐声，房屋、牧羊人、马匹等开始旋转，星盘上的众星沿轨道围绕太阳运行，月球绕地球旋转。

铜制热气球式钟，通高60厘米，球径16厘米。此钟底座为大理石制，上立一铜柱，柱头处伸出一个横杆，以支撑球形钟表。球正面为单套两针时钟的表盘，钟的机芯装在球体内。球外用铜丝绳拉网罩于球上，网下吊篮内立一位海员，球体下部正中垂下一杆为钟摆。启动后，机芯带动球体及吊篮同步摆动。19 世纪，欧洲科学家多次试验乘坐热气球升空探测，钟的造型反映了欧洲当时的这一科技活动。

“福满乾坤”怀表是康熙皇帝亲自参与设计，并由宫廷造办的御制钟表珍品，是送给他祖母孝庄文太皇太后的寿礼，该表后来不翼而飞，现故宫展出的是复制品。此表在机芯设计上，将中国古老的计时智慧，即子丑寅卯等十二时辰计时方式展现在表上。在主题上，以乾坤统摄天地、阴阳、日月、昼夜、龙凤、男女等中国文化概念中彼此依存的两极。面盖上有被称为“通灵宝玉”的天然翡翠居于中，底盖上康熙题“福”字居于中，十二时辰环绕于外；表盘以上下左右指代东南西北，把中国古代星宿文化中镇守四方的四灵，即青龙、白虎、玄武、朱雀镶嵌于表盘，传递出中国古老的镇邪与祈福观念。十二生肖连心锁链表达对亲友间连心锁情的祝愿。时、分针为龙和凤的形象，并借中国古代金木水火土五行生天地万物并循环反复的哲学，隐喻五福临门润泽子孙。神秘的“福满乾坤”已经隐匿在遥远的历史长河中，但是，它所代表的丰富而深邃的中国文化却依旧在今天绽放着灿烂的光芒。

六、钟表界的白求恩，死了都要爱中国

罗·古德来自加拿大，英文名 Ron Good。因为热爱中国，在钟表文化交流方面做了不少贡献，又和白求恩一样都是加拿大人，所以很多中国表友亲切地称他为“钟表界的白求恩”。

（一）罗·古德收藏的中国表

有人收藏瑞士表，也有人收藏日本表，而罗·古德却主要收藏中国表，而且以古董表居多。罗·古德掌握的中国古董表知识让人吃惊，对上海、北京、海鸥等品牌古董表如数家珍，堪称中国古董

表专家。

罗·古德不太会说中文，最多也就能讲几句简单的日常用语，但是却非常喜欢中国和中国表。在他眼里，中国比很多西方国家好，简直可以说是最完美的国家。

罗·古德对中国的喜爱不是流于表面，而是那种发自内心深处的、近乎虔诚的爱。他甚至多次表示，就算以后死了，也想把骨灰留在中国。在他眼里，中国甚至更像他的“根”，这恐怕算得是“死了都要爱”了吧。

罗·古德最早和中国结缘就是因为腕表。那时他戴一款天美时，表的质量还不错，只是戴久了感觉有点腻，想换表，于是就在网上四处找，误打误撞来到一个中国机械表论坛。他起初并不太看好“Made in China”的腕表，但是发现有些中国古董表历经几十年后依然能顺畅运行，款式也比较有特色，而且价格也很实惠。毕竟和瑞士大牌比起来，这些古董表的价格或许只是瑞士大牌的百分之一。这让他发现了一个全新的世界。

后来通过电子邮件和谷歌翻译，他在一位中国人那儿买了几块古董表。这些古董表让他非常满意，于是中了中国表的“毒”，之后不断学习、研究中国表，并积极地和论坛表友交流。就这样，罗·古德和中国的缘分开始了。

罗·古德很喜欢拍照，他第一次来中国的时候首站是北京。他走了很久，越走越发现这个地方令他有一种强烈的归属感，而且这种归属感并未随着时间的推移消散，反而越来越烈。这么些年的几次出国，目的地只有一个，那就是中国。

（二）参观上海工业技校钟表专业和钟表科普馆

他对中国表和中国很热爱，在上海特别参观了上海市工业技术学校和上海钟表文化科普馆两个钟表文化机构。上海市工业技术学校是中国少数拥有钟表维修专业的学校之一，课程结合了理论知识和实践操作。而上海钟表文化科普馆则是上海首个普及钟表文化的博物馆，里面以实物、模型和图文的形式呈现中国钟表完整的历史。

（三）在加拿大建中国表博物馆

罗·古德知道中国的钟表业还不够发达，但他始终对中国表的未来非常乐观，甚至还在老家加拿大阿尔伯塔省的皮斯河建立了一个中国表博物馆。尽管这只是一个小小的博物馆，罗·古德却倾注了大量的心血，里面拥有数百只他收藏的中国表。由于罗·古德在宣传推广中国表方面做出的杰出贡献，他被中国钟表协会收藏研究委员会聘请为荣誉会员，这也是中国钟表协会的首位外国会员。之后，他又被广州钟表协会任命为中加钟表文化事务顾问。

在大家一股脑儿追捧瑞士表或日本表的时候，却有这样一位外国人对中国表情有独钟，无论如何，这都是值得肯定的。正是因为他的努力，许多西方人才开始客观全面地了解中国表，甚至改变了他们对于中国固有的印象。因为年龄的关系，也许罗·古德以后不会这么频繁地来中国，但是中国钟表和中国表友一定不会忘记这位“钟表界的白求恩”。

七、钟表收藏家致力于钟表文史研究

（一）常伟：从钟表收藏到钟表文化著述

常伟是20世纪著名钟表收藏家，他将自己的房子改造成古董钟表博物馆，几十年精心收集各类古董钟表，有的可追溯到15世纪。他是真正的鉴赏家，能欣赏每一件钟表作品，懂得它们的技术价值、美学品质与历史意义。他晚年成为一个认真研究钟表和计时的学者。常伟70岁自学法语，可以和专家们谈论古老的法国钟表。他担任古董钟表学会美国分会主席十余年，写有很多关于钟表的文章和笔记。

他认为“过去没有任何物件可以像钟表一样，将历史、科学、技术、设计与美学结合在一起”。

常伟先生是北京收藏家协会相机钟表专业委员会副主任，钟表评论人以及专栏作者，独立钟表评论人、写作人，著有《名表名鉴》《中国与钟表》《钟表收藏30讲》等书籍。他对钟表的原理、历史和收藏方面的知识渊博。他以收藏的大量钟表为对象研究钟表历史，认为中国人和钟表的收藏历史非常久远。

（二）郭福祥和他的《时间的历史映像》

北京故宫博物院研究员郭福祥老师谦逊低调，治学严谨，有大师风范。对中国钟表史和中国宫廷钟表收藏史颇有研究，编著的《时间的历史映像》是他的主要成果。他潜心20年进行研究，力图通过实物、档案、文献的整理、考证、辨析，以实在的历史事实勾勒出中国钟表历史和中国宫廷钟表收藏的真实图景。

东西方时间观念的差异，计时制度史上的重要事件，中国300年钟表制作历史的中心区域，15位服务中国宫廷的西洋钟表匠师都是谁，他们都在宫里做了些什么，宫中时计追根溯源源头何在，有这本书在手，史上最全的中国宫廷钟表历史内幕尽在掌握。无论你是资深收藏家，还是初学者，相信都能在书里学到知识。

书中介绍了清代各个阶层的钟表收藏。清宫的钟表收藏无疑是最为引人注目的。钟表是实用方便的计时器，钟表是重要的室内陈设品，钟表是奢侈品的代表，钟表是文化交流的媒介和载体，钟表在清代扮演了多重的文化角色。与此密切关联，它们所蕴含的价值是值得充分发掘的。

（三）钟表收藏家、评论家曾士昕

曾士昕，钟表收藏家、评论家，钟表杂志专栏作者。他在钟表杂志担任专栏作者期间，发表了大量有关钟表历史文化的文章，让人们大长见识。曾士昕认为日内瓦钟表大奖 GPHG 是最具权威性的钟表大奖，又因为有官方的参与，更是钟表品牌急欲争取的荣耀，能得奖也是最佳的营销手法。

曾士昕在 2019 年 1 月 3 日的一篇评论文章《经典更胜于前卫》中说，通常具有浓郁古典主义风格与工艺的表款，都有经典的造型与传统的制表工艺，就像我的收藏，除了老表或古董表，就是经典与复刻的新表。经典永远不会褪色，经典永远与品位画上等号，在钟表的领域里，几乎所有品牌都离不开经典，因为经典永远是经典，无法改变，是最受欢迎的表款。

什么是好表？他的解读是要具备“创新与工艺”，搭载的机芯要有一定水准的修饰与抛磨，而且这项抛磨至少是手工辅以机具，才称得上是最优质的钟表逸品。

（四）钟表收藏家郄凤卿的《表海纵横》

我国著名钟表收藏家郄凤卿先生的大作《表海纵横》，已于 2014 年 12 月出版上市，新书引起了钟表业的广泛关注，众多钟表爱好者纷纷一览为快。郄凤卿由于对钟表收藏认真执着、颇有研究，现任中国钟表协会收藏研究委员会副主任。郄先生几十年来对钟表收藏情有独钟，积累了大量的宝贵资料，以通俗的语言和深刻的见解记载了他与钟表的故事。《表海纵横》撰写了 72 个亲身经历的片段，回答了钟表收藏爱好者上百个问题，不仅有趣味盎然的知识解读，还有涉险经历。本书以 18 万字、300 余幅图照，记载了 1992 年以来郄先生的购表经历和心得体会，其中包括他在中国的港澳台地区及日本的一些购表经历。《表海纵横》对于广大收藏家及表迷来说，是一本极具收藏价值的好书。

（五）2016 中国钟表收藏家论坛

2016 年 4 月 20 日，由中国钟表协会、名表通网站主办，孔氏

(北京）国际钟表公司承办，辽宁孔雀表业有限公司赞助的2016中国钟表收藏家论坛在北京丽思卡尔顿酒店举办，这是当时全国规模最大、与会钟表收藏家最多的钟表收藏家盛会。论坛的主题是我国经济界当今的热点，也是钟表行业长期以来呼唤推崇的“工匠精神”。出席论坛的有来自各地的钟表收藏家，特别是来自全国各地参加名表通年会的钟表收藏家。论坛会聚业内精英，为更多的钟表圈业内人士及表迷们提供交流与鉴赏的平台。

八、李威仁、李伦和李大来的古旧钟收藏

人们将第二次世界大战以前的各式时钟称为“古董钟”。古董钟的价值被发现是20世纪80年代以后。在美国，名流富商戴起了二战前的老表，于是兴起了收藏热。很快，钟成了人们淘宝的主要目标。

（一）古董钟收藏家李威仁拥有100多台古董钟

2014年的6月，进入李威仁的客厅仿佛刹那间转换了时空：几十台古董钟或是落地，或是挂墙，或是摆置于红木家具之上，嘀嗒钟摆声萦绕耳边。李威仁是古董钟收藏家，上海收藏协会钟表专业常务理事。

钟比表的技术含量高，好的钟看上去就是一台仪器。这里随便一台钟都有上百年历史。一台鸟钟，以观赏性与趣味性为主，计时成次要。发明空气钟的人是天才，模仿都模仿不来。一座南京钟出自曾经为慈禧太后做钟的王益兴作坊，双窗可显示农历日期、天干地支，记录小孩出生时辰。徐家汇天文台的英国钟，国际饭店大堂里德国西门子的子母钟……都是艺术品。

其中一台艺术珐琅烛台钟，是从法国买回来的。楼梯墙面挂满一座座钟，有三个孔的就是报刻钟。楼下开阔的客厅摆放的多是体

形庞大的落地钟，楼上房间陈列的钟小巧玲珑。皮筒钟、船钟、闹钟……满满一柜子，好不赏心悦目。一台最大的皮筒钟有气压显示，少说也要十几斤重。一台英国汤姆森天文船钟，动力储存由船钟而来。一款红色积家闹钟很抢眼，当年是贵族用的。江诗丹顿 1860 年弹簧八天闹钟，1840 年获金奖的法国宫廷陶瓷钟……有 100 多台古董钟。

收藏重技术大于卖相，李威仁最初收藏表，要求技术含量高。一款百达翡丽 5015 白金款，是唯一一款同时具备月相与月令指示的腕表，他费大力气在香港觅到。他喜欢研究钟表发展史。一块浪琴是 1945 年的机芯，最早的双向自动，对自动钟表发展起了大作用。一块美国 Gruen 表，表壳是拱形的，就连机芯也是拱形的。李威仁最中意的表是一款劳力士 1803 双历蓝面金壳金带 1556 机芯，1 秒钟之内同时释放跳双历。

李威仁 30 多岁开始收藏钟，从小喜欢机械，曾在上海电钟厂做设计。最早开始做仿古钟，当时模仿皮筒钟和南京钟，曾经有位日本游客扔掉所有东西，只带了一座仿南京钟回国。提到钟表“以藏养藏”的概念，他说喜欢就不轻易出手。收藏钟表给李威仁带来了精神愉悦和享受，也结识到许多好朋友。

（二）收藏家李伦的古董钟风韵

钟表收藏家李伦被称为哈尔滨钟表收藏第一人。他认为古董钟主要分两大类，一大类是 19 世纪的古董钟，另一大类是广州钟与南京钟。19 世纪的古董钟主要制造地在欧洲，多数外壳和机芯都很讲究，美观，功能多，实用性和艺术性都很强，基本分为装饰钟、功能钟、实用钟三种。装饰类是最时尚和最受追捧的，外形华丽美观，造型独特高雅，有很高的艺术价值。外壳大多以铜镀金为主，也有其他材质，如木雕造型。功能钟有跳舞、音乐、流水和具有动漫特色的运动人物，像是高科技机械玩具。古董钟汇集了当时最高水准、最高科技的各门类艺术，如建筑、雕刻、绘画、音乐和文学艺术等，它们完美地融为一体，体现了当时在制作过程中能工巧匠的智慧。

李伦收藏的广州钟和南京钟造型各异，有的钟在打时报刻时会随着悠扬悦耳的乐声出现转动自如的人物、飞禽、走兽，还有水法、转花、升降、翻杠、写字等各种各样的景象，引人入胜，它们不仅是时钟，更是难得的艺术品。

李伦收藏的许多古钟风韵犹存，令人大开眼界。日本铜镀金儿童座钟，20 世纪日本制造，与当年送给末代皇帝溥仪的为同一批生产。铜铸的钟座造型优美，表现出很高的雕塑技术；机芯以发条为动力，带动齿轮转动系统和各种功能转动。美国 19 世纪末七彩风光人物涂瓷壳钟，造型以西洋人物、景色、建筑为主，瓷质以软质瓷为主，瓷面上以绘画为主并施以描金，有一种富贵气，七彩颜色艳丽夺目。

（三）李大来与他的古旧钟展示馆

在安亭镇闻名遐迩的上海汽车博物馆，有一座颇具规模的古旧钟展示馆——“大来时间馆”，俨然成了当地又一文化新景点。该馆展示的所有近代各国古旧钟，均为当地老人李大来所捐。

李大来出生于安亭镇吕浦村，第一次接触古旧钟是他读小学时，隔壁一位老太太家中有一座英国早年产的镀金六柱扭摆古旧钟，精致漂亮。李大来十分喜欢，每次路过都要伸长头颈朝里张望，有时在钟前一看就是半天，简直到了痴迷的程度。从此，他对各类古旧钟产生了浓厚兴趣。1984 年，李大来出任上海贝尔公司中方总经理，因工作关系经常赴国外考察，收藏世界各国的古旧钟就成为一种高级精神享受。退休后，李大来先后在国内旧货市场买过一些古旧钟，后来将北京一套房子卖掉，加上妻子理财有方积累了一笔资金，终于有了购买国外古旧钟的家底。2000 年后，李大来抓住国际拍卖市场出现罕见低价抛售古董的高潮时机，大量收购世界各国的古旧钟。

李大来收藏古旧钟不是为了增值盈利，而是广纳不同特色、造型各异、门类众多的古旧钟，了解和掌握世界各国的制钟史以及制造技术。看到家里的古旧钟堆积得像小山，李大来很满足。李大来后来将所藏的全部古旧钟无偿捐赠给家乡，建了一个“大来时间馆”，让更多的人熟知世界各国钟的发展变迁史。“大来时间馆”还被列为嘉定区科普教育基地。

李大来收藏的地球仪钟

进入这座约400平方米的展示馆，犹如来到了钟的海洋，来自世界各国近400座古旧钟将整个大厅装扮得富丽堂皇，各种轻松悦耳的报时声如一首首欢快的轻音乐令人陶醉。这些钟有英国的三眼八铃座钟、意大利的螺钿漆器钟、美国的滚球翻板钟、瑞士的积家空气钟、法国的天使秋千钟、德国的两柱扭摆钟、荷兰的水滴重锤钟等。品种更是五花八门，如天文钟、扭摆钟、锥摆钟、长摆钟、短摆钟、航海钟、绕绳钟、落球钟……它们摆放整齐，错落有致，种类齐全，琳琅满目。

展示馆还有一座英国17世纪产的“大身坯”教堂塔楼钟，它高3.2米，宽1.2米，重达140公斤，其铁制钟摆就达百斤，仅为它办手续和途中运输就花了三个月时间。一座德国1870年产的白鹦鹉摆钟，底板胡桃木上面有平面浮雕，表面以奢华的洛可可青铜装饰，口衔时钟表盘的展翅镀银大鹦鹉光芒四射，弥足珍贵。

馆内还展示了好几台保存完好，于20世纪30年代初我国生产的烟钟和苏钟。烟台产的大马头座钟，是当年国内的高档货，样式大气，做工考究，当年每台要卖5块大洋。一尊宝字牌的双喜座钟，正面画有中国传统的红色喜字，既实用也可当摆设，也是当年的奢侈品。

捐出藏钟的李大来依然没闲着，主动在馆内做起了义务志愿者。为了让观众既能看到钟的表面，又能看到内部的原理构造，李大来布置时将钟壳、机芯以拆开方式陈列，再以特殊玻璃工艺做外罩。他还将每座钟的资料编写制成通俗易懂、图文并茂的说明卡，以吸引观众的兴趣。多年来，李大来通过不断探索研究，在古旧钟领域已成为既懂欣赏又能革新的“双料”专家。为了让所有钟都能走起来，李大来在馆内开设了维修室，修理损坏的各类零配件，并对有些落后笨拙的原件进行更新改造。为了让更多青少年培养动脑动手能力，李大来开设了实验室，让青少年亲身体验拆卸拼装的快乐。

九、哥伦布航海纪念钟表与泰坦尼克金怀表

（一）哥伦布航海纪念腕表

克里斯托弗·哥伦布是意大利航海家和探险家，1492年受西班牙女王派遣，先后进行了四次航海，并发现了美洲新大陆。这是大航海时代的开端，是世界交流的开始。江诗丹顿为纪念哥伦布的航海事迹，推出了哥伦布航海纪念款——“献给克里斯托弗·哥伦布”。

该纪念款腕表采用18K黄金材质表壳，珐琅制腕表表盘。表盘上描绘带有欧洲风格的航海地图和哥伦布带领的西班牙船队及其航行线路，完全的复古风格。表带采用密西西比鳄鱼皮制成，搭配同样用18K黄金制成的折叠表扣。双层式表盘结构，下层弧面约为132度，并且将下层表盘从0到60分为6个刻度。当表示小时的1

到 12 中的一个数字处于刻度 0 到 60 之间，就可以读取当前的时间；当表示小时的数字走到 60 后，就会消失到表盘的另一侧，新的表示小时的数字就出现在刻度 0 上。

江诗丹顿哥伦布纪念腕表驱动时间显示按照哥伦布航海的路径而移动，将制表技艺推向极致。腕表以品牌马耳他标志的十字形凸轮相连，驱动表盘的两个独立部分，确保独创的时间读取方式。小时冠轮带有 3 根指标，以 1 个辅助装置延伸。每个指针带有 4 个小时数字的转盘，由马耳他十字形的凸轮操作指示方向。小时表冠转动的方式恰好使带有相应小时数字的辅助装置排列在两层表盘之间的空隙中。然后，马耳他十字形凸轮将相应的数位转入空隙，而小时表冠则令数字在下层表盘的分钟刻度上从左向右移动，时间跨度刚好为 1 个小时。

（二）泰坦尼克号遗物金怀表拍出 25 万美元

1912 年沉没的泰坦尼克号游船遗物引起今人浓厚的兴趣，2005 年 5 月 3 日在美国拍卖行拍出了高价。其中一块金怀表为一名幸免于难的爱尔兰移民所有。经过再三竞价，这块怀表以高于其原有价值 3 倍多的价格出手。怀表的主人诺拉·基恩当年从爱尔兰利默里克郡移居美国宾夕法尼亚州。回国探视母亲 4 个月后，她乘坐进行处女航开赴纽约的英国游船泰坦尼克号返回美国。1912 年 4 月 14 日到 15 日，泰坦尼克号在大西洋撞击冰山后沉没，1500 多名乘客和船员沉入大西洋底。基恩被第 10 号救生艇搭救，但其怀表浸水受损，停止转动。

博汉斯·伯得富拍卖行专家乔恩·巴德利说，这块怀表估价 7000 美元，但最终以 2.4675 万美元的高价被一名美国收藏者买走。怀表背面刻着一行字：“给我最亲爱的诺拉：你来利默里克郡探视温暖了我的心。在你返回宾夕法尼亚途中，上帝保佑并与你同在。爱你的妈妈。”这是一个浪漫的故事，购买的是一段历史。巴德利补充道，为英国一名私人收藏者所有的数十件泰坦尼克号遗物总共拍卖15.1万美元。

十、钟表收藏及保养常识

（一）收藏钟表品牌防止假冒伪劣

在购买带有天然钻石的手表时，必要时可到有关部门检测。K金壳不敢轻易假冒，但在含金比例上有差别。还要防止机芯假冒伪劣。世界上机芯出品国有瑞士、日本、中国等国家，名贵钟表机芯最好请专业人士打开做鉴定。

（二）钟表保养常识

手表防水除潮法。普通机械手表受潮，可用干棉花压在手表上，再用40瓦的电灯泡烘烤5分钟，表里的潮气就可全部被蒸发出来。如果石英电子手表受了潮，可取若干小块氯化钙，用纱布包好，然后打开电子表盖，将包好的氯化钙和电子表一并放入一个不漏气的塑料袋或玻璃瓶内密封，一般3个小时左右即可除潮，对于受潮严重的表可适当延长吸潮时间。

手表的外包装盒不宜丢掉。这些保护手表的硬壳包装盒，能在平常给予手表最安全的保护，避免手表被摔坏或是被碰撞，建议在平日不戴手表时，养成放入盒内的习惯。

（三）使用钟表的基本知识

戴早期的夜光表睡觉不好。早期的夜光表的发光材料主要是镭和硫化锌的混合物，镭放出的射线能激发硫化锌晶体发光，对人体有一定危害。

戴电子表七忌：忌高温，忌潮，忌震，忌樟脑，忌暴晒，忌磁场，忌 X 光射线。

（四）钟表的保修

钟表的保用期，机械钟表维修后保用半年，石英钟表保用 3 个月，液晶显示保用 1 个月，钟表发条保用 14 天。从取件日期算起，如在保用期内发现停摆、走时不准确，可免费复修，复修时间在保用期中扣除。

（五）手表防水标准

30 米：日常生活防水、防水溅，可以戴着洗手、洗脸。50 米：日常生活防水加强型，可以用少量的冷水去擦洗，不能浸泡在水中。100 米：潜浮标准，可以在泳池或者海水表面使用。200 米以上：潜水表，可以在戴水下呼吸器具的深度使用。

第十章　钟表的未来

一、钟表行业现状

（一）世界钟表业现状

从中国水运仪象台，到现在各国都在研制的原子钟，这几百年的钟表演变过程中，我们可以看到，不同时期的科学家和钟表工匠用他们的聪明智慧和实践打造了一条时间的隧道，勾勒了一条钟表文化和科技发展的轨迹。钟表历史的演变可以分为三个阶段：1. 从大型钟向小型钟演变；2. 从小型钟向袋表过渡；3. 从袋表向腕表发展。每一阶段的发展都是和当时的技术发明分不开的。

现代钟表前后经历了 400 多年漫长的发展阶段，今日的机械钟表品种繁多，精致美观，既是计时器，又是装饰品。以手表来说，既有带日历、周历甚至闰年的全自动金壳高档手表，又有美观、准确、廉价的大众化手表，每年有数亿只手表投入国际市场。仅有几十年历史的电子手表，迅速经历了四代，成为走时准确、方便耐用的计时器，受到用户的欢迎。如今，钟表市场已呈现五大特点：1. 多功能化；2. 时装化；3. 名牌化；4. 怀表回潮；5. 销售渠道多元化。

（二）新中国钟表工业发展迅速

钟表一直都是国人钟爱的商品之一。新中国成立以来，国家投入大量资金发展钟表工业。经过几十年的发展，中国钟表业经历了进料组装—外观件制造—产品开发—创立品牌的发展过程，目前已形成配套齐全的钟表制造工业，除高端机芯外的所有零配件均可加工生产。

据《2013—2017 年中国钟表行业产销需求与投资预测分析报告》数据分析，从区域格局来看，全国已形成以广州、深圳为龙头的珠三角地区和福建、浙江、江苏、山东、天津六大钟表主产区。从产量来看，2011 年，我国钟和表的产量分别达到 1. 59 亿只和 1. 3 亿只，已成为世界钟表生产大国，钟表产量稳居世界第一。

根据调查，国内市场手表年需求量 8000 万 ~ 1 亿只，时钟年需求量 1 亿 ~ 1. 2 亿只。中国市场钟表销售总金额达 1000 亿元，消费水平为每千人消费 76. 9 只手表和 92. 34 只时钟，略高于世界平均消费量。我国已是世界最大钟表市场，其中国产钟表数量约占 76%，钟表产量也居全球首位。2019 年 1—3 月，全国钟表制造业主要产品中，钟完成产量 3041. 7 万只，表完成产量 2948. 8 万只。

在中国新兴城市深圳，建立起了深圳飞亚达计时文化中心，这是中国钟表行业一座集文化宣传、工业旅游、知识普及于一体的综合型展馆，值得人们参观，可全面了解中国钟表工业的历史、现状与未来。

二、未来技术前瞻

（一）世界手表中心在东莞

2010 年，美国记者在广东东莞参观时，就称东莞是世界手表工厂。看到东莞一家手表厂年生产手表达150万只，能为美国家庭购物网生产纯银手表，还能生产法国鳄鱼手表，生产的邦珈表在美国售价95美元，仅是在海湾国家售价的四分之一。在2015中国加工贸易产品博览会上，一款镶嵌11000颗施华洛世奇水晶的纪念腕表，秒杀了不少“菲林”，全球只有120只。最近几年的全明星纪念腕表都由东莞设计和制造。

2018年1月30日，在东莞由得利钟表公司投资5亿元建造的首个“国际钟表文化产业园”占地约2.5万平方米，将成为钟表行业的智能制造国际示范中心、钟表文化旅游交流中心（时间博物馆）、钟表设计研发中心、国际钟表检验检测中心及工匠型钟表人才的培养基地（与东莞理工学院合办得利钟表学院）。他们与中国科学院国家授时中心正式签订战略合作协议，在东莞共建“钟表文化与时间科学馆”，打造集钟表文化和时间科学于一体的东莞亮点和“一带一路”沿线的时间科普基地。这里也将成为钟表行业内外知名的工业旅游景点。

东莞承接了香港钟表业九成以上的生产量。东莞得利钟表为瑞士提契诺州的卢加诺手表厂加工一种可拆卸的手表，这家港资钟表制造企业目前不仅实现了瑞士手表厂商难以实现的工艺设计和高质量生产，连瑞士当地工厂也成了莞企的装配合作商。年出口高端成表360万只，瑞士名牌高端表壳60万只，业务遍布全球10多个国家和地区。得利公司采用得利公司提供设备和制造标准、上下游企业提供生产制造的模式，让得利总部的研发和生产交付时间大幅缩短，同时也让公司更好地控制了生产流程和品质的标准化，为该公司走出国门奠定了基础。得利近几年的营业收入每年递增。2015年，得利钟表实现产值1270万美元，同比增长9%；出口额1149万美元，同比增长5%；内销121万美元，同比增长75%。2017年产值超过了1个亿。

近年来智能穿戴悄然兴起，在过去的几年，得利已经与国内外几大智能手机品牌合作，目前共同合作研发的智能手表已经进入量产阶段。该公司生产的一款国庆主题手表在市场上走俏。该款手表从创意到批量上市只花了约20天，再次刷新制表行业新产品诞生的速度。他们跟中国航天深圳科技研究院合作，做成一块航天手表，航天系列现在也开始走入市场，反响非常好。

推出钟表界的“东莞标准”。该产业园还将建造国际钟表检验检测中心，未来将输出钟表制造的“东莞标准”。将聚集世界最尖端的检测设备，初期通过和国际具有影响力的检测机构合作，为园区内及国内其他地区生产的钟表提供质量检测、评级。通过建立和运行符合国家钟表标准化委员及国家ISO/TC-114要求的质量体系，吸引更多钟表企业进驻。

（二）学科前沿液体机械手表

瑞士HYT品牌喊出了“时间是液体”的口号，用液体机械表重新定义了时间之美。

HYT三块液压机械表的研发花了10年，经历了成千上万次实验，经历过无数次失败，耗费了3000万美元（约合2亿人民币），是世界上唯一的液压机械表品牌，将机械与液体彻底结合到了一起。是汽车发动机液压原理给了团队经验和启发。于是他们和几个行业大拿一起，组成了最原始的HYT腕表团队。从2002年到2012年，整个团队的实验和研发进行了10年，最后终于攻克了液压手表——两种不相混溶的液体，从波纹管流出，通过由机械运动驱动的细小管道，带动指针指示表盘上的时间。它用颠覆级技术告诉我们：即使是水，也可以显示时间。

手表运行时，表盘下方的两个风箱同时也是储水间，荧光液体先通过机械风箱压进血管粗细的完美曲线微型玻璃管内，同时在另一头加入透明液体，两种液体的交汇处就代表当前的时间。它俩一个用来储存有色液体，一个用来存放透明液体。当一个风箱受压时，另一个就会释放压力，推动液体的运动。这些液体每12个小时就会回流归零一次，表盘上的数字分4面，每面都有6小时刻度，加起来是24小时。为了时间显示的准确性，液管的制作误差必须精确到纳米，这也使得这只表比传统指针走时更加准确。这款腕表能提供8天的动力储存。因为制作工艺和产能限制，全球限量50枚，售价高达80万人民币。

液体机械手表

（三）控温手表挺暖心

人们在夏季炎热时身体排汗，皮肤黏黏的，感觉很不舒服；在严冬时温度下降，身体寒冷导致肌肤颤抖，感觉也不舒服。所以便有了控温手表，夏季给人们带来一抹凉意，冬季给人们带来一股暖流。基本设计：腕带材料为塑胶，中间镂空，腕带有一开闭口，注水进入镂空层，腕带上部镂空层设表盘，表盘内有微型加热器，可调节时间和加热，这样能让人们体验到冬暖夏凉的舒适感受。

（四）指甲盖上的手表

一款非常便携的手表，整个表可以吸附在指甲上，采用半透明设计。您可以随意变换表盘上数字的颜色，夜间或黑暗的时候，上面的时间数字可以被点亮，以方便读取时间。不用的时候，上面什么都不显示，不仔细看，谁也不知道您手指的指甲盖上有这样一款手表。够酷吧！目前这款手表处于测试阶段，喜欢的朋友慢慢期待吧。

附录：

钟表小辞典

一、世界名表及制造商

1. 百达翡丽。1839年，安东尼·百达创立，是瑞士唯一完全由家族经营的钟表企业。外形设计与制作全部在日内瓦原厂完成，是全球唯一全部机芯获“日内瓦优质印记”的品牌。每年最多生产3万只，成立至今总产量仅有60万只左右。

2. 爱彼。1875年，朱尔斯·路易斯·奥德莫斯与爱德华·奥古斯蒂·皮捷特创立。1972年，爱彼推出全精钢高端运动表“皇家橡树”。在瑞士设有钟表学校，学徒修完4年课程取得钟表匠资格，经过1~2年训练，才能制造超薄机芯，制造复杂机芯前还需10年训练。

3. 江诗丹顿。1775年，哲学家让-马克·瓦什隆创办，是世界上历史最悠久的名牌手表。18世纪初已受到欧洲皇室贵胄的珍爱，被誉为贵族中的艺术品。

4. 伯爵。1874年，奇奥杰斯·庇埃创立，首创纤薄型机械运转装置。所有表壳及表镯都用18K金或白金铸造。1940年开拓国际市场。1956年推出超薄机芯。致力于复杂机芯的研究，其“手铐腕表”和“硬币腕表”设计出众。

5. 积家。1833 年，安东尼·拉考脱在瑞士创立。1844 年，发明测量精度 1/1000 毫米的微米仪，使钟表零件加工精度大大提高。1907 年推出世界上最薄的机械机芯。1929 年推出世界上最小的机械机芯。1931 年为马球选手推出高档腕表经典之作。

6. 宝珀。1735 年建立，没有流水作业工厂，制造过程全部在古旧农舍进行，由个别制表师亲手精工镶嵌。每一枚时计均由制表师亲自检查、刻上编号及签名为记，以品质管理严格著称，但从未生产过石英表。

7. 宝玑。亚伯拉罕·路易·宝玑 1775 年创立，制造出世界上第一个行李钟、全球第一个电动钟、世界上第一个手表防震装置、首枚不用钥匙而用旋钮上链的手表等，深受皇族垂青。

8. 芝柏。1791 年在瑞士拉绍德封成立。18 世纪末推出超薄表，缩小复杂零件组合，绝妙技艺令人赞叹。更复杂的机芯“三金桥陀飞轮”成为其代表作。1999 年设立芝柏表博物馆，收藏及展示各类古董表，体现钟表制造的工艺和技术历程。

9. 卡地亚。1847 年由路易–弗朗索瓦·卡地亚在巴黎创办。1888 年，卡地亚在镶嵌钻石的黄金手镯上装女表。1904 年制造的金表一炮打响。1938 年制造出世界上最小的腕表。

10. 劳力士。前身是“W&D”公司，德国人汉斯·怀斯道夫与英国人戴维斯于 1905 年合伙经营。1908 年注册“ROLEX”商标。20 世纪 20 年代研制防水手表。1953 年推出潜水表。设计风格庄重实用，不显浮华。

11. 欧米茄。1848 年，路易·勃兰特创立。32 年后，路易·保罗继承父业，率先放弃旧式装配系统，采用机械化生产模式。1894 年生产了精密准确的 19 钻机芯，将之命名为欧米茄。

二、钟表技术术语

1. 陀飞轮。陀飞轮有“旋涡”之意。宝玑发明陀飞轮是为校正地心引力造成的机件误差，它代表了最高水准的技术。

2. 活动装置。有的在表面上加设小人国般的人物敲钟动作，有的以动物的活动见胜，内容多种多样，不一而足。

3. 快摆。机械手表里的摆轮组件不停地摆动，摆动频率越快，手表精度越高。早期摆动次数为 18000 次/小时称摆手表。后来发展到 21600 次/小时称快摆手表。高级快摆手表摆动频率在 28800 次/小时和 36000 次/小时。

4. 认证体系。对于消费者来说，衡量一块腕表的好与坏，参考官方认证十分重要。已有天文台表认证和日内瓦印记等，瑞士官方认证有 PP 印记和 QF 认证。

三、时间名词

1. 格林尼治时间。后称为世界时。格林尼治是英国伦敦南郊原格林尼治天文台的所在地，是世界上地理经度的起始点。用格林尼治时间可推算出本地时间。

2. 时区。1884 年国际经线会议规定，全球按经度分为 24 个时区，每区占经度 15°。以本初子午线为中央经线的时区为零时区，由零时区向东、西各分 12 区。东、西第 12 区都是半时区，使用 180°经线的地方时。中国时区跨东 5 区至东 9 区 5 个时区。

3. 平均时差。指平均太阳时间与基于天体运行的恒星时间之差。平均太阳时间即常用的时计指示时刻，亦称平均时间。

4. 秒差距。天文学长度单位，描述天体的距离。它建立在三角视差基础上，以地球公转轨道的平均半径（1 个天文单位）为底边所对应的三角形内角称为视差。这个角大小为 1 秒时，这个三角形就称为 1 秒差距。1 秒差距等于 206265 天文单位，即 3. 2616 光年或 308568 亿公里。

5. 飞秒激光。一种脉冲激光，持续时间非常短（1 飞秒 = 1 千万亿分之一秒)，是人类目前所获得的最短脉冲。它能聚焦比头发直径还小的空间区域，进行微精细加工。用飞秒激光进行切割几乎没有热传递。用于屈光手术，既能减少组织损伤又不会留下手术后遗症。

6. 时钟座。南天星座之一。位于波江座的南面和东面水蛇座、网罟座与雕具座之间，这个星座基本上是从波江座和雕具座分出来的一个星座。整个星座有1颗四等星。

四、钟表检测工具

1. 钟表校表仪。校表仪是检测钟表必不可少的检测仪器，主要测定钟表的走时快慢。纸带记录式校表仪还可以根据记录线条的形状检查出钟表工作中的缺陷和原因。

2. 钟表振幅仪。振幅仪的设计原理与表机的摆轮全升角有关，而摆轮全升角是在设计机芯时确定下来的参数，不同型号的机芯，其摆轮全升角的数值是不同的。机械表机芯的摆轮全升角参数数值都不同，以便测振幅时配套选用。

3. 游丝定长仪。是通过改变游丝长度及刚度去和摆轮的转动惯量相配合，以得到所要求的振动周期最佳的仪器。

4. 钟表显微镜。俗称双管显微镜。放大倍数一般可在4~100倍。利用显微镜，可以放大钟表机芯及其零件，以观察其零件的缺陷等。

5. 钟表退磁器。电气设备工作时多产生磁场，当手表接近强度较大的磁场时，手表零件会不同程度被磁化而走快，因此必须用退磁器退磁。

编后记

编写《时钟简史》的念头始于20世纪80年代。

其一，我们是在天津大学学习计时仪器的，毕业后又是从事钟表制造的工作，我们为所学的计时专业和从事的钟表科研而自豪，感恩计时仪器这门科学。

其二，宇宙是由时间和空间组成的，它们都是无限的，时间是生命存在的主要标志，钟表是衡量时间的标尺，这门科学博大精深，人类应当好好研究，为多彩人生和社会发展服务。

确定了创作目标后，30多年来广泛收集各种有关钟表科学及文化的资料，而且多以趣味性故事为主，数量达上百万字。直到2018年，才集中精力转入精选加工编著，经过几年的努力，最终完成了《时钟简史》这本科普通俗读物，感觉如释重负。

需要说明的是，本书从收集资料到编著，历经二三十年的时间，这段时间由于编著者所从事的钟表行业转型变迁，原所在的生产和研究企业停办，相关业务也发生了转变，这样对钟表及其文化的研究工作也停止了。我们所收集的资料时间跨度达几十年，所以在引用相关资料时，难免会有陈旧、过时的情况，因此不妥或错误之处在所难免，恳请读者批评指正。

本书在编写过程中，得到了社会各界的大力支持，许多专家学者给予了多方面帮助。感谢各位编委和亲友对这本书的出版所给予的关心和资助。

真诚希望此书的出版，对于想要正确认识钟表科学及学习钟表文化的人们有所帮助。

2021 年 8 月

图书在版编目(CIP)数据

时钟简史 / 李流范，胡宏权编著. -- 北京 ：中国文史出版社，2023. 2

ISBN 978-7-5205-3306-5

Ⅰ. ①时… Ⅱ. ①李… ②胡… Ⅲ. ①钟表-普及读物 Ⅳ. ①TH714. 5-49

中国版本图书馆 CIP 数据核字(2021)第 225922 号

责任编辑：牟国煜

出版发行：**中国文史出版社**
社　　址：北京市海淀区西八里庄路 69 号院　邮编：100142
电　　话：010-81136606　81136602　81136603（发行部）
传　　真：010-81136655
印　　装：廊坊市海涛印刷有限公司
经　　销：全国新华书店
开　　本：720×1020　1/16
印　　张：19. 5　　字数：250 千字
版　　次：2023 年 2 月第 1 版
印　　次：2023 年 2 月第 1 次印刷
定　　价：65. 00 元